L'Électricité pour Tous

OUVRAGES DU MÊME AUTEUR

EN VENTE A LA LIBRAIRIE E. BERNARD

La Petite Encyclopédie Electro-mécanique. Collection complète en 12 volumes de 160 pages chacun (5e édition) . . . . 15 fr.
Les Tramways et les Chemins de fer sur route. (Nouvelle édition de Sérafon, en collaboration avec M. J.-B. Dumas) 1 vol. in-8° avec 200 figures . . . . 20 fr.
Les Moteurs-Légers, 1 vol. in-8° avec 216 figures . . . . . 10 fr.
Les Turbo-Moteurs et les Machines rotatives, 1 vol. in-8° avec 128 figures. . . . . 10 fr.
La Petite Encyclopédie Scientifique et Industrielle. 1er tome, *La Télégraphie sans fil.* — IIe tome, *Les Nouveaux Ascenseurs.* — IIIe tome, *Les nouveaux appareils de chauffage.* — IVe tome, *Les Agglomérés.* — Ve tome, *Petit traité du tracé des engrenages.* — VIe tome, *L'Opticien* (par Jacquemin). Chaque volume. . . . . 1 fr. 50
Guide pratique de la Motocyclette, brochure de 32 pages. . 0 fr. 50
L'Ingénieur-Électricien (13e édition refondue et augmentée d'un appendice) Bibliothèque des Professions, de J. Hetzel (1904), 1 vol. in-18° . . . . 4 fr.
Manuel pratique de l'horloger (même Bibliothèque), 3e édition. 4 fr.
Manuel pratique du Constructeur et du Conducteur de Cycles et d'Automobiles (même Bibliothèque), 1 vol. avec 120 figures . . . . 4 fr
Manuel pratique du Motocycliste (même Bibliothèque), 1 vol. 4 fr.
Les Matériaux artificiels (même Bibliothèqne), 1 vol. . . . 4 fr.
L'Ouvrier-Électricien (2e édition) avec 220 fig. . . . . . . 6 fr.
Le Jeune Électricien Amateur (Collection Guyot, 120e mille). 0 fr. 20
Cent expériences Electriques (même Collection) . . . . . 0 fr. 20
L'Outillage agricole (2e édition), 1 vol. avec 180 fig. . . . . 2 fr. 25
Le Liège et ses Applications, 1 vol. avec 55 fig. . . . . 2 fr. 25
Traité Théorique et Pratique d'Aérostation, 1 vol. in-18°. . 4 fr.
Les Ballons dirigeables et la Navigation aérienne (2e édit.). 3 fr. 50
Le Conducteur de Machines, 1 vol. in-18° . . . . 3 fr. 50

Pour paraître prochainement dans la même Collection :

Tome II. — **La Mécanique pour Tous**

BIBLIOTHÈQUE PROFESSIONNELLE DE L'INDUSTRIE

L'Électricité pour Tous

Ouvrage inédit et redigé d'après un Plan nouveau

PAR

HENRY DE GRAFFIGNY

INGÉNIEUR CIVIL
AUTEUR DE LA "PETITE ENCYCLOPÉDIE ÉLECTRO-MÉCANIQUE"
RÉDACTEUR EN CHEF DE LA "REVUE DES INVENTIONS TECHNIQUES" ET DU JOURNAL
"LES MATÉRIAUX DE CONSTRUCTION"

OUVRAGE ORNÉ DE 275 GRAVURES

PARIS
E. BERNARD, IMPRIMEUR-ÉDITEUR
29, Quai des Grands-Augustins, 29
SUCCURSALES
1, Rue de Médicis, 1 | *Galeries de l'Odéon, 8-9-11*

1905

Préface

Persuadé qu'il n'existe pas en librairie de traité véritablement complet, montrant à tout le monde, sous une forme claire et précise, ce qu'est l'électricité dans ses multiples transformations et usages industriels et domestiques, nous avons demandé à M. H. de Graffigny de rédiger cet ouvrage populaire accessible à tous, et capable de résumer et de remplacer les innombrables guides pratiques ou encyclopédiques existant sur la matière. C'est ce volume que, sous le titre d'*Électricité pour tous*, formant le premier tome d'une nouvelle Bibliothèque Professionnelle de l'Industrie, nous présentons au public.

L'*Électricité pour tous* constitue un livre scientifique d'une lecture aisée et compréhensible même à ceux qui n'ont fait aucune étude spéciale. Sans s'écarter d'une précision rigoureuse, l'auteur expose, dans le style remarquablement clair et facile qui lui est particulier, d'abord ce qu'est la manifestation de l'Énergie universelle que nous appelons Électricité. Il rappelle par quelles étapes successives on a dû passer pour parvenir à la conception rationnelle de cette forme de mouvement, et les travaux des savants pour établir la théorie des divers phénomènes électriques. Puis après avoir expliqué les moyens dont on dispose pour produire les formes différentes de courants, et les méthodes adoptées pour mesurer ces courants, il étudie l'une après l'autre toutes les applications, désormais usuelles, de l'énergie aux besoins de la vie. Traction, navigation, éclairage, chauffage, cuisine, télégraphie, téléphonie, métallurgie, chimie, médecine, tout est passé en revue l'un après l'autre dans un ordre parfait, et le livre constitue la synthèse complète de l'Electricité.

A côté des descriptions des appareils et machines, l'écrivain n'oublie pas la partie pratique si utile à connaître pour tant de personnes, et plusieurs chapitres, non des moins intéressants, sont consacrés, à l'*installation*, à la *pose*, à la *surveillance* et à l'*entretien* de ces appareils, de façon à ce qu'après avoir compris leur fonctionnement, le lecteur se trouve à même, le cas échéant, de les installer ou les manœuvrer lui-même.

De nombreuses illustrations, représentant les objets décrits, ou donnant le schéma de leur agencement, ajoutent encore à la clarté du texte et facilitent sa compréhension pour la personne la moins initiée.

L'*Electricité pour tous*, ainsi composé et dont les moindres parties ont été l'objet d'un soin scrupuleux pour lui permettre de répondre exactement au but poursuivi, donne le résumé de toutes les connaissances actuelles sur cette science, et il rendra, nous en sommes fermement convaincu, les services que sont en droit d'attendre d'un livre toutes les personnes qui comptent y trouver un tableau fidèle de l'industrie en même temps qu'une source précieuse de renseignements de toute espèce.

L'Éditeur,

E. BERNARD.

Électricité pour Tous

CHAPITRE PREMIER

Qu'est-ce que l'Électricité.

Un mot de lord Kelvin. — Le mouvement dans la nature. — Ondes et vibrations — Les radiations. — Un peu d'histoire. — L'électricité au dix-neuvième siècle. — Recherches de Faraday, Maxwell, Hertz, etc. — Applications de l'électricité.

Les revues scientifiques et les journaux qui s'occupent plus particulièrement de l'électricité et de ses applications, ont rapporté à l'époque un mot typique d'un des maîtres de la science moderne, lord Kelvin.

Le célèbre savant anglais visitait la station électrique d'une usine, en compagnie d'un ami, et guidé par un vieux contremaître. Ignorant la qualité des visiteurs, ce dernier tranchait du savant et donnait avec prolixité une foule de détails sur les machines, leur fonctionnement, leur utilité, etc. L'ami de lord Kelvin fut plusieurs fois sur le point d'arrêter le verbiage de l'ouvrier, mais un signe du maître l'en empêcha et il se tut. L'inspection terminée, lord Kelvin se tourna vers son guide et lui demanda doucement : « Puisque vous connaissez si bien tous les secrets de ces machines, dites-moi donc, je vous prie, ce que c'est que l'électricité ?... Abasourdi, le contremaître balbutia, cherchant une réponse, mais il ne trouva pas et finit par faire un geste avouant son ignorance.

— Hé bien ! répartit le savant, c'est la seule chose que vous et moi ignorions complètement.

Cette constatation de notre ignorance de la véritable nature, de l'essence même de cette force qui a reçu cependant de multiples emplois, cet aveu de notre impuissance à déterminer la provenance de cette forme de l'énergie est encore d'actualité maintenant, et ce n'est que par des hypothèses plus ou moins plausibles, que l'on peut répondre aujourd'hui à la question : Qu'est-ce que l'Electricité ?...

Il n'est pas possible, en effet, de répondre par une définition précise et concise à cette interrogation. Il faut réunir dans son esprit les manières infinies par lesquelles on obtient l'électricité pour acquérir une idée approximative de cette puissance. On reconnaît alors que l'énergie électrique, qui est à l'état latent dans tout ce qui existe, se manifeste dès qu'une cause quelconque influence ou modifie les corps : frottement, choc, pression, mouvement, chaleur, décomposition chimique, etc. Suivant la structure des corps, leur composition, suivant les circonstances de milieu, l'électricité s'accumule ou se propage dans les molécules des corps et se présente sous des apparences extérieures très différentes, mais on reconnaît que ce sont toujours des manifestations d'un même principe qui est l'énergie universelle et se présente sous divers aspects : chaleur, lumière, travail chimique ou mécanique, réversibles les uns dans les autres.

On peut encore concevoir que l'énergie, qui est la forme synthétique des forces extérieures se manifeste toujours d'une façon unique qui est la vibration, vibration qui, appliquée aux corps pondérables, s'y manifeste par l'intermédiaire d'un mécanisme dont le jeu nous échappera encore mais dont on est obligé d'admettre l'existence. C'est l'énergie qui sous des formes vibratoires variables à l'infini, engendre la chaleur, la lumière, l'électricité et mille autres radiations encore inconnues à présent et qui seront déterminées un jour.

Il est admis que les agglomérations d'atomes appelées molécules et qui constituent les corps en apparence les plus denses ne sont pas, en réalité, intimement unies et comme soudées ensemble. Il existe au contraire entre elles des distances qui, eu égard aux dimensions de ces molécules, sont comparables à celles qui séparent les astres entre eux. Les vides de ces espaces sont remplis par une substance infiniment subtile appelée *éther* et qui transmet aux molécules les vibrations la traversant. Nos perceptions extérieures sont la conséquence des mouvements dont les molécules constitutives des corps sont animées. Ainsi un corps nous paraît froid parce que ses molécules vibrent moins rapidement que celles de notre propre corps ; un autre nous semble chaud parce que ses molécules vibrent plus rapidement. Ce n'est qu'une question de rapidité de vibration. Tout est mouvement dans la nature, mais nous percevons différemment ces mouvements, suivant leur amplitude, leur *fréquence* et en raison du sens qu'ils affectent, et la cause unique de ces mouvements est ce qu'on appelle l'*Energie*, qui est une dans son essence et dont nous ne connaissons que des apparences dues à des causes extérieures.

Toutes les forces, connues et inconnues, ne diffèrent entre elles que par la rapidité et l'amplitude des vibrations qui caractérisent chacune d'entre elles. Il y a donc une catégorie spéciale de vibrations qui, suivant son intensité et sa vitesse de propagation, nous donne la sensation de la lumière et des couleurs, une autre qui produit le son en impressionnant notre tympan, un autre la chaleur, un autre l'électricité, etc. Absorption ou condensation et réflexion, telles nous apparaissent les deux fonctions principales des corps à l'égard de l'énergie, mais, par rapport à eux-mêmes, ces corps transforment l'énergie selon la condition des milieux qui les constituent. Ainsi, un même mode vibratoire de l'éther, par exemple l'électricité, restera courant dans un conducteur métallique, deviendra chaleur dans un fil résistant, platine ou charbon, sera lumière dans un milieu gazeux plus ou moins raréfié, tel que les tubes de Crookes, se transformera en magnétisme dans le champ d'un aimant, en travail moléculaire dans la rondelle d'un téléphone, etc. C'est toujours la même vibration, mais avec des manifestations différentes, résultant de la constitution particulière des corps et des milieux sur lesquels agit ce mouvement.

On peut dire que le mouvement est la condition essentielle de la vie de l'univers. Les astres qui gravitent dans l'espace sont en mouvement, comme les molécules qui composent tous les corps connus et qui séparent, comme nous avons dit, le fluide ténu appelé éther. Et ce mouvement est souvent des plus rapides et peut atteindre, dans l'unité de temps un nombre de vibrations qui effraie l'imagination. On peut rappeler à ce sujet les chiffres établis par l'illustre physicien Crookes en prenant pour point de départ le pendule battant la seconde dans l'air, et en doublan constamment le nombre des battements.

Degré	Vibrations	
1er degré	2	
2e —	4	
3e —	8	
4e —	16	
5e —	32	Son.
6e —	64	
7e —	128	
8e —	256	
9e —	512	
10e —	1.024	
11e —	2.048	
12e —	4.096	
13e —	8.192	
14e —	16.384	
15e —	32.768	
20e —	1.048.576	Electricité.
25e —	33.554.432	
30e —	1.073.741.824	
35e —	34.359.738.368	
40e —	1.099.511.628.776	Agent inconnu.
45e —	35.184.372.087.832	
50e —	1.125.899.906.842.624	Chaleur-lumière.
55e —	36.028.707.018.963.968	Agent inconnu.
58e —	288.220.376.151.711.244	Probablement les rayons X.
61e —	2.305.763.009.213.693.952	

« Au 5e degré depuis l'unité, continue Crookes, à 32 vibrations par seconde, nous sommes dans la région où la vibration de l'atmosphère est révélée sous la forme du *son*. Nous trouvons là la note musicale la plus basse. Dans les dix degrés suivants, les vibrations par seconde s'élèvent de 32 à 32.768, et là s'arrête la région du son pour une oreille ordinaire humaine. Mais probablement certains animaux mieux doués que nous entendent des sons trop aigus pour nos organes, c'est-à-dire des sons où la vitesse des vibrations dépasse cette limite.

Nous entrons ensuite dans une région où la vitesse des vibrations augmente rapidement, et le milieu vibrant n'est plus la grossière atmosphère, mais un milieu infiniment subtilisé « un air plus divin », appelé éther. Du 16e au 35e, les vibrations s'élèvent de 32,768 à 34,359,738,368 par seconde. Elles s'offrent à nos moyens d'observation comme des rayons électriques.

Puis vient la région qui s'étend du 35e au 45e degré et comprend de 34,359,738,368 à 35,184,372,088,832 vibrations par seconde. Elle nous est inconnue, nous ignorons les fonctions de ces vibrations, mais qu'elles en aient, nous devons le supposer.

Maintenant nous approchons de la lumière, ce sont les degrés qui s'étendent du 45e jusqu'entre le 50e et le 51e, et les vibrations de 35,184.372,088,832 par seconde (rayons calorifiques.) à 1,875,000,000,000,000 par seconde, les rayons du spectre les plus élevés qu'on connaisse. La sensation de lumière, c'est-à-dire les vibrations qui la produisent étant comprises entre les étroites limites de 450 à 750 trillions (de l'infra-rouge à l'ultra-violet), ce qui fait moins d'un degré.

« Quittant la région de la lumière visible, nous rencontrons d'abord une série de radiations chimiques auxquelles la plaque photographique est sensible, et nous arrivons à une autre région inconnue, dans laquelle doivent se trouver suivant toute vraisemblance les rayons X de Röntgen, entre le 58e et le 61e degré. Ainsi, nous voyons que, dans cette échelle, il existe deux lacunes, deux régions inconnues au sujet desquelles nous devons avouer notre entière ignorance relativement au rôle qu'elles jouent dans l'économie du monde. Enfin existe-t-il des vibrations plus rapides encore?... Nous ne nous permettons pas de le décider. »

Telle est l'opinion autorisée d'un savant du plus haut mérite sur ces questions à peines effleurées encore à notre époque. Répétons que toutes ces vibrations se transmettent à travers l'éther inpondérable par *ondulations*, d'une façon qui n'est pas sans analogie avec le mouvement que l'on observe à la surface d'une eau tranquille dans laquelle on jette une pierre. Elles ne sont pas toutefois indentiques les unes aux autres, car non seulement elles varient de vitesse, mais elles varient aussi de forme et d'amplitude, et leurs ondulations sont plus ou moins longues. Si nous considérons, par exemple, le son, nous savons que sa vitesse de propagation dans l'air est de 340 mètres par seconde. Un corps vibrant détermine une série d'ondes équidistantes représentées dans la figure 1 ; la distance de deux ondes consécutives est égale au chemin parcouru par une de ces ondes pendant le temps d'une oscillation complète du corps vibrant. Cette distance, c'est la *longueur d'onde* que l'on désigne généralement par la lettre grecque λ. Si le son parcourt V mètres par seconde et si le corps vibrant accomplit pendant ce même temps n oscillations, la longueur d'onde sera :

$$\lambda = \frac{V}{n} \text{ mètres.}$$

Ce que nous disons du son peut s'appliquer également aux vibrations lumineuses, comme aux vibrations électriques et en général aux vibrations de toute espèce. L'amplitude, la fréquence, la longueur d'onde les différencient seules et nous permettent de les reconnaître et de les classer. Il reste à démontrer que l'électricité est un mouvement de même nature que les précédents, et c'est à quoi nous allons arriver maintenant.

C'est encore un savant anglais, Maxwell qui, par l'extension des formules mathématiques trouvées pour la lumière, montra le

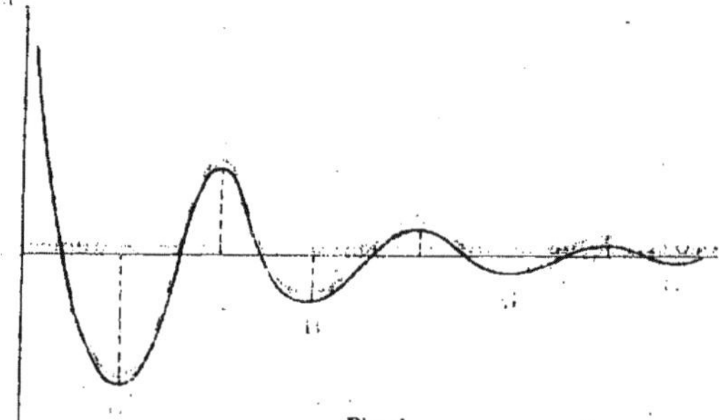

Fig. 1.

premier la parenté des vibrations lumineuses et des vibrations électriques ; la démonstration expérimentale du bien fondé de ces théories fut donnée ensuite par le physicien allemand Henri Hertz.

Pendant de longues années, l'électricité matérialisée sous forme de fluide joua un grand rôle dans nos conceptions. L'hypothèse de deux électricités, positive et négative était si commode en électrostatique qu'on oubliait vite que ce n'était qu'une hypothèse qu'il fallait compliquer dès que l'on étudiait les aimants et les courants. Faraday observant les effets de ces électricités sans jamais les voir elles-mêmes, repoussa péremptoirement l'hypothèse des électricités contraires et fut le premier à soupçonner l'identité de la lumière et de l'électricité, identité qu'il ne parvint pas à démontrer, mais qui inspira les recherches faites ensuite. Il fallait, pour corroborer ces vues, que l'on parvînt à tirer de la lumière différents phénomènes électriques ou à retrouver dans la propagation de l'électricité les caractères de la propagation de la lumière, et produire au moyen de l'électricité des phénomènes semblables à ceux qu'engendre la lumière. C'est à ce dernier point, qui est la réciproque du premier, que Hertz s'attacha. Il parvint à démontrer, en premier lieu que la transmission de l'énergie électrique n'est pas instantanée, preuve que personne avant lui n'avait pu obtenir en raison de l'énorme rapidité de translation de l'électricité, égale à celle de la lumière, c'est-à-dire 300.000 kilomètres par seconde, et, en second lieu, il montra que les radiations électriques donnaient lieu aux mêmes phénomènes que les rayons lumineux ; réflexion, réfraction et interférences. La seule différence entre les unes et les autres consistait dans la *fréquence*, c'est-à-dire le nombre de vibrations ou d'oscillations complètes produites pendant une seconde. Tandis que la durée de certaines vibrations lumineuses est environ la milliardième partie d'un millionième de seconde, les vibrations électriques sont dix millions de fois plus lentes.

Grâce à des méthodes et à des appareils judicieusement combinés, Hertz peut déterminer la vitesse de propagation des ondes électriques dans l'air, vitesse égale à celle de la lumière. Après lui, d'autres savants, Tesla et Bose, entre autres, étudièrent des oscillateurs spéciaux donnant naissance à des ondes de longueur connue, variant de 6 millimètres à 500 mètres et plus, suivant la fréquence du courant employé.

Ces recherches expérimentales sur la nature de l'électricité ont permis d'identifier ce mode de vibrations avec la lumière. On ne voit plus d'électricités de noms contraires se combinant ou de courants suivant des conducteurs, mais bien des ondulations de longueur et de fréquence déterminée se traversant, se séparant, se réunissant, se renforçant ou s'affaiblissant suivant les circonstances.

L'identité des phénomènes optiques et électriques est absolue : elle est non seulement intelligible à l'esprit mais perceptible aux sens, et le champ de la science se trouve considérablement agrandi. L'étude de la lumière n'est plus limitée à des ondulations de l'éther de quelques fractions de millimètre, elle comprend des ondes qui se mesurent en décimètres, en mètres et en kilomètres, et l'intervalle est restreint entre les ondes lumineuses les plus longues et les ondes électriques les plus courtes mesurées jusqu'à présent. L'optique n'est plus qu'un appendice et la lumière qu'une manifestation de l'électricité, et à ce sujet nous rappellerons les conclusions de Hertz :

« *Nous voyons désormais l'électricité en mille circonstances où nous ne la soupçonnions pas auparavant. Chaque flamme, chaque atome lumineux devient un phénomène électrique ; même lorsqu'un corps ne répand pas de lumière, pourvu qu'il rayonne de la chaleur, il est le foyer d'actions électriques. Le domaine de l'électricité s'étend donc réellement sur toute la nature.* »

Tout se ramène donc, en définitive à l'électricité, mode vibratoire si voisin de la lumière que l'on a pu dire que celle-ci était le son de l'éther, et que les diverses couleurs sont les notes de la lumière. Ce dernier fait a même pu être vérifié et reconnu exact par l'analyse mathématique qui, en permettant de mesurer le nombre de vibrations propre à chaque couleur du spectre, a démontré que les intervalles optiques et musicaux sont exprimés par les mêmes nombres.

L'univers est donc un immense laboratoire où prennent naissance et que traversent perpétuellement des radiations qui s'entrecroisent sans se confondre, car elles se différencient les unes des autres par leur longueur d'onde qui impressionne tel ou tel de nos organes et nous donnent la sensation du son, de la lumière et des diverses modalités de la force qu'enregistrent également certains appareils sensibles à des catégories particulières de vibrations. Mais il faut reconnaître que nous ne connaissons encore qu'une très petite partie de cette échelle des vibrations, et qu'un grand nombre de radiations nous demeurent inconnues, faute de sens pouvant être impressionné par elles ou d'instrument capable de les déceler.

L'électricité n'est qu'une partie du clavier des forces infinies de la nature, mais nous savons au moins le rang qu'elle occupe dans l'échelle des diverses manifestations de l'énergie ; la science a arraché une partie du voile qui nous masquait son origine et sa provenance.

Petit à petit, la vérité se substitue à l'erreur des temps anciens, et grâce aux efforts persévérants des chercheurs, nous parvenons à débrouiller au milieu du chaos des anciennes croyances, les principes rationnels qui nous conduisent à la connaissance des causes premières régissant le monde. Et en ce qui concerne l'électricité, nous savons maintenant quelle est sa véritable nature, elle n'est autre chose qu'une des formes de l'Energie perpétuellement en action dans l'univers.

Si nous voulons maintenant retracer succinctement l'histoire de cette science dont on ne compte plus les applications, nous rappellerons qu'elle ne remonte pas à plus de deux siècles, car les anciens n'avaient aucune notion de cette force. Ils avaient seulement constaté la vertu attractive de l'ambre jaune frotté et de la pierre d'aimant, et c'est le nom de ces deux substances qui a été conservé depuis cette époque pour désigner l'électricité (d'*électron*, ambre) et les phénomènes magnétiques (*magnès*, aimant).

Les applications de l'électricité appartiennent entièrement à l'histoire scientifique moderne. La connaissance des propriétés de l'ambre frotté, au temps de Thalès, c'est-à-dire 600 ans avant notre ère, est un fait de trop minime importance pour qu'on puisse faire dater de là le début de l'Electricité. Le premier homme a constaté bien certainement la chute de la foudre, mais pas plus que Thalès, il ne s'est douté de ce que pouvait être réellement ce trait de feu sillonnant l'espace.

Il faut arriver aux dernières années du seizième siècle pour trouver une trace d'étude des phénomènes électriques, et c'est en Angleterre que cette science prit naissance avec le livre du physicien Gilbert intitulé : *De Arte Magnetica,* dans lequel sont consignées toutes les recherches et expériences exécutées par ce savant sur les propriétés attractives de la pierre d'aimant envers le fer, de l'ambre et certaines pierres précieuses envers les corps légers. Mais toutes ces observations sont dépourvues de cohésion, et le lien qui doit les rattacher l'une à l'autre est absent. Il manquait à Gilbert, pour confirmer ses études et ses théories, un appareil capable de lui fournir des quantités d'électricité plus appréciables que celles qu'il se procurait à grand'peine en frottant énergiquement le tube de verre qui était son seul et unique instrument, et ce moyen de produire mécaniquement de l'électricité ne devait être imaginé qu'un siècle après sa mort.

En 1704, en effet, un physicien allemand, l'inventeur de la machine pneumatique, Otto de Guéricke, de Magdebourg, composa le premier générateur d'électricité, encore bien rudimentaire, car il était constitué par un globe de soufre qu'une manivelle faisait tourner sur son axe en même temps que l'on appuyait d'une main sur sa surface.

En 1709, Hawksbee construisit une machine qui présentait un notable perfectionnement sur celle d'Otto de Guéricke et donna la possibilité d'observer de curieux phénomènes, tel que, par exemple, celui de la stratification de l'étincelle électrique à l'intérieur de tubes de verre ou d'œufs de cristal vides d'air. Dès lors la voie était ouverte, et l'étude des propriétés de l'électricité fut poursuivie avec succès dans les différents pays. En 1729, Grey et Wehler découvraient le fait de la propagation de ce qu'on appelait alors le « fluide » le long des corps conducteurs, et partageaient toutes les substances en corps *bons* ou *mauvais* conducteurs. En 1735, Dufay faisait connaître au monde savant sa théorie, aujourd'hui ruinée, comme nous l'avons montré au cours de ce chapitre, de la séparation de deux électricités, positive et négative, et en 1747, l'abbé Nollet, préparateur de Dufay, créait une machine électrostatique de beaucoup supérieure à celles de Guéricke et d'Hawksbee. Enfin l'ère féconde de l'expérimentation pratique était ouverte et les découvertes allaient se succéder rapidement.

Dès l'année 1750, l'examen des étincelles que l'on pouvait faire jaillir à volonté avec la nouvelle machine. Nollet, suggéra à plusieurs personnes l'idée que ces étincelles paraissaient ressembler considérablement à l'éclair qui jaillit entre deux nuages orageux ou entre ces nuages, et la terre. L'Académie des Sciences accorda même un prix à un certain Barberet qui avait présenté un mémoire dans lequel il admettait l'analogie entre la foudre et l'électricité.

La preuve définitive de l'identité des deux phénomènes fut donnée simultanément, trois ans plus tard, par l'illustre Franklin et le physicien français Romas, de Nérac, qui parvinrent à soutirer, à l'aide d'un cerf-volant, l'électricité atmosphérique d'un nuage orageux et à la faire descendre jusqu'au sol. De ces expériences devait résulter l'invention du paratonnerre, appareil dont nous nous occuperons plus en détail dans un autre chapitre.

C'est de l'année 1876 que date la découverte d'une autre forme de l'énergie électrique, dite *dynamique*. Nous ne rappellerons pas ici l'histoire archi-connue de la grenouille de Galvani, et les discussions auxquelles donna lieu l'expérience de savant italien. Du mouvement qui s'en suivit pour expliquer les phénomènes observés, résulta, en 1799, l'invention par Volta de la *pile* voltaïque, le premier générateur du courant véritablement utilisable.

Aussitôt que l'*électromoteur*, la pile, fut connu, une foule de savants s'en emparèrent pour leurs recherches particulières. On constata d'abord les effets de cette électricité sur les organes des sens et sur le système nerveux de l'homme, puis, en 1800, Nicholson et Carlisle obtinrent la décomposition électrolytique de l'eau, point de départ de toutes les découvertes électrochimiques, et, en 1807, Davy réalisait pour la première fois la lumière électrique à arc voltaïque.

Dès lors, l'étude de l'électricité fit partie de la physique et constitua une branche distincte de cette science. En 1820, Œrsted établissait les premiers principes de l'électro-magnétisme, qui, développés par Ampère et Arago, devaient servir de base à la création des appareils à effets d'induction. En 1827, Ohm formulait ses lois immortelles sur les propriétés des courants, et les découvertes se succédaient dans toutes les applications de cette forme nouvelle de l'énergie.

L'invention la plus remarquable du dix-neuvième siècle, et qui a contribué pour une part énorme à la diffusion des usages de l'électricité est incontestablement celle de la machine dynamo, qui transforme directement en courant électrique, et presque sans perte, le travail mécanique qui lui est transmis. Certes, on connaissait depuis l'année 1832 le principe du générateur électromagnétique : Pixii d'abord, Sexton, Clarke, van Malderen, Wilde, Siemens avaient construit des machines magnéto-électriques, mais c'est à Gramme que l'histoire conservera l'honneur d'avoir établi la première dynamo vraiment pratique industriellement, et que ses successeurs n'ont eu qu'à perfectionner suivant les indications de l'expérience.

Depuis l'année 1873, époque de l'apparition de la dynamo, les applications de l'énergie électrique se sont multipliées, et il n'est presque pas de circonstance de la vie où, sous une forme ou une autre, l'électricité ne se soit glissée et ait montré sa supériorité et ses avantages. Enumérons :

Le transport à distance, sous forme de courant de haute tension, des forces naturelles jusqu'alors perdues ou inutilisées, l'emploi de cette énergie pour la commande des machines-outils, l'alimentation des lignes de tramways à traction électrique et des réseaux de distribution d'éclairage public et privé, enfin l'entretien des usines électro-chimiques ou électro-métallurgiques pour la fabrication des métaux, alliages et produits de teinture.

La transmission instantanée des signaux et de la pensée, d'abord par le télégraphe inventé en 1832 par le peintre Morse, aux appareils rudimentaires de qui ont succédé les systèmes rapides et perfectionnés de Wheatstone, Hughes, Bonelli, Thomson et Baudot, ensuite par le téléphone imaginé en 1877 par Graham Bell et modifié ensuite par Edison, Ader, Gower, Berliner, etc., en dernier lieu par la télégraphie Hertzienne à l'aide d'ondes traversant l'espace pour impressionner le récepteur extra-sensible appelé *radio-conducteur* par le professeur Branly, son inventeur.

L'électricité est partout maintenant et on ne saurait plus se passer de son aide puissante et si commode. Comme source lumineuse, elle brille dans les ampoules de cristal des lampes à incandescence ou entre les charbons du régulateur à arc voltaïque. Derrière la lentille du phare ou devant le miroir du projecteur, elle guide le navigateur et protège le marin ; le décorateur l'utilise pour des effets de scène variés, et le mineur la révère parce qu'elle est seule sans danger au fond des galeries souterraines.

Comme source de chaleur, le courant est employé dans les décompositions chimiques exigeant de très hautes températures. Sur une échelle plus modeste, on commence à l'utiliser pour le chauffage, la cuisine, et dans les appareils appelés allumoirs.

En tant que machine motrice, le moteur électrique a reçu d'innombrables applications en raison des commodités et de l'économie que son choix procure. C'est ainsi que, dans les ateliers de mécanique, les courroies de transmission tendent à être abandonnées pour être remplacées par la commande électrique directe. Sur les quais d'embarquement, les grues, cabestans, les ponts-roulants, les treuils sont actionnés électriquement. Il en est de même pour les monte-charges des maisons de commerce et les ascenseurs des habitations de rapport, qui se commandent maintenant par moteurs électriques, de préférence aux moteurs hydrauliques. Le moteur électrique se place même sur des véhicules, et la voiture automobile à accumulateurs possède de nombreux partisans, malgré l'imperfection de cette source transportable d'électricité. Toutefois, pour les chemins de fer et les tramways exigeant une grande dépense d'énergie, on continue à envoyer le courant aux véhicules automoteurs par un conducteur spécial, aérien, souterrain ou à fleur de sol, et sur lequel un frotteur, archet ou trolley, recueille l'énergie produite par une usine centrale.

Citons encore les applications faites de l'électricité à la physiologie, à la médecine, à la chirurgie, qui emploient toutes les formes possibles de courants, la haute tension, l'induction, la haute fréquence pour le traitement des maladies, quand elles ne l'utilisent pas sous forme de radiations lumineuses, cathodiques ou calorifiques pour des usages spéciaux.

En résumé, l'électricité constitue aujourd'hui l'une des branches les plus importantes du savoir et du génie humain. Elle est la base d'une foule d'industries des plus intéressantes, et elle est devenue la servante complaisante de l'homme, une des forces de la civilisation. Le savant la connait, la mesure, la manie impunément, et il n'est personne désormais qui n'ait à l'employer sous une forme ou sous une autre. Il est donc indispensable de connaitre cette force, au moins dans ses conditions essentielles, et c'est à quoi nous allons nous efforcer dans les pages qui vont suivre.

CHAPITRE II

L'Électricité dans la Nature.

Identification de la foudre avec l'électricité des machines. — Le cerf-volant électrique. — De Romas et Franklin. — La forme de l'éclair. — Effets de la foudre. — Les paratonnerres. — Utilisation future de l'électricité atmosphérique.

Avant d'étudier les applications industrielles de l'électricité, il nous paraît utile de dire un mot du rôle de cette force dans la nature, de ses propriétés générales et de son mode d'action dans le milieu où elle prend librement naissance.

Ainsi que nous l'avons dit dans le précédent chapitre, c'est vers 1750 que les physiciens qui étudiaient les effets produits par la machine électrostatique émirent la supposition qu'il y avait identité entre ces effets et ceux de la foudre. Dans le but d'obtenir la preuve expérimentale de cette hypothèse, certains songèrent à soutirer l'électricité atmosphérique pour vérifier l'analogie existant entre les deux ordres de phénomènes. Le premier qui obtint cette preuve fut Dalibard, curé de Marly-la-Ville, qui avait fait élever dans son jardin une longue tige de fer pointu reposant à sa partie inférieure sur un plateau supporté par quatre bouteilles. Le 10 mai 1752, au cours d'un violent orage, l'avisé chercheur put tirer de sa perche métallique une série de longues étincelles bleues absolument semblables, bien que sur une plus grande échelle, à celles que l'on pouvait faire jaillir des conducteurs de la machine statique.

L'année suivante, de Romas à Nérac et Franklin à Philadelphie répétèrent, à quelques mois d'intervalle l'un de l'autre et sans avoir connaissance de leurs recherches réciproques, cette expérience, mais en se servant, au lieu d'une tige de fer pointue, d'un cerf-volant plongeant dans les nuées orageuses. Les résultats furent plus concluants encore et la preuve fut surabondamment faite de la véritable nature des décharges électriques fournies par les machines qui ne faisaient que reproduire en petit les phénomènes prenant naissance au sein de l'atmosphère.

On s'est demandé, depuis que la présence constante de l'électricité dans l'espace a été constatée, quelle est l'origine et la provenance de cette énergie. On peut croire que le frottement de l'air sec ou humide contre la surface des terres et des mers doit être une des causes de production d'électricité. Il s'y joint l'évaporation continuelle de l'eau sous l'influence du soleil, l'induction développée par les mouvements planétaires, les radiations solaires et les réactions chimiques prenant naissance dans les décompositions et les mouvements des parties internes du globe terrestre. Toutes ces causes réunies sont suffisantes pour fournir un flux considérable d'électricité se disséminant dans l'atmosphère et entourant notre sphéroïde comme d'une gaine. La tension, maximum à l'équateur, est presque nulle aux pôles, ce qui permet à la charge électrique de fuser vers les espaces interplanétaires sous forme d'aurores boréales ou australes.

L'électricité atmosphérique n'est sensible pour nous qu'en cas d'orage, et la production de ce phénomène peut se comprendre aisément. Les nuages ne sont que le résultat de la condensation de la vapeur d'eau en suspension dans l'air ; on conçoit que, par suite de cette condensation il y a formation et accumulation d'électricité à la surface des molécules. Si ces molécules sont peu éloignées les unes des autres, comme c'est le cas en hiver, la charge électrique peut s'écouler avec les pluies et les brouillards, par toutes les voies humides et conductrices qui lui sont ouvertes. Mais, dans la saison chaude, il n'en est plus de même : l'air sec vient s'interposer comme un isolant entre les nuages, entre eux et la terre ; la tension électrique augmente et s'élève d'autant plus que la densité des nuages est plus considérable. Voilà donc les nuages électrisés positivement en présence les uns des autres ; ils n'ont pas tous nécessairement la même densité, et par suite le même potentiel électrique. Ceux dont la tension est la plus forte réagissent sur les autres et développent par influence à une de leurs extrémités, de l'électricité négative. La même réaction s'exerce sur la terre et on a en présence plusieurs charges d'électricité de signe contraire qui n'attendent plus que le moment favorable pour rétablir l'équilibre par une étincelle. Toutefois l'orage n'est pas terminé par une décharge unique : les nuages forment souvent des amoncellements qui partent de très bas pour s'élever à une grande hauteur, et dans ces amas de vapeurs, il existe des intervalles, des espaces secs qui isolent chaque centre électrique, et la décharge de l'un ne fait qu'activer et exciter la décharge de l'autre.

Quand la pluie commence, la foudre semble manifester une préférence à suivre la voie humide et conductrice qui lui est tracée par les nuées en voie de condensation. L'orage prend fin quand toute la charge électrique des masses nuageuses a disparu par suite de recombinaisons effectuées au sein des vapeurs ainsi qu'entre les nuages et le sol. La tension électrique de l'atmosphère redevient uniforme dans le ciel rasséréné ; l'orage est terminé.

La principale manifestation de cette convulsion météorologique est l'éclair. Le bruit du tonnerre qui suit chaque décharge n'est causé que par la vaporisation instantanée des molécules d'eau rencontrées dans son parcours par l'intervalle et on s'explique facilement quel fracas peut résulter de toutes ces explosions qui se produisent simultanément sur une longueur de plusieurs kilomètres.

La forme des éclairs est très variable suivant les circonstances dans lesquelles éclate l'orage qui leur donne naissance. Le chemin suivi par l'étincelle de recomposition étant celui de moindre résistance, il s'ensuit que le tracé est presque toujours irrégulier, sinueux, en zigzag ou en hélice. Souvent le trait de feu n'est pas unique, mais bien bifurqué et comporte jusqu'à cinquante ramifications secondaires donnant à la décharge une forme arborescente. Une forme d'éclair plus rarement observée est celle dite *en boule*. La foudre globulaire est due à un flux considérable d'électricité qui provoque la formation d'une sphère fulgurante lumineuse, une sorte de condensation de l'éclair, que le physicien Planté a reproduit en petit à l'aide de ses puissantes batteries rhéostatiques.

L'éclair *en chapelet* n'est que la réunion d'une suite d'éclairs globulaires, perceptibles isolément comme les grains d'un chapelet, et formant une longue trainée lumineuse persistant pendant un instant appréciable, tandis que l'éclair sinueux ou ramifié ne dure qu'un ou deux millièmes de seconde au plus.

Mais l'éclair n'est pas la seule manifestation de la présence de l'électricité atmosphérique. Lorsque le nuage électrisé est trop loin de la terre pour provoquer une décharge, il donne lieu à des phénomènes lumineux les plus variés. Les points terminant les tiges métalliques étincellent, des aigrettes brillantes jaillissent des mâts, des vergues des navires, des flammes courent sur le sol, l'espace lui-même s'illumine et se trouve embrasé d'une lumière diffuse. L'équilibre tend toujours à se rétablir entre la terre et l'atmosphère.

Ces phénomènes, connus sous le nom de *feux Saint-Elme*, effrayaient ceux qui en étaient témoins, dans l'antiquité et au moyen-âge. On attribuait leur production à des puissances surnaturelles et mystérieuses. Aujourd'hui ces effluves électriques ne font plus peur à personne, depuis que l'on connaît les conditions dans lesquelles elles prennent naissance et le mécanisme de leur formation.

Vers les régions polaires du globe scintillent souvent des lueurs éclatantes. Ces lueurs sont l'une des rares manifestations de l'électricité atmosphérique que l'on puisse admirer sans danger. Ce sont, dit M. Georges Dary, dans un livre intéressant, des aigrettes gigantesques, des draperies lumineuses aux couleurs les plus changeantes, des arcs étincelants qui brillent au firmament des pays glacés, serpentent, ondulent, s'agitent avec un bruissement caractéristique, et provoquent la stupéfaction et l'enthousiasme des voyageurs pouvant contempler ces phénomènes dans toute leur splendeur en traversant les régions désolées où il faut se rendre pour les apercevoir. Ces aurores sont, pour ainsi dire, l'ultime expression de l'électricité atmosphérique qui, s'échappant vers les pôles magnétiques du globe terrestre, va fuser en longs rubans de feu vers les espaces interstellaires.

Outre les orages atmosphériques dont nous venons d'expliquer le mécanisme, il se produit encore, sous l'influence de causes diverses, des orages souterrains qui secouent les couches internes de notre globe et donnent lieu à des tremblements de terre d'origine électrique et à des perturbations magnétiques diverses. Ces orages sismiques sont très dangereux et causent souvent de graves désastres comparables à ceux qui déterminent les bouleversements volcaniques.

Les effets de la foudre sont très variables. On les classe ordinairement en effets lumineux, calorifiques, chimiques, mécaniques et physiologiques. C'est-à-dire que l'éclair renverse les monuments, fend et déracine les arbres, brise les rochers, fond et volatilise les métaux, opère la fusion des sables et de certaines roches pour former ce qu'on appelle les fulgurites. Mais les effets physiologiques sont les plus redoutables et on ne compte plus les catastrophes causées par ce météore terrible et cependant si capricieux dans son action.

Les exemples sont innombrables des méfaits de la foudre et des volumes entiers ne suffiraient pas à mentionner tous les accidents, tous les désastres produits par son passage. C'est un navire fracassé, coupé en deux par une seule décharge et qui sombre instantanément avec son équipage et sa cargaison. C'est une cheminée d'usine démolie, projetée au loin en morceaux. C'est un arbre fendu de la base au faîte, déchiqueté en mille fragments transportés à une incroyable distance. Ce sont des troupeaux entiers anéantis, des moissonneurs tués raide et réduits en cendres, des soldats renversés, dépouillés de leurs armes et de leurs vêtements. Et à côté de ces effets meurtriers, de ces coups formidables, on voit la foudre imprimer l'image d'un paysage ou d'un arbre sur la surface d'un mur, trouer ou souder des pièces de monnaie à l'intérieur d'une bourse sans blesser le porteur, dédorer un cadre et transporter le métal sur une vitre, enfin produire les effets les plus surprenants sans nuire aux personnes touchées. Tout dépend de l'intensité de la décharge et de la position des objets dans ces circonstances.

Heureusement on connaît les moyens de se préserver et de mettre les habitations à l'abri des coups de foudre, par l'emploi rationnel des pointes protectrices auxquelles on a donné le nom de paratonnerres.

Ce sont les expériences sur l'électricité atmosphérique de Dalibard, de Romas et de Franklin qui montrèrent l'efficacité des pointes métalliques pour permettre à la charge électrique emmagasinée à la surface de la terre de revenir au taux normal, et se diffuser dans l'atmosphère. Dès l'année 1760, un paratonnerre fut installé sur la maison d'un marchand de Philadelphie et reçut le baptême du feu céleste qui resta inoffensif cette fois. En France, ce ne fut qu'en 1783, que l'on commença à adopter ce précieux appareil d'abord proscrit. Par un de ces revirements subits à laquelle elle est fréquemment sujette, la foule fut prise d'un engouement universel pour ce préservateur auparavant accablé de malédictions et objet de craintes superstitieuses, et on en fit un abus des plus bizarres. Chacun voulut avoir son paratonnerre particulier, les hommes le mirent sur leur parapluie avec une chaînette qui traînait à terre, les femmes en ornèrent leurs chapeaux, mais cette exagération ne dura qu'un temps et le parafoudre resta ce que raisonnablement il devait être, un protecteur des édifices.

Bien qu'avec les saillies innombrables hérissant les toits des villes, les paratonnerres soient moins indispensables qu'autrefois, le paratonnerre continue, avec juste raison, à être utilisé dans les conditions où il est susceptible de rendre de sérieux services.

Le paratonnerre se compose de trois parties distinctes : la tige, le conducteur et la prise de terre. La tige est en fer ou en cuivre, terminée par une pointe en métal inoxydable, dressée sur les

Fig. 2. — Maison surmontée d'un paratonnerre à pointes multiples de Grenet (Mildé fils, constructeur).

points saillants de l'édifice qu'il doit protéger. Elle est reliée au sol par des conducteurs consistant ordinairement en des barres de fer triangulaire, en câbles métalliques tressés ou en rubans de cuivre. Il peut y avoir plusieurs conducteurs, afin d'établir une bonne communication entre le sol et les tiges ; plus il y en a, plus la sécurité du bâtiment est assurée. Enfin les prises de terre doivent être établies avec le plus grand soin pour assurer un prompt écoulement de l'électricité atmosphérique dans le sol. Ce sont des plaques de métal profondément enfoncées dans un sol humide et auxquelles sont soudées les extrémités des conducteurs, ou mieux, plongeant dans l'eau d'un puits n'asséchant pas, même dans les plus grandes sécheresses.

Pour augmenter l'efficacité des paratonnerres, il est bon de relier les conducteurs principaux aux conduites d'eau et de gaz existant à proximité, et aux poutres de fer entrant dans la construction des maisons modernes, de façon à obtenir comme une sorte de cage métallique, un conducteur de section considérable n'offrant aucune résistance appréciable au passage de la décharge électrique.

Telle est, avec quelques variantes de peu d'importance dues aux constructeurs la disposition générale adoptée pour l'installation] des parafoudres. Et l'expérience de plus d'un siècle a démontré l'efficacité de ces appareils, à la condition expresse qu'ils soient montés avec soin dans leurs moindres détails.

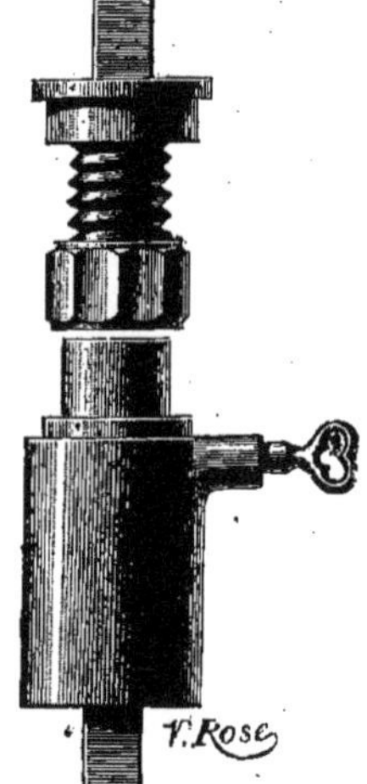

Fig. 3. — Joint de tige de paratonnerre Grenet-Mildé.

Le paratonnerre exerce incontestablement une action préventive, en même temps qu'une action préservatrice. Il empêche fréquemment l'électricité atmosphérique d'accumuler dans le sol une charge de signe contraire capable d'amener une décharge ; il facilite ainsi la combinaison et le retour à l'équilibre du champ électrostatique. Si les nuages possèdent une tension électrique très élevée mais qu'ils se trouvent trop éloignés pour provoquer un coup de foudre, l'électricité du sol s'échappera par la tige du paratonnerre et fusera vers l'espace sous forme de feux Saint-Elme. Ce n'est que dans le cas où cet échange par les effluves n'est pas suffisant pour épuiser la charge du nuage orageux, qu'il y aura une décharge disruptive entre le nuage et le sol par l'intermédiaire des tiges et des conducteurs de l'appareil.

Il est indispensable de vérifier fréquemment et minutieusement les installations des paratonnerres, car, dans le cas où la liaison des tiges avec le sol ne serait pas parfaite, par exemple, lorsque la rouille a mangé les conducteurs et les prises de terre, ces appareils deviennent plus dangereux qu'utiles. La visite attentive des câbles, des raccords, soudures, point de jonction avec le sol et les canalisations métalliques voisines, s'impose de temps à autre pour vérifier l'état de conservation des diverses parties de l'appareillage.

La théorie des paratonnerres est basée sur le *pouvoir des pointes*, remarque qui date des premiers temps de l'étude des phénomènes électriques, à l'aide des machines primitives d'Otto de Guericke, de Winkler, de Bose et de l'abbé Nollet. On avait pu constater, en effet, que, lorsqu'on munissait le conducteur d'une de ces machines d'une partie se terminant en pointe, toute la charge que l'on pouvait donner à ce conducteur s'échappait au fur et à mesure de sa production par cette pointe en produisant un bruissement caractéristique et un souffle perceptible appelé *vent électrique*. Le paratonnerre agit à la façon des pointes, c'est-à-dire par influence sur l'électricité des nuages. Par son élévation au-dessus du sol, il présente le maximum de tension, et c'est par sa pointe que tend de préférence à s'échapper, soit silencieusement en effluves lumineuses ou obscures, soit sous forme de décharge disruptive, le surplus d'électricité accumulé dans le sol.

On n'est pas absolument d'accord sur l'étendue de la zone de protection des paratonnerres. On admet en principe qu'une tige protège autour d'elle un espace circulaire d'un rayon double de sa hauteur. Ainsi un bâtiment de 64 mètres de longueur serait préservé par deux tiges de 8 mètres distantes de 32 mètres l'une de l'autre. Mais ce n'est là, en réalité qu'une approximation et l'on peut dire qu'un parafoudre est d'autant plus efficace qu'il est mieux relié au sol par un plus grand nombre de conducteurs, en contact avec des masses métalliques et de l'eau. Et le plus beau paratonnerre qui existe au monde est bien certainement la tour Eiffel, avec sa carcasse entièrement métallique reposant sur un massif de maçonnerie mais relié à la Seine par plusieurs câbles conducteurs.

Les nouveaux paratonnerres à pointes multiples, tels que ceux dérivant du modèle imaginé par Melsens sont plus avantageux que ceux à grande tige et à pointe unique, surtout quand la surface des toits à protéger est considérable.

Tel est le rôle joué par les parafoudres pour rendre inoffensives les plus violentes décharges, et les statistiques récentes montrent que depuis leur adoption, les accidents causés par la foudre ont été moins nombreux. On commence à savoir maintenant, même dans les villages les plus reculés, et grâce à la diffusion de l'instruction primaire, que l'éclair et le tonnerre sont des phénomènes naturels desquels on peut se préserver en observant certaines précautions.

Il ne reste plus maintenant qu'à doter les campagnes d'un appareil à action très étendu pouvant sauvegarder les récoltes contre les effets désastreux de la chute de la grêle, météore où l'électricité atmosphérique joue encore certainement un grand rôle. Mais le problème est à l'étude depuis Arago, qui avait imaginé en collaboration avec l'aéronaute Dupuis-Delcourt l'*électro-substracteur*, sorte de flotteur en cuivre rempli de gaz hydrogène et qui devait avoir pour effet de neutraliser l'électricité des hautes régions, par suite de l'écoulement continuel qui se produisait le long du câble métallique rattachant l'appareil au sol. Maintenant on emploie les canons à poudre ou à acétylène, les explosifs tonnants, les fusées à grande portée pour détruire sur place les nuages de mauvais augure, et, par l'ébranlement causé au sein des vapeurs menaçantes amener leur condensation inoffensive. La solution définitive est sans doute prochaine et sortira des recherches poursuivies un peu partout, et qui expliqueront le mécanisme de formation de ce phénomène, au sujet duquel on est encore réduit à des hypothèses plus ou moins rationnelles.

Enfin, peut-être un jour luira-t-il où l'homme, après avoir su se garantir du feu du ciel et préserver ses travaux contre les redoutables atteintes de la foudre, saura domestiquer cette puissance, et parviendra à l'asservir à ses besoins, comme il l'a fait pour les autres forces naturelles, le vent, les torrents entre autres. Rien ne semble impossible à la science, et ce qui paraît irréalisable, utopique aujourd'hui est peut-être la vérité, l'habitude de demain. Alors il ne sera plus besoin d'usines élevées à grands frais, où des moteurs à vapeur vomiront des torrents de fumée noire produite par la combustion de montagnes de charbon, actionnant à une vitesse vertigineuse l'induit de dynamos gigantesques ; on puisera librement l'électricité dans le réservoir infini des nuages, où elle se reforme perpétuellement, et on l'emmagasinera dans des accumulateurs qui livreront cette énergie au fur et à mesure des besoins. Mais ces considérations sont du domaine de l'avenir, et pour le moment, si nous voulons obtenir de l'électricité, il nous faut employer de toute nécessité un matériel compliqué, des machines dont l'entretien est coûteux, enfin un appareillage qui, en dépit de sa fabrication soignée, est encore bien loin de la perfection. En attendant que les procédés de captage de l'électricité soient simplifiés, passons donc en revue ces machines et appareils employés dans les diverses applications de l'énergie électrique.

CHAPITRE III

Comment on produit et on mesure l'Électricité.

Les premières machines statiques à frottement et à influence. — Les piles primaires. — Les accumulateurs ou piles secondaires. — Transformation du travail mécanique en énergie électrique. — Les machines magnéto et dynamo-électriques. — Le courant continu, les courants alternatifs simples et polyphasés. — Les transformateurs statiques. — Mesure des courants, unités et étalons : tension, intensité, résistance. — Appareils de mesure.

Ainsi que nous l'avons mentionné au début de cet ouvrage, les premières manifestations de l'électricité ont été obtenues en frottant, avec un chiffon de laine ou de soie, un bâton de cire à cacheter, un morceau d'ambre ou un tube de verre. On conçoit qu'avec des moyens aussi primitifs on n'obtenait que des quantités insignifiantes de « fluide », et la modification d'Otto de Guéricke, qui consistait en un globe de soufre enfilé sur un axe et que l'on faisait rapidement tourner d'une main tandis que l'autre appuyait sur le globe, fut considérée comme un progrès inespéré.

Cependant ce dispositif ne donnait pas encore grand'chose, et il fallut de nombreux perfectionnements successifs pour arriver à ce qu'on appela la machine électrostatique à plateau de verre tournant entre quatre coussins de soie et qui fut construite vers l'année 1766 par le physicien Ramsden de Londres.

Pour certaines applications, on utilise encore aujourd'hui ces générateurs des premiers temps de la science. Toutefois on n'emploie plus guère le frottement pour développer l'électricité dite « statique », et on préfère les modèles où la charge électrique est obtenue par « influence », comme dans l'électrophore imaginé par Volta, et dans le *replenisher* de lord Kelvin, d'où proviennent les modèles créés par Wimshurst, Holtz et Nairne entre autres. Nous décrirons ici le type Wimshurst qui demeure le plus usité, en raison de la puissance qu'il développe sous un petit volume.

Il se compose essentiellement de deux plateaux en verre mince laqué ou en ébonite, auxquels une manivelle communique un mouvement de rotation en sens inverse l'un de l'autre. Chacun de ces plateaux porte une série de disques en papier d'étain (de 12 à 20 suivant le diamètre) disposés radialement. Deux conducteurs diagonaux correspondant à chaque plateau, sont munis de brosses

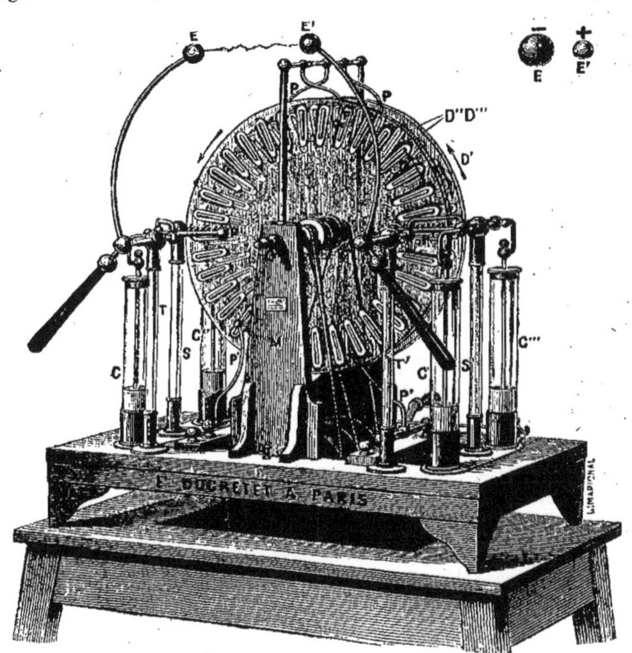

Fig. 4. — Machine à influence de Wimshurst.

métalliques qui balayent les secteurs passant devant elles. Deux peignes ayant leurs pointes tournées vers la surface des plateaux sont disposés aux extrémités d'un diamètre horizontal, et recueillent pour le compte d'électrodes en forme de boules manœuvrées à la main à l'aide d'un manche isolant, l'électricité développée.

Ce dispositif a été encore amélioré, notamment par M. Ducretet et M. Bonetti, pour les applications médicales.

Les machines à influence de Bertsch et de Holtz sont encore des sortes d'électrophores tournants, mais leur débit est un peu inférieur à celui de la Wimshurst.

La machine Bertsch se compose essentiellement d'un disque de verre tournant en face de deux peignes métalliques et d'un secteur de caoutchouc durci placé vis-à-vis de sa partie inférieure. On électrise au préalable ce secteur, et il agit sur le disque de verre ; les peignes recueillent l'électricité développée.

Le modèle de Holtz comporte, lui, deux disques de verre de diamètres inégaux, portés par le même axe, et distants de 3 millimètres environ. Le plus grand est percé de deux fenêtres le long desquelles sont collées une bande et une languette de papier, cette dernière étant terminée en pointe. Un disque est fixe, et l'autre peut être animé d'un mouvement de rotation rapide, environ 15 tours par seconde. Deux peignes métalliques sont disposés en regard et recueillent l'électricité produite. Il est nécessaire d'amorcer le fonctionnement en électrisant au préalable les deux bandes de papier. Dans ce but, on approche de l'une d'elles un corps électrisé après avoir réuni les peignes par un lien métallique, et l'on donne quelques tours de manivelle pour commencer à charger le plateau de verre. On a construit des machines de Holtz à quatre plateaux de 1 mètre de diamètre capables de fournir des étincelles de 30 centimètres de longueur.

Dans ces divers modèles de machines, l'électricité agit d'une façon absolument analogue à celle constatée dans la nature. Les plateaux jouent le rôle des nuages électrisés à des potentiels différents et entre lesquels il existe une différence de tension souvent considérables. Cette charge d'électricité, soutirée au fur et à mesure de sa production par les peignes métalliques, s'accumule sur les conducteurs de laiton reliés à ces peignes, jusqu'au moment où, le maximum étant atteint, le mouvement de rotation des plateaux ne fait plus qu'équilibrer les pertes par l'air ambiant ou par les supports de la machine.

Ces générateurs d'électricité ne peuvent donc être aucunement utilisés dans la pratique industrielle, d'une part en raison de leur rendement tout à fait dérisoire, car ils ne transforment en énergie électrique qu'une très faible partie du travail mécanique dépensé à entretenir leur mouvement de rotation, d'autre part à cause des très faibles quantités d'énergie mises en jeu sous une tension exagérée. C'est ainsi que le courant maximum fourni par une machine de Holtz ne dépasserait pas 40 *milliampères*, d'après Kohlrausch, tandis que la *force électromotrice* atteindrait 52.000 *volts*. Nous verrons un peu plus loin ce que signifient ces termes, que nous serons obligés d'employer constamment au cours de cet ouvrage.

On a donc été obligé de chercher d'autres procédés pour obtenir des quantités plus notables d'électricité et sous des conditions de tension et d'intensité rendant leur emploi plus facile. Après la machine électrostatique et l'électrophore, c'est à la *pile*, qui développe un courant par des actions chimiques que l'on a eu recours.

Chaque fois que l'on opère une réaction chimique, par exemple que l'on attaque un métal par un acide étendu, il se dégage de l'électricité. La première pile créée par Volta était composée d'une série de disques de cuivre et de zinc séparés par des rondelles de drap imbibées d'eau additionnée d'acide sulfurique. Ces disques et ces rondelles étaient empilés les uns sur les autres dans l'ordre cuivre, zinc, drap, le premier disque de la colonne étant un cuivre, et le dernier un zinc, constituant les deux pôles ou les deux *électrodes* de la pile. En réunissant par des fils conducteurs ces deux électrodes, on forme un *circuit*, dans lequel circule un courant d'une tension bien moindre que celle développée par la rotation des plateaux de verre ou d'ébonite des machines statiques, mais plus intense. A titre de comparaison, disons que la pile possède une force électromotrice d'environ 1 volt, avec un débit de plusieurs ampères ; on voit immédiatement la différence qui existe avec les machines.

Mais la disposition en colonne donnée par Volta à sa *pile* était tout ce qu'il y a de plus incommode et d'insuffisant, aussi conçoit-on que les électriciens se soient efforcés, dès que l'invention du savant italien fut connue, d'améliorer cette disposition, en même temps que d'augmenter la durée du fonctionnement et la quantité d'électricité engendrée.

On commença d'abord par placer les cuivres et les zincs dans des auges séparées les unes des autres, de manière à pouvoir additionner les forces électromotrices de chaque élément. On augmenta la surface des plaques métalliques plongeant dans l'eau acidulée, et on s'efforça de combattre l'affaiblissement rapide du courant qui résultait de l'adhérence des bulles d'hydrogène provenant de l'eau décomposée, et qui ne tardaient pas à entourer la plaque de cuivre d'une gaîne gazeuse isolante. Dans ce but, on préconisa successivement diverses combinaisons chimiques et certains systèmes eurent une certaine vogue. Nous les décrirons rapidement.

En 1829, Becquerel émit l'idée d'empêcher ce phénomène de l'adhérence des bulles gazeuses aux électrodes en mélangeant aux produits dont la réaction chimique causait le dégagement d'électricité, une substance capable d'absorber ces gaz à mesure qu'ils prennent naissance pendant le fonctionnement de la pile. Depuis lors, toutes les piles imaginées comportèrent l'usage d'un *dépolarisant*, ayant pour but d'assurer la constance du courant développé par l'attaque du métal par le liquide excitateur. Ce dépolarisant fut, suivant le cas, un corps solide ou un liquide ; dans ce dernier cas, il devint nécessaire de le séparer par un diaphragme poreux du liquide excitateur.

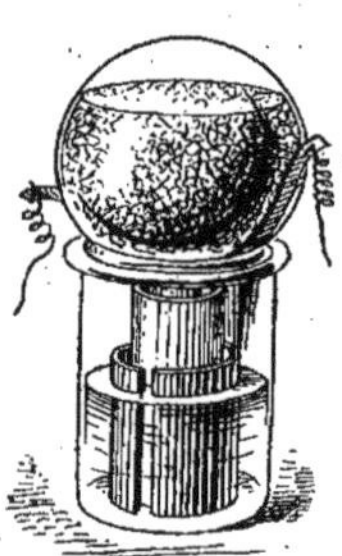

Fig. 5.
Pile Daniell à ballon.

La pile combinée en 1836, d'après ces principes, par le chimiste anglais Daniell, se composait d'un cylindre de zinc amalgamé, plongeant dans de l'eau acidulée ; la lame de cuivre baignait dans un vase poreux rempli d'une solution de sulfate de cuivre servant de dépolarisant. Le courant développé par cet élément fut reconnu très constant, aussi les applications de la pile Daniell ou de ses modifications, furent-elles très nombreuses, chaque fois qu'il était besoin d'un courant peu intense mais sensiblement égal comme quantité pendant une longue durée.

Les systèmes de piles dérivés de la combinaison indiquée par Becquerel sont légion. Citons simplement, parmi ceux qui ont eu une certaine vogue, ceux d'Eisenlohr (1849), Minotto (1863), Meidinger (1859), Callaud (1861), de Vérité, sir W. Thomson (1872), Reynier (1881) et Jenty (1896), différant entre eux par la forme des électrodes et des récipients.

La pile de Grove, à dépolarisant à acide azotique, date de 1839. Modifiée la même année par le chimiste allemand Bunsen, elle a conservé depuis lors la disposition qui lui fut donnée. Le zinc, de forme cylindrique, baigne dans l'eau acidulée sulfurique et entoure le vase poreux rempli d'acide azotique concentré dans lequel se trouve immergé un prisme de charbon de cornue inattaquable.

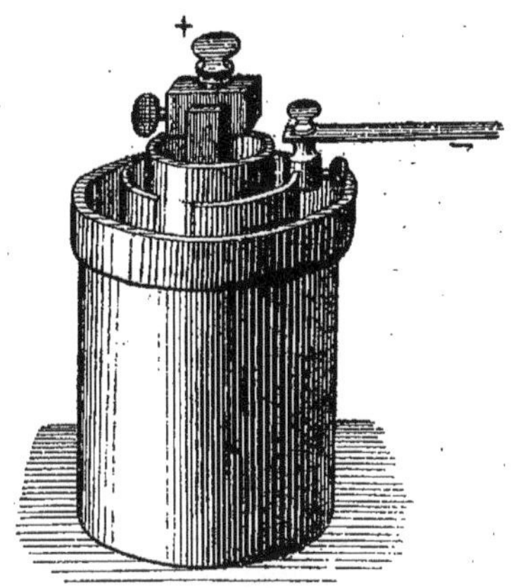

Fig. 6. — Elément Bunsen.

Ce dispositif d'élément permet d'obtenir une force électromotrice plus élevée (presque le double), de celle que donne une pile au sulfate de cuivre, avec une intensité bien plus considérable.

Aussi, la pile Bunsen a-t-elle été un moment très en faveur, jusqu'au jour où elle a été détrônée par la pile au bichromate.

L'idée d'employer la réaction chimique de l'acide chromique pour obtenir la neutralisation de l'hydrogène et la dépolarisation des piles, est due à Poggendorff, qui remplaçait l'acide azotique du vase poreux par de l'eau acidulée, dans laquelle on faisait descendre la lame de zinc soigneusement amalgamée. Le vase extérieur était rempli d'une dissolution de bichromate de potasse ou de soude dans l'eau acidulée sulfuri-

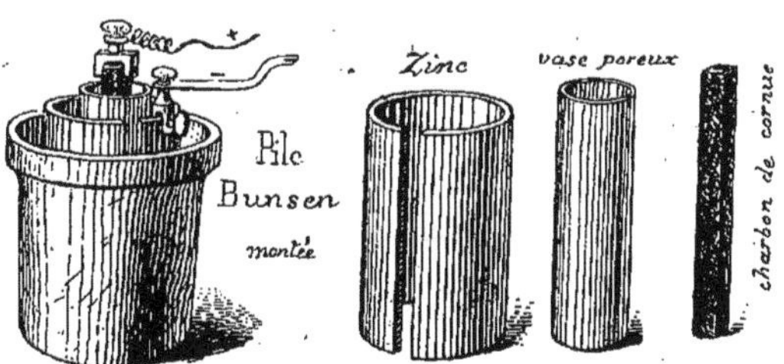

Fig. 7. — Organes composant l'élément Bunsen.

que, et l'électrode positive était une plaque, un cylindre creux ou une série de crayons de charbon de cornue réunis par une lame de cuivre conductrice.

Les émanations fétides et suffocantes que l'on reprochait non sans raison à la pile Bunsen étaient entièrement supprimées grâce à cette combinaison, et le courant développé était intense. Mais la pile ne tardait pas, malgré tout, à s'affaiblir et à se polariser, et c'est surtout à empêcher ou à retarder ce phénomène inévitable que se sont attachés les inventeurs.

Tout d'abord, on simplifia la disposition de l'élément en réunissant dans un récipient unique les électrodes positive et négative, le zinc et le charbon. On obtint ainsi la pile au bichromate à un seul liquide. Puis on combina des dispositifs mécaniques pour régler le débit et empêcher l'usure du zinc en circuit ouvert, c'est-à-dire pendant les repos. Parmi les systèmes innombrables de piles au bichromate inventés ou préconisés depuis l'année 1880,

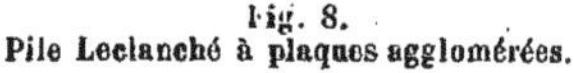

Fig. 8.
Pile Leclanché à plaques agglomérées.

Fig. 9.
Elément disque.

citons seulement ceux de Grenet, G. Trouvé, Radiguet, d'Arsonval, Cloris-Baudet, Renard, Jarriant, Chutaux, qui présentaient des dispositions originales et nouvelles.

Une autre catégorie de piles est basée sur une réaction différente, et il y est fait usage d'un dépolarisant solide, tel que l'oxyde de cuivre, comme dans le système Lalande et Chaperon, ou le bi-oxyde de manganèse, comme dans le système Leclanché, dont les usages ne se comptent plus, en raison des avantages que présente cette combinaison.

La pile Leclanché a été très perfectionnée, avec le temps, par son créateur même, qui est arrivé à lui donner une capacité électrique très élevée.

On peut considérer, en effet, une pile avec sa charge d'acide, e métal et de substance dépolarisante comme un réservoir con- nant un volume déterminé d'eau. Quand ce volume d'eau s'est chappé par le robinet, le réservoir est vide ; de même quand la uantité d'acide contenue dans la pile a dissous le poids corres- ondant de métal, qu'au volume d'hydrogène mis en liberté par fonctionnement s'est combiné le volume correspondant d'oxy- ne, il s'est dégagé une quantité d'électricité rigoureusement

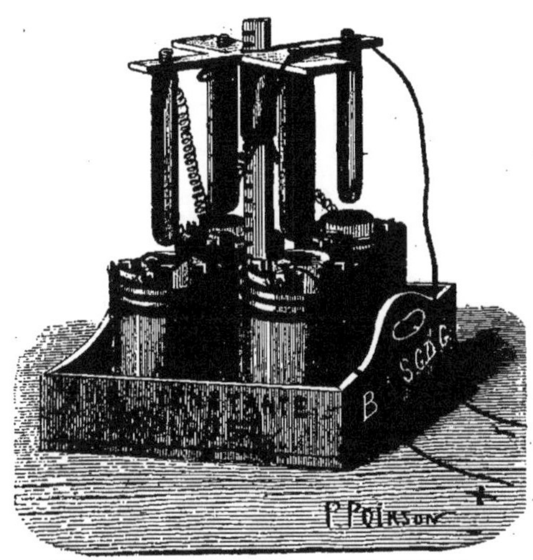

Fig. 10. — Batterie au bichromate de Radiguet.

proportionnelle aux quantités de principes actifs mis en présence. Il en résulte donc qu'une pile est une sorte de réservoir contenant, sous un volume et un poids donnés, une quantité déterminée d'énergie électrique, quantité en rapport avec la nature et l'activité des produits chimiques devant, par leur réaction, donner naissance au courant. Les efforts des constructeurs se sont donc portés, avec raison, sur les moyens propres à augmenter la capacité, la charge contenue dans un élément de pile. Mais, suivant les réactions mises en jeu, cette charge ne peut être utilisée qu'en une durée très longue, comme c'est le cas avec les piles de Daniell ou de Leclanché ; avec les Bunsen, les piles au bichromate ou à l'acide chromique, la charge doit, au contraire, être dépensée en peu d'heures. Il en résulte que, dans le premier cas, on dispose d'un courant faible mais assez constant et que la pile peut continuer à dégager pendant un grand nombre d'heures, tandis que, dans le deuxième, on a un courant énergique, mais dont l'intensité diminue rapidement et devient pratiquement inutilisable en peu d'heures.

Malgré leurs défauts et leurs inconvénients, les piles ont reçu,

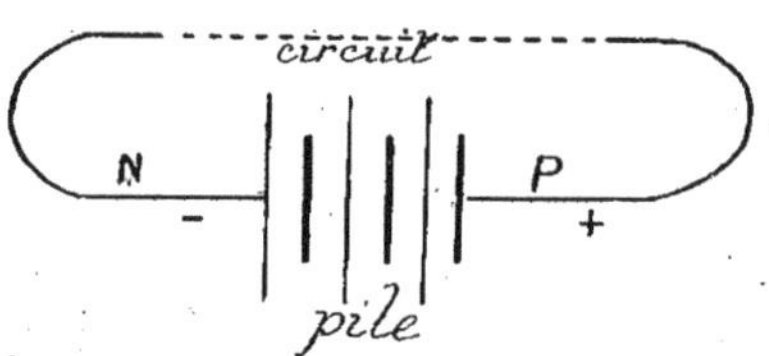

Fig. 11. — Circuit électrique d'une pile quelconque.
N négatif — P positif

pendant des années, d'innombrables applications ; aujourd'hui on ne fait plus guère usage que des piles au bioxyde de manganèse et au sel ammoniac inventées par Leclanché, pour les circonstances où l'on ne peut employer d'autre générateur d'électricité que l'élément à réaction chimique.

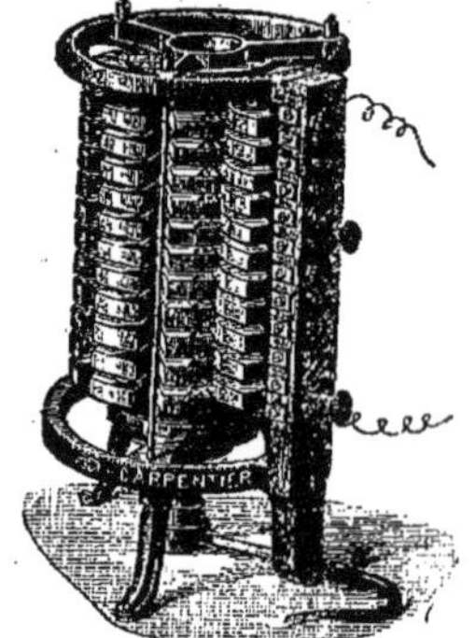

Fig. 12. — Batterie thermo-électrique chauffée au gaz, modèle Carpentier.

Cependant il ne manque pas de procédés autres que ceux que procure la chimie pour développer un courant électrique utilisable, et on peut rappeler que d'autres méthodes ont été préconisées dans ce but, par exemple les piles dites *thermo-électriques* (fig. 12), dans lesquelles un courant est dégagé par le chauffage du point de soudure de deux métaux dissemblables; les *actinomètres*, de Pellat et de Maréchal, où le courant est produit par l'effet de la lumière, les briquettes *électrogènes*, du Dr Brard, dégageant un courant pendant leur combustion, etc. On peut dire qu'il n'existe presque pas de circonstance où la production ou la dépense de travail mécanique ne soit accompagnée ou l'occasion de la formation d'une certaine quantité d'énergie électrique.

Quoi qu'il en soit, si les piles dites *primaires* ont perdu de leur ancienne importance, les appareils auxquels ils ont donné naissance et qui sont appelés *piles secondaires* ou *accumulateurs*, leur ont succédé et ont pris une grande importance.

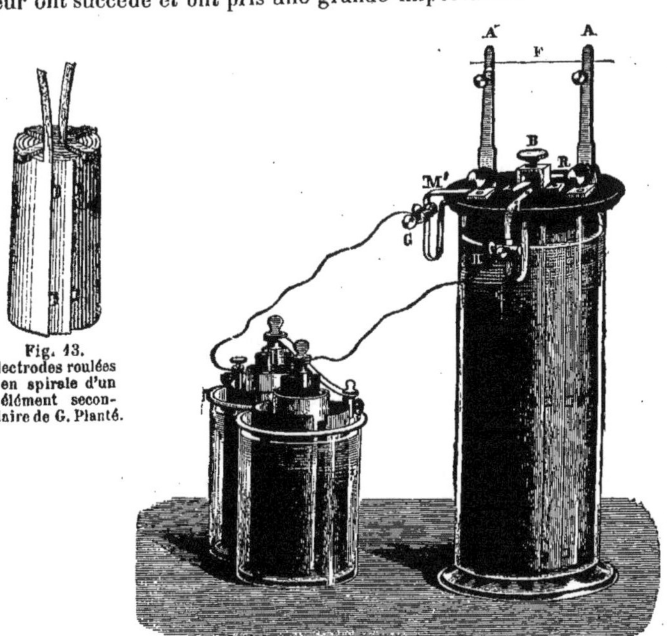

Fig. 13. Électrodes roulées en spirale d'un élément secondaire de G. Planté.

Fig. 14. — Elément secondaire de G. Planté chargé par deux éléments Bunsen couplés en tension.

On avait remarqué que, lorsqu'une pile s'était polarisée et que ses électrodes étaient recouvertes de bulles de gaz, cette polarisation tendait à créer à l'intérieur de la pile un élément orienté en sens inverse, en diminuant la force électromotrice initiale et en développant une de sens contraire. Cette remarque amena à reconnaître que les piles pouvaient être rendues réversibles. C'est-à-dire que, non seulement elles pouvaient produire d'elles-mêmes un courant par la consommation des matières chimiques qu'elles contenaient, mais qu'en leur fournissant un courant, elles étaient susceptibles d'emmagasiner ce courant sous forme de travail chimique récupérable sous la même forme que précédemment, et dans un délai quelconque. C'est de cette idée que découle l'invention des *accumulateurs*, due au physicien français Gaston Planté.

Le plomb étant le métal qui présente au plus haut degré la propriété d'emmagasiner une grande quantité d'énergie, en s'oxydant profondément, c'est ce corps qu'on a choisi, et qui est encore en usage pour constituer les plaques d'accumulateurs. Au début, on rendait le plomb capable de contenir une certaine quantité d'énergie, en le faisant traverser par une série de charges successives, durant chacune plusieurs heures et ayant pour effet de le transformer, sur une partie de son épaisseur en peroxyde de plomb, matière poreuse douée d'une très haute capacité d'accumulation. Mais cette suite d'opérations appelée *formation* était longue et forcément coûteuse. C'est pourquoi, en 1881, M. Faure imagina d'appliquer de l'oxyde de plomb ordinaire sur les plaques pour éviter de passer par la période de formation par charges et décharges successives indispensables pour obtenir la capacité cherchée.

De là, deux classes d'appareils doués de qualités et aussi d'inconvénients bien différents. D'une part, les accumulateurs *à formation naturelle lente* par les procédés de Planté, dans lesquels les plaques sont peroxydées par l'action préalable de l'électricité, et, d'autre part, les accumulateurs *à formation artificielle rapide* au moyen d'oxydes rapportés sur les plaques, où ils se trouvent fixés par divers moyens, mais le plus souvent par des encastrements, donnant la forme d'une grille à la plaque leur servant de support.

Les modèles d'accumulateurs au plomb sont assez nombreux aujourd'hui ; ils se rangent cependant tous dans l'une ou l'autre des deux catégories qui viennent d'être énumérées, et leurs plaques sont en plomb pur formées par le système Planté ou garnies de pastilles, de pâte d'oxydes, de matière active rapportée comme dans le système Faure-Sellon-Volckmar, de Montaud, Reynier, Laurent-Cély, Jullien, Pollak, Heinz, etc. Certains constructeurs ont cherché à donner une plus grande capacité à leurs éléments, ou une plus grande durée aux plaques, en évitant la chute des matières actives par l'effet du *foisonnement* ou du gonflement se

›roduisant au moment de la charge, et il convient de citer parmi :es chercheurs de progrès, MM. D. Tommasi (fig. 15), Bousquet t Edison, qui sont parvenus à faire de l'accumulateur un magasin 'électricité transportable et susceptible d'une foule d'applications e toute espèce.

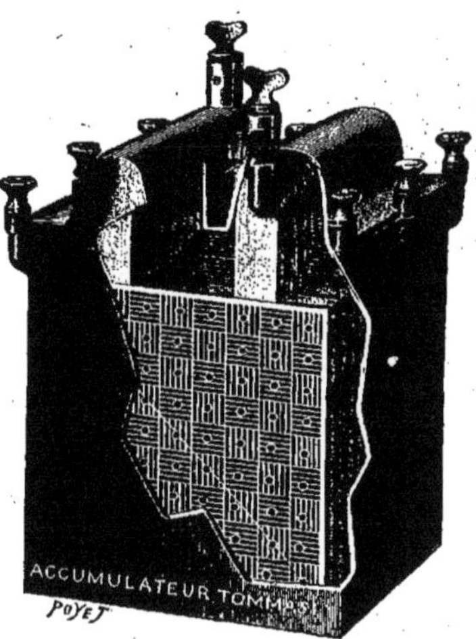

Fig. 15. — Élément d'accumulateur système D. Tommasi.

Le générateur d'électricité le lus en usage maintenant est onc le transformateur méca- que d'énergie, la dynamo.

Le principe de cette machine t simple : il est basé sur les énomènes de l'électromagné- me, dont Œrsted, Ampère, raday et Arago furent les par- ins. On sait que, toutes les s que l'on approche un fil étallique parcouru par le cou- nt d'une pile d'un conducteur lé, il se développe dans ce rnier un courant électrique esque instantané et de sens verse à celui de la pile ; si on loigne, il se produit un nou- au courant instantané, mais sens contraire au précédent. Or, selon une théorie d'Ampère, les mants agissent comme de véritables spirales parcourues par un urant électrique. Il suffira donc d'approcher et de reculer suc- ssivement un fil métallique d'un aimant pour engendrer une ite de courants électriques de sens direct puis rétrograde, cou- nts qui seront d'autant plus intenses qu'il y aura davantage de l soumis à l'action de l'aimant, et que le mouvement alternatif de pprochement et d'éloignement sera plus rapide.

Les premiers générateurs mécaniques d'électricité se composè- ent donc d'une double bobine recouverte d'un long fil métallique t qu'une manivelle faisait tourner devant les deux branches d'un rand aimant en fer à cheval fixe (fig. 16). Si l'on voulait obtenir vec ce dispositif des courants toujours du même sens, comme ceux ue fournit une pile, il faudrait intercaler sur l'axe un petit appa- eil redresseur ou commutateur laissant passer dans chacun des fils du circuit extérieur, un courant toujours de même sens et de même valeur électromotrice. On dispose ainsi d'un *courant continu*, bien que la machine fournisse des *courants alternatifs*.

Fig. 16. — Machine magnéto-électrique de Pixii.

Pour développer des courants intenses, on édifia des appareils comportant un très grand nombre d'aimants, disposés sur plusieurs rangées et suivant les rayons d'une roue. Entre les faces polaires de ces aimants tournaient les bobines recouvertes de fil, dans lesquelles prenait naissance les courants d'induction résultant du déplacement de ces bobines à l'intérieur du champ magnétique créé pas les aimants. On eut ainsi la machine *magnéto-électrique* à aimants permanents qui fut employée pendant bien des années pour alimenter les lampes électriques des phares.

La *dynamo* est une simplification de la magnéto. Au lieu de

Fig. 17. — Première machine de Gramme.

faire usage d'aimants naturels ou artificiels pour créer le champ magnétique produisant l'induction, elle met à profit le magnétisme rémanent, autrement dit la faible force inductive que possède le fer entrant dans la composition de la machine, pour développer ce champ par une suite de réactions rapides de l'inducteur sur l'induit et réciproquement. En peu d'instants, lorsqu'on fait tourner la bobine, la saturation est obtenue et le champ magnétique atteint son maximum d'intensité.

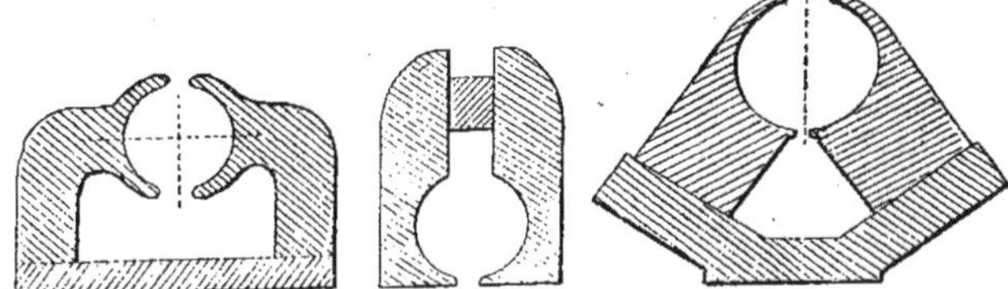

Fig. 18, 19, 20. — Formes diverses d'inducteurs de dynamos.

Les recherches des constructeurs se sont portées sur les moyens l'obtenir des dynamos le plus haut rendement possible, c'est-à-dire a moindre perte possible dans la transformation qu'elles opèrent lu travail mécanique, du mouvement, en courant électrique. Et on doit reconaître qu'ils y sont parvenus, car ce rendement atteint naintenant 90 et même 96 p. 100 dans les grosses unités.

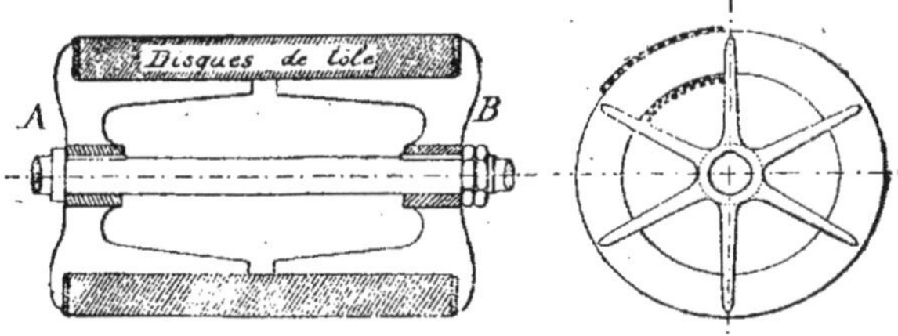

Fig. 21. — Coupe du fer d'un induit. Fig. 22. — Vue de face.

Une dynamo se compose donc d'un *inducteur* (fig. 18, 19, 20), ordinairement fixe, et constitué par un électro-aimant entouré de fil conducteur, et entre les épanouissements polaires duquel tourne l'organe mobile ou *induit* (fig. 21, 22), dont la forme est variable, enfin du *collecteur* (fig. 23) qui recueille la totalité des courants développés dans chacun des éléments de l'induit et les transmet au circuit extérieur par des balais métalliques frottant sur la périphérie de ce collecteur.

L'induit présente diverses dispositions. Tantôt il effecte la forme d'un anneau, constitué par un fil de fer recuit et roulé sur lui-même, et autour duquel sont enroulées une série de bobines, ou sections de fil conducteur séparées l'une de l'autre par un isolant. Chacune de ces sections de fil sont reliées l'une à l'autre, en même temps qu'aux lames de cuivre isolées dont la réunoin forme le collecteur. Chaque bobine a donc sa lame particulière et la force électromotrice de chaque bobine s'ajoute à la suivante comme dans les piles dont on associe ensemble un nombre quelconque d'éléments en réunissant le pôle négatif du suivant. La forme en anneau a été imaginée presque simultanément par l'italien Pacinotti et le belge Gramme. On emploie aussi l'induit plat en forme de disque (Brush) et l'induit en forme de tambour (Siemens), qui affecte l'aspect d'un long cylindre de fer doux creusé de deux encoches ou rainures longitudinales dans lesquelles vient se loger le fil.

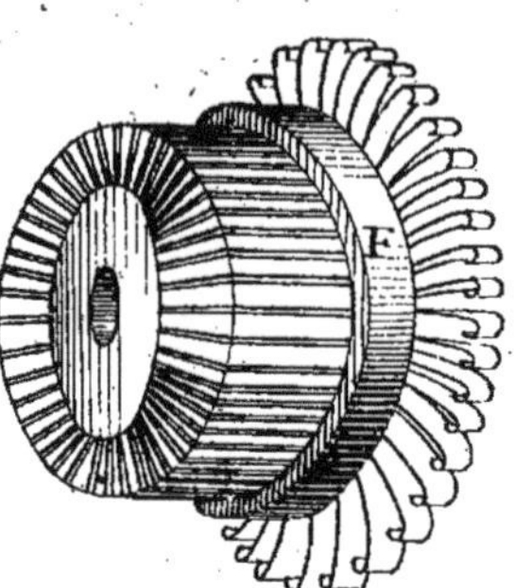

Fig. 23. — Collecteur d'une dynamo Gramme.

Telle est la disposition générale donnée aux dynamos dites courant continu, avec des variantes d'importance secondaire dues à chaque constructeur. Parmi les systèmes les plus estimés, il convient de citer ceux étudiés par la Société Gramme, la Société l'*Eclairage Electrique* (fig. 24), la Société de Fives-Lille, la Société Alsacienne de Constructions mécaniques, les ateliers d'Oerlikon (Suisse), Hillairet-Huguet, Sautter-Harlé et Cie (fig. 25), Thury et Cie, Postel-Vinay et Cie, Breguet, Fabius-Henrion de Nancy, Jacquet frères de Vernon, etc.

Fig. 24. — Dynamo bipolaire Labour.

Suivant le mode d'excitation des électro-aimants engendrant le champ magnétique, les dynamos sont à enroulement à gros fil (en série), à fil fin (en dérivation), ou à deux fils compensant leur action (en compound). Ordinairement les électro-aimants sont à deux pôles, mais, pour les unités de grande puissance, on préfère fractionner le champ en plusieurs parties et on emploie plusieurs inducteurs associés. Ces machines sont dites alors *multipolaires*.

Fig. 25. — Dynamo à courant continu Sautter-Harlé.

La tension du courant produit par les dynamos n'est jamais très élevée ; même quand on fait usage de fil très fin pour les enroulements. On est limité par les difficultés de l'isolement des séries de bobines formant l'induit, et quand on a besoin pour des applications déterminées, de courant de haute tension, par exemple

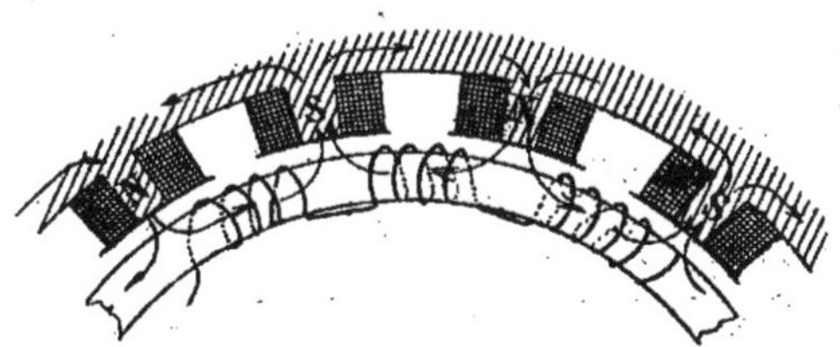

Fig. 26. — Schéma d'un alternateur.

pour le transport à grande distance d'une grande quantité d'énergie, on ne peut plus employer le courant continu, et on est obligé de recourir aux courants alternatifs dont nous avons indiqué plus haut le mode de génération. Bien entendu, les dispositions mécaniques données aux générateurs de ces courants ont été notablement perfectionnées avec le temps, et les *alternateurs* modernes ne resemblent en rien aux primitifs appareils de Pixii et de Clarke et rélégués aujourd'hui dans les cabinets de physique.

Ces générateurs de courants alternatifs sont analogues, comme forme, aux dynamos multipolaires, mais bien entendu, elles ne possèdent pas de commutateur. Le courant est recueilli par des frotteurs métalliques appuyant sur les bagues reliées à l'induit qui est, tantôt mobile et tantôt fixe, suivant les préférences des constructeurs, et qui présente autant de sections que l'inducteur compte de pôles. Les courants changent ainsi de sens jusqu'à 30.000 fois par minute.

On donne le nom de *période* à l'espace de temps qui s'écoule entre deux instants où le courant dévoloppé par un alternateur a le même sens et la même valeur, c'est-à-dire le temps que met une section de l'induit pour passer d'un pôle inducteur à un autre de même nom, et la *fréquence* est le nombre de changements de direction du courant ou de périodes par seconde. Ce chiffre varie dans les différents systèmes et suivant les applications en vue. Pour l'éclairage, il oscille entre 40 et 110 périodes par seconde, mais pour l'électro-thérapeutique ; la télégraphie par ondes hertziennes, ce chiffre est notablement dépassé et atteint jusqu'à des milliers de périodes par seconde (Tesla, Bosc, d'Arsonval, etc).

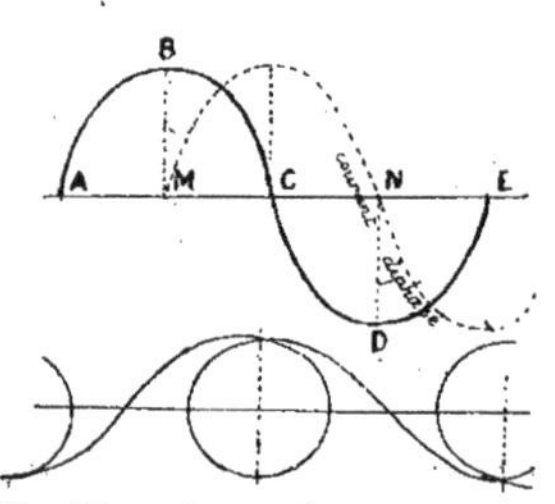

Fig. 27. — Forme du courant alternatif. — A C, période. M N, courant diphasé.

Quand l'induit d'un alternateur comporte deux ou trois fois plus de bobines que l'inducteur ne compte de pôles, les courants engendrés dans ces bobines ne sont pas produits tous en même temps, puisque ces bobines ne peuvent pas passer simultanément devant ce pôle (fig. 27). Il résulte donc, que ces courants se trouvent *décalés* d'une certaine fraction de période les uns par rapport aux autres. Quand ce décalage égale un quart de période, les courants sont dits *diphasés ;* quand il atteint un tiers de période, ils sont appelés *triphasés*. Les alternateurs ainsi disposés sont dits à *courants polyphasés*. Il en existe actuellement de plusieurs systèmes, parmi lesquels les types construits par Brown-Boveri et Cie, Fives-Lille, la Compagnie Thomson-Houston, Ferranti, Kapp, Daydé et Pillé, la Société Gramme (fig. 28) sont les plus estimés. Ils ont reçu de très nombreuses applications pour l'éclairage, l'électrochimie et le transport de l'énergie à grande distance.

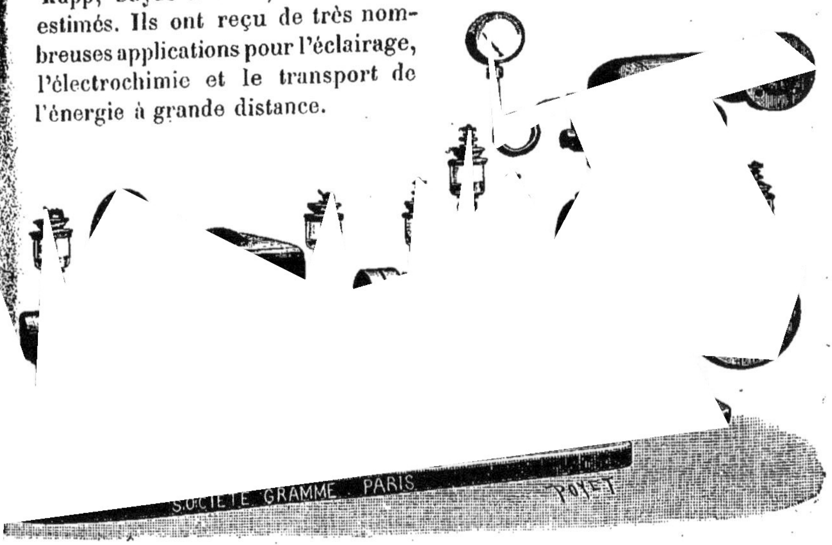

Fig. 28. — Génératrice de Gramme, accouplée à une turbine à vapeur de Laval.

La manœuvre des machines à courants alternatifs de très haute tension n'étant pas sans présenter de très sérieux dangers, et cependant cette tension élevée étant indispensable pour le transport économique de l'énergie, on a songé à limiter les tensions dangereuses à la ligne de transport, tandis que les générateurs fonctionneraient sous basse tension. Pour réaliser ces desiderata, on intercale entre les alternateurs et la ligne d'une part, puis à l'arrivée, entre la ligne et les appareils utilisant le courant, des dispositifs d'induction particuliers, auxquels on a donné le nom de *transformateurs* (fig. **29**), et qui ont pour objet, les premiers d'élever la tension, les autres,

Fig. 29. — Transformateur.

ceux de l'arrivée, de la réduire et la ramener au chiffre moyen sous lequel fonctionnent normalement les lampes et les moteurs électriques.

Ce procédé est de plus en plus employé aujourd'hui et on peut dire que c'est grâce au transformateur statique, inventé en 1881 par l'électricien français Gaulard, que le transport électrique de l'énergie a fait le chemin que l'on sait. Nous aurons d'ailleurs l'occasion de revenir sur ces divers appareils au cours du présent ouvrage.

Ainsi donc, en résumé on voit que les sources d'électricité couramment utilisées dans l'industrie sont les piles primaires pour toutes les circonstances où il n'est besoin que d'une faible quantité de courant pendant un temps relativement court, et les machines à courant continu ou alternatifs, simples ou polyphasés chaque fois qu'il est nécessaire de disposer d'un courant intense et de haute tension. Les accumulateurs sont des réservoirs où l'énergie est emmagasinée sous forme de travail chimique, que l'on peut ensuite récupérer à un moment quelconque sous forme de courant continu de basse tension, et les transformateurs sont des appareils d'induction ayant pour but de donner aux courants alternatifs qui les traversent une tension déterminée aux dépens de l'intensité ou inversement.

Mais avant d'aller plus loin, il paraît indispensable, afin de faciliter la compréhension des phénomènes électriques, d'expliquer les termes dout nous nous servons constamment pour exprimer les diverses valeurs des courants : tension, intensité, force électromotrice, potentiel, etc.

Pour concevoir le mode d'action du courant, on peut le comparer à une masse d'eau circulant dans une conduite et se rendant à un récipient placé à un niveau inférieur à celui d'où elle arrive. La différence de niveau existant entre le point de départ et le point d'arrivée de l'eau correspond exactement à la *différence de potentiel* existant entre deux points donnés d'un circuit électrique. Cette différence de potentiel est due à la *force électromotrice* qui prend naissance dans une foule de phénomènes physiques et chaque fois qu'il y a déplacement d'énergie. Ainsi, quand on attaque un métal par un acide, quand on chauffe deux métaux dissemblables, quand on fait mouvoir un conducteur dans un flux magnétique obtenu d'une manière quelconque, dans toutes ces circonstances, il se produit une force électromotrice en rapport, soit avec les affinités physiques, soit avec le travail développé dans le champ magnétique.

Ainsi que le savant physicien Coulomb l'a démontré, les forces électriques et les forces newtoniennes peuvent être exprimées d'une manière identique ; toutefois on n'est pas encore renseigné exactement sur l'origine de ces forces. Quoi qu'il en soit, de même qu'à une différence de niveaux entre deux masses de liquide correspond une pression, à une différence de potentiels électriques correspond une pression électrique, et c'est cette pression qui détermine le mouvement des masses électriques. C'est cette pression que l'on désigne sous le nom de *tension*.

Nous concevons déjà une grandeur électrique et sa cause : il en est une seconde, qu'on appelle *intensité* et qui représente le débit d'électricité dans le circuit. La valeur de ce débit dépend des différences de potentiel existant entre les divers points du circuit, de la longueur, de la section de ce circuit, en un mot des résistances rencontrées par le courant dans sa propagation. C'est ce qu'on exprime par la formule abrégée ; I (intensité) = E (force électromotrice) — r (résistance). Autrement dit, le débit dans l'unité de temps est proportionnel à la différence de potentiel entre les deux extrémités du circuit, et en raison inverse de la résistance de ce circuit. L'intensité du courant électrique est donc bien analogue au débit d'un liquide circulant dans une conduite et mettant en rapport deux récipients disposés à des niveaux différents.

La force électromotrice se mesure en *volts ;* l'intensité en *ampères*, les résistances en *ohms*. Nous n'entrerons pas ici dans l'explication, forcément un peu aride, du système d'unités fondamentales auquel on a donné le nom de G. G. S., et ne parlerons que des unités pratiques dérivées de ce système et employées de préférence en raison de la commodité qu'elles procurent.

L'ohm, l'ampère et le volt sont des unités corrélatives, c'est-à-dire qui doivent s'employer simultanément. Elles se correspondent, comme font, dans le système métrique par exemple, le mètre, le mètre carré et le mètre cube. Il en est de même pour toutes les autres unités pratiques qui sont :

Le *coulomb*, unité de quantité d'électricité et qui délimite la quantité d'électricité que débite un courant d'un ampère en une seconde.

Le *farad*, unité de capacité électrique et qui correspond à la capacité d'un condensateur contenant une quantité d'électricité de 1 coulomb quand la différence de potentiel entre ses plaques est de 1 volt.

Le *joule*, unité pratique de travail électrique, et qui est le travail que produit le transport de 1 coulomb sous une différence de potentiel de 1 volt. Cette unité s'exprime donc par le produit de la force électromotrice, de l'intensité du courant et du temps employé à le fournir.

Le *watt*, unité pratique de puissance électrique, et qui représente la puissance d'une machine débitant 1 ampère en 1 seconde sous une différence de potentiel de 1 volt. C'est donc le produit des volts par les ampères ; ses multiples sont l'*hectowatt* (100 watts) et le *kilowatt* (1.000 watts) par seconde.

Si nous voulons encore donner la définition des trois premières unités pratiques énumérées au début, nous dirons que le *volt*, unité de force électromotrice ou de tension correspond à celle qui se trouve développée par un élément de la pile primaire au sulfate de cuivre créée par Daniell. Les piles au bichromate et les accumulateurs ont une force électromotrice d'environ deux volts ; c'est pourquoi on est obligé d'associer ensemble un certain nombre d'éléments par leurs pôles de noms contraires, pour additionner les tensions de chacun d'eux et arriver au chiffre de volts exigé pour le fonctionnement normal des appareils d'utilisation.

L'*ampère*, unité pratique d'intensité, n'a qu'un sous-multiple : le milliampère, tandis que le *volt* possède deux multiples : le *kilovolt* et le *microvolt*.

L'ohm est l'unité pratique de résistance ; il peut être défini physiquement la résistance offerte à un courant invariable par une colonne de mercure de section constante ayant, à la température de la glace fondante, une masse de 14 gr. 5 et une longueur de 106 centimètres. Cette résistance représente 100 mètres de fil de fer de 3 millimètres de diamètre ou $0^{m},50$ de fil de cuivre rouge de 1 millimètre. L'ohm possède un multiple, le *mégohm*, qui vaut un million d'ohms, et un sous-multiple qui est le *microhm* (un millionième d'ohm).

Ces diverses unités se mesurent au moyen d'instruments indicateurs particuliers, dont nous devons dire un mot.

Les forces électromotrices ou tensions, qui s'évaluent en *volts*, sont mesurées au moyen de galvanomètres spéciaux (fig. 30 et 31) auxquels on a donné le nom de *voltmètres*. Pour les usages industriels, on donne à ces appareils la forme de cadrans portant les divisions de l'échelle. L'organe essentiel mobile d'un voltmètre est ordinairement une plaque de fer doux oscillant dans un champ magnétique créé par le courant circulant dans un fil entourant cette plaque. Le fil inducteur des voltmètres est très fin et très résistant, et il est branché en dérivation sur le circuit dont on veut connaître la tension. La palette est reliée à l'aiguille indicatrice qui se meut devant le cadran, et ses divers changements de position causés par les variations de force électromotrice sont transmis à cette

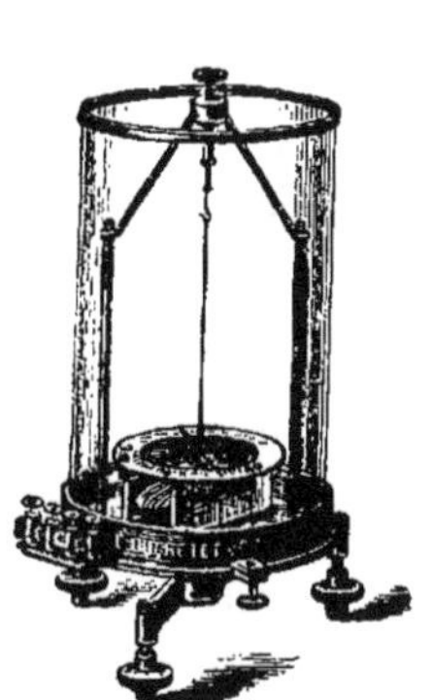

Fig. 30. — Galvanomètre.

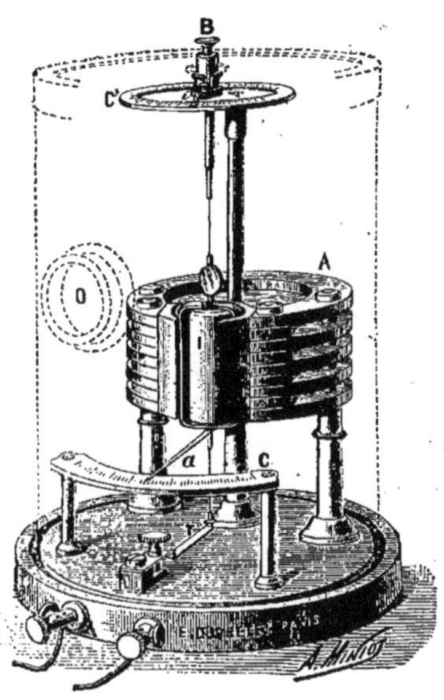

Fig. 31. — Voltmètre apériodique d'Arsonval.

aiguille par l'axe de suspension qui est unique pour les deux pièces.

L'ampèremètre, qui évalue en ampères l'intensité d'un courant est un galvanomètre à gros fils qu'on laisse constamment en circuit. Le principe du fonctionnement est absolument analogue à celui du voltmètre, mais, bien entendu, la graduation du cadran n'est pas la même, puisqu'elle doit indiquer la valeur totale du courant, le débit de la conduite sur laquelle l'ampèremètre se trouve branché, tandis que le voltmètre n'accuse, par suite de la grande résistance de son circuit inducteur, que la différence de potentiel existant entre deux points de cette conduite, différence de potentiel qui est constamment proportionnelle d'ailleurs aux intensités (fig. 32 et 33).

La graduation des ampèremètres et des voltmètres à cadran est ordinairement établie d'après des appareils étalons établis d'après les principes scientifiques les plus rigoureux. Toutefois, comme ils sont sujets à se dérégler avec le temps, il est bon de contrôler de

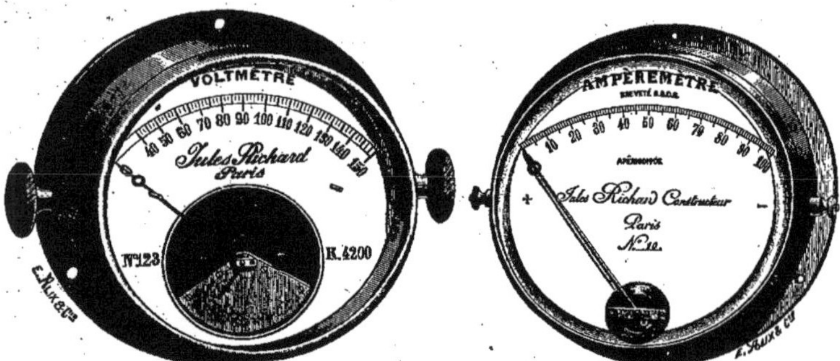

Fig. 32 et 33. — Voltmètre et ampèremètre à cadran de J. Richard.

temps à autre la justesse de leurs indications. Ajoutons qu'à part ce léger inconvénient, les modèles actuellement en service et construits par J. Richard, Carpentier, Desruelles, Arnoux et Chauvin, Genteur etc., fournissent les meilleurs services et sont employés dans toutes les stations de production d'énergie électrique.

De même que l'on mesure l'intensité et la tension des courants continus et alternatifs, on mesure également leur puissance, exprimée en watts, au moyen d'instruments appelés *électro-dynamomètres* et *wattmètres*, qui comportent deux bobines, dont l'une est intercalée en série sur le circuit étudié et l'autre, à forte résistance, est disposée en dérivation. La dérivation de l'aiguille est proportionnelle au produit du débit par la différence de potentiel, c'est-à-dire à la puissance cherchée.

Les résistances, exprimées en ohms, se mesurent à l'aide de boîtes contenant des bobines de résistance connue, que l'on intercale dans le circuit à mesurer au moyen de clés en métal. On peut réaliser ainsi toutes les résistances de 1 à 1 million d'ohms avec un petit nombre de bobines (fig. 34 et 35).

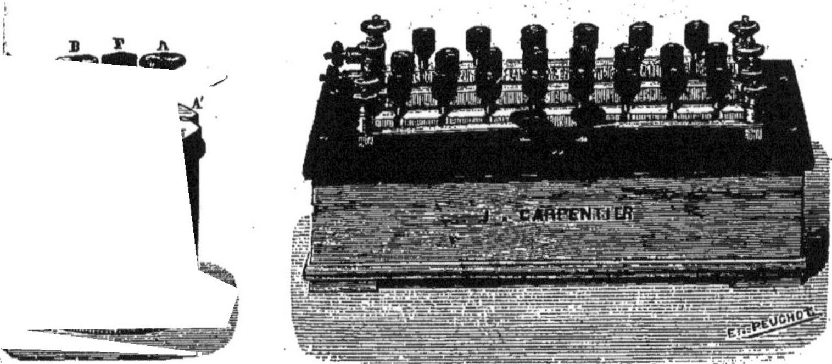

Fig. 34 et 35. — Boîtes de résistance de Ducretet et de Carpentier.

On utilise de plus en plus, pour les appareils de mesures électriques, le système enregistreur qui, au lieu de donner des indications visuelles, fournit un diagramme écrit dont la lecture montre les variations survenues dans le travail mesuré. Ce système, appliqué à l'enregistrement d'une quantité de phénomènes variés, consiste, comme on sait, à faire inscrire sur un cylindre, tournant sur son axe en un temps défini, par l'influence d'un mouvement d'horlogerie, les mouvements de la partie mobile de l'appareil indicateur. En électricité, ce sont les mouvements de la palette de fer doux ou de la bobine induite dans le champ magnétique qui commandent les déplacements du levier portant la plume qui inscrit les variations du courant sur la bande de papier entourant le cylindre tournant sur un axe vertical.

L'ingénieur Jules Richard s'est créé une spécialité de ce genre d'appareils inscripteurs automatiques, que l'on rencontre aujourd'hui dans toutes les stations centrales et usines, et ils rendent d'incontestables services, comme d'ailleurs dans toutes les circonstances où il est utile d'avoir une intégration continue du travail.

Il est enfin une catégorie d'appareils de mesure appelés *compteurs* (fig. 36), servant à enregistrer automatiquement la quantité d'électricité dépensée ou produite en un temps donné, et ayant un rôle analogue à celui des compteurs à gaz. Ce sont des *wattmètres-heure* (fig. 37), branchés en dérivation sur le courant

Fig. 36. — Compteur d'électricité de Richard.

principal et qui indiquent le nombre de watts ou d'ampères-heure consommé en un temps déterminé.

Tels sont, sommairement décrites, les principales méthodes

Fig. 37. — Wattmètre-heure enregistreur Richard.

actuellement en vigueur pour produire et mesurer les courants électriques utilisés dans les différentes applications industrielles que nous allons maintenant passer en revue dans les chapitres qui vont suivre.

CHAPITRE IV

La Lumière électrique.

couverte de l'arc voltaïque par Humphry Davy. — Les premiers régulateurs. — Les lampes à arc modernes, mode de montage. — Les lampes à incandescence. — L'appareillage pour l'éclairage électrique.

Le phénomène qui donne lieu à la production de ce que l'on ap-ılle la *lumière électrique* a été observé pour la première fois en ‌307 par le chimiste Humphry Davy qui avait réuni par des cônes ɜ charbons de bois imprégnés de mercure, les extrémités des ›nducteurs reliés aux électrodes terminales d'une batterie de 00 éléments zinc-cuivre associés en tension montée dans le labo-ıtoire de l'*Institut Royal* d'Angleterre.

En examinant le faisceau lumineux au moyen de verres noircis, n reconnut qu'il affectait la forme d'un croissant s'appuyant sur ɜs deux extrémités des charbons qui étaient disposés horizonta-ɜment. Davy donna le nom d'*arc voltaïque* à cette lumière en 'honneur de l'immortel inventeur de la pile primaire. Il ne tarda ›as à remarquer ensuite que, pendant le passage du courant de a pile, le charbon relié au pôle positif de la batterie s'usait envi-·on deux fois plus vite que l'autre, en rapport avec le pôle négatif ɜt qui se creusait en cratère. Cette lumière éblouissante exigeait une telle complication pour être produite que le savant chimiste ne crut pas possible une utilisation pratique, et il la considéra comme un phénomène curieux, destiné à ne pas sortir du laboratoire.

Quarante ans s'écoulèrent sans que l'on s'occupât davantage de l'expérience de Davy, devenue cependant classique dans les cours de physique. Puis, simultanément, Thomas Wright, Staite et Petrie, en Angleterre, Léon Foucault, en France, firent connaître cette lumière au public dans une suite d'essais et en employant, pour maintenir la distance voulue pendant la marche les deux pointes de charbon entre lesquelles jaillissait l'arc voltaïque, des dispositifs appelés *régulateurs*.

Le premier perfectionnement apporté depuis Davy en cet ordre d'idées consista à tailler les électrodes dans des morceaux de ce graphite très dur qui constitue le résidu de la distillation de la houille et se dépose sur les parois internes des cornues à gaz. On obtint ainsi une plus grande durée de ces électrodes. C'est alors que l'on pensa à les fixer sur un mécanisme les rapprochant automatiquement l'un de l'autre à mesure de leur combustion, et c'est en **1848** que furent inventés, comme nous le disions plus haut, les premiers *régulateurs* ou *lampes à arc*.

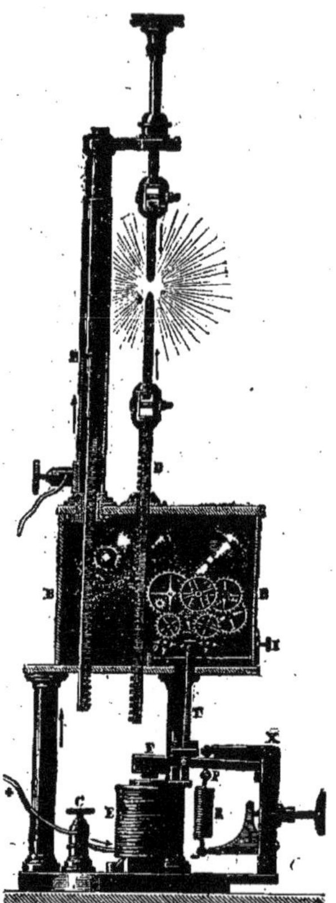

Fig. 38. — Régulateur Foucault.

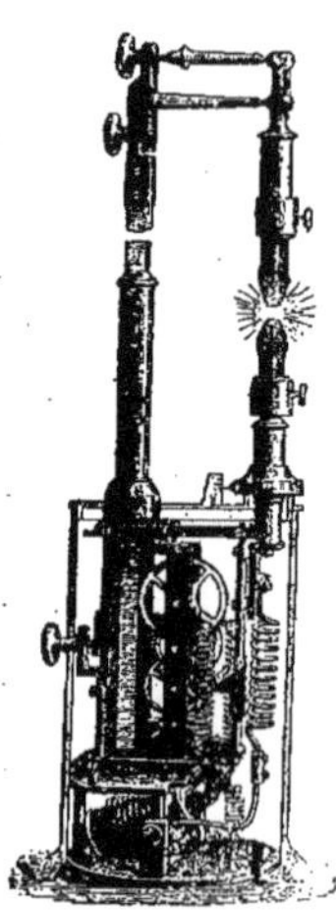

Fig. 39. Régulateur Serrin.

Il fallut toutefois, pour qu'on apportât quelque attention à cette invention que plusieurs électriciens tels que Deleuil, Dubosq, Archereau, entre autres, fissent des expériences publiques de projections lumineuses et que les machines magnéto-électriques fussent entrées dans la pratique courante. On comprit alors l'importance de cette découverte, et on chercha à simplifier les mécanismes par lesquels on obtenait cette lumière si intense.

Le premier régulateur de Foucault (fig. 38) était à point lumineux fixe. Les deux tiges porte-charbons étaient sollicitées l'une vers l'autre par des ressorts d'horlogerie enfermés dans des barillets ; dans leurs mouvement de rapprochement, ils faisaient défiler un rouage dont le dernier mobile était commandé par une détente. Un électro-aimant, entouré d'un gros fil traversé par la totalité du courant envoyé aux charbons, agissait sur une armature de fer doux dont la course était limitée par le jeu d'un petit ressort antagoniste et c'était cette armature mobile qui commanait la détente enrayant e mouvement du rouage u le laissant défiler. Ainsi lonc, quand l'écartement ntre les pointes des charons augmentait, l'attracion de l'armature de fer loux augmentait égalenent, et son mouvement légageait la détente du mécanisme d'horlogerie jui agissait alors pour repprocher les charbons, C'était donc l'usure de ces baguettes qui amenait l'intervention de l'électro déclanchant le dispositif de rapprochement.

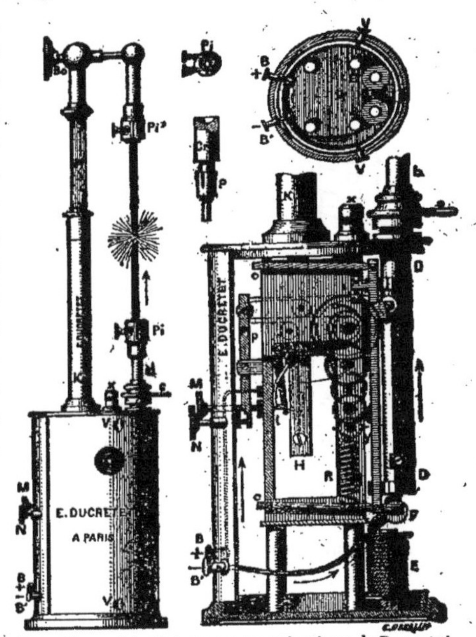

Fig. 40. — Régulateur pour projections de Ducretet.
Fig. 41. — Mécanisme.

Perfectionné par Dubosq puis par Serrin (fig. 39), le régulateur Foucault constitua pendant longtemps un appareil auquel on n'eut rien à reprocher que son prix un peu élevé, et on l'utilisa pour les projections lumineuses, au théâtre, dans les phares, et pour les besoins de la guerre. Puis quand la dynamo se fut vulgarisée, on songea à créer des modèles plus simples, moins coûteux, et se prêtant à la division de la lumière en plusieurs foyers.

Ces régulateurs exigeant la totalité du courant pour actionner l'électro-aimant de réglage ne peuvent fonctionner qu'isolément.

On comprend qu'en effet, il pourrait arriver avec ce procédé qu'au moment où l'un des arcs vient à s'allonger que l'augmentation se trouvât compensée par une diminution inverse dans un autre arc. Le régime du courant n'étant pas modifié, l'intensité du courant reste la même et le mécanisme n'agit pas. Il a donc fallu tourner la difficulté et imaginer d'autres procédés de réglage pour permettre de monter un nombre quelconque de foyers restant indépendants les uns des autres sur une canalisation unique provenant d'un seul générateur.

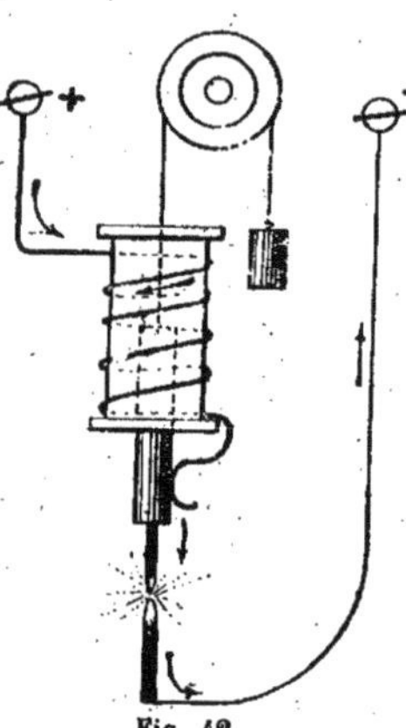

Fig. 42.
Régulateur en tension.

On peut classer les brûleurs à arc, actuellement en service pour l'éclairage public ou privé, en trois catégories, suivant le mode de réglage adopté :

Les régulateurs en tension ;

Les régulateurs en dérivation ;

Et les régulateurs à effets différentiels.

Dans le procédé de réglage *en tension* (fig. 42), la totalité du courant traverse les spires de la bobine agissant sur le mécanisme d'écartement des charbons. En conséquence, si la source d'énergie, batterie de piles, accumulateurs ou dynamo doit alimenter plusieurs foyers, ceux-ci doivent être montés tous en série sur le fil qui part de la source et y revient; ils sont forcément tous solidaires les uns des autres et doivent être allumés et éteints tous ensemble.

Dans le système en *dérivation* (fig. 43), une partie seulement du courant est dérivée et passe dans la bobine régulatrice; cette disposition permet de rendre les lampes indépendantes les unes des autres pour l'allumage ou l'extinction. Le courant se partage entre les charbons et la bobine enroulée de fil fin et résistant, et l'intensité relative des deux fractions est inversement proportionnelle aux résistances des deux branchements. La tension règle le fonctionnement, elle augmente quand l'arc augmente de longueur, et il en résulte que les spires de la bobine se trouvent parcourues par un courant de plus grande intensité et attire plus fortement le noyau de fer doux, alors l'arc se raccourcit jusqu'à ce que la tension soit redescendue à sa valeur normale.

Enfin, dans le procédé *mixte*, à action différentielle (fig. 44), la lampe est munie de deux bobines, l'une enroulée de gros fil, l'autre de fil fin. L'action de la première tend à allonger l'arc lumineux, tandis que l'autre, par suite de sa grande résistance, tend au contraire à diminuer cette longueur. L'équilibre s'établit ainsi par les effets contraires de ces deux enroulements, et ce système convient particulièrement aux installations d'éclairage comprenant un grand nombre de foyers, car il est très sensible et assure une grande stabilité dans la lumière produite.

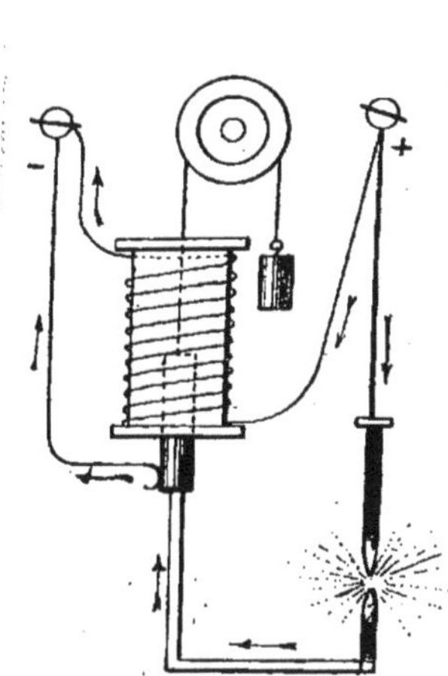
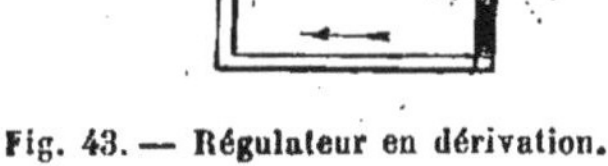

Fig. 43. — Régulateur en dérivation.

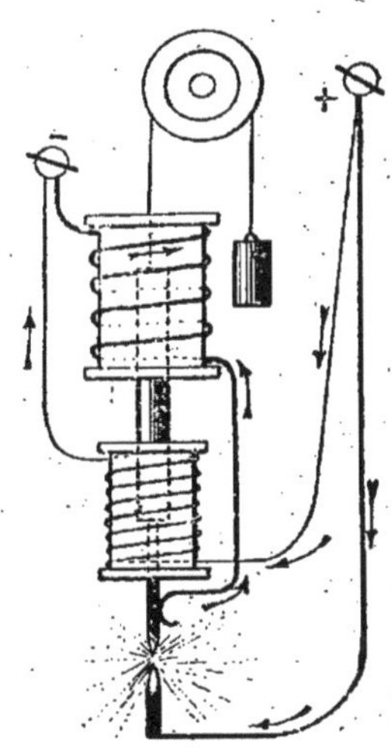

Fig. 44. — Régulateur à effets différentiels.

Dans ces trois moyens de réglage, l'allumage est obtenu par l'écartement brusque des deux charbons au moment de la fermeture du circuit, les pointes de ceux-ci revenant en contact après chaque extinction et se touchant pendant le repos.

Les lampes à arc peuvent être alimentées soit avec des courants continus, soit avec des courants alternatifs de fréquence moyenne (40 à 120 périodes par seconde). Quand on fait usage de courant continu, on remarque qu'il faut que ce courant possède au minimum une tension de 36 volts pour qu'il jaillisse un arc d'un millimètre de longueur. Il faut donc au moins vingt éléments d'accumulateurs ou de piles au bichromate couplés en tension pour produire la lumière électrique. Quant à l'intensité du courant, elle doit être d'au moins deux à trois ampères, et certains modèles de lampes à arc modernes de faible puissance lumineuse ne dépensent que ce chiffre.

Quand les régulateurs fonctionnent d'après le procédé de la dérivation, il est indispensable de disposer sur chaque circuit qui contient une seule lampe une résistance additionnelle appropriée. Cette résistance, ou *rhéostat*, est formée de fils en ferro-nickel roulés en spirale et que traversent le courant; son but est double : au moment de l'allumage, elle empêche la lampe d'être mise en *court-circuit* sur elle-même quand les charbons sont au contact. Le même effet se produit encore, pendant la marche, lorsque, par une cause accidentelle, les charbons viennent à se toucher. En même temps elle joue le rôle de modérateur et, par l'absorption de courant qu'elle opère, elle maintient l'égalité et la constance de la différence de potentiel entre les charbons.

Souvent, sur les réseaux de distributions urbaines d'éclairage électrique, où la tension normale est de 110 volts, on met deux arcs en tension, et une seule résistance additionnelle suffit pour les deux lampes. On est même parvenu à brancher trois arcs sur cette tension de 110 volts, avec une seule résistance de réglage et, dans ces conditions, la même quantité de lumière coûte environ 30 p. 100 moins cher qu'avec deux lampes sur 110 volts. Dans le cas où un grand nombre d'arcs sont disposés en série, les résistances additionnelles deviennent inutiles, et les régulateurs jouent ce rôle les uns par rapport aux autres.

Il existe un très grand nombre de modèles de lampes à arc dont le fonctionnement est basé sur l'un ou l'autre des trois principes que nous nous sommes efforcés de faire comprendre. Cependant le premier système de réglage tend à être délaissé, et les régulateurs dits *monophotes*, ne pouvant fonctionner qu'isolément, tels que ceux de Serrin, de Dubosq, de Suisse, ne sont plus guère employés que pour les expériences de projections et les phares. Dans l'industrie on préfère les appareils dits *polyphotes*, en dérivation ou à action différentielle, et qui se prêtent mieux à la division de la lumière.

Parmi ces modèles qui se disputent la faveur du public, il nous aut citer certains se recommandant à l'attention par leurs dispositions originales, leur construction bien étudiée, et leur fonctionnement régulier.

Fig. 45. — Lampe à arc Pilsen.

Tels sont les régulateurs à potentiel constant de Gramme, la lampe à solénoïde de Brianne, et les lampes différentielles de Eck, de Pilsen (fig. 45), de Bardon, de la Société la *Lutèce Electrique*, les types simple et double [1] de la *Société Alsacienne de Constructions mécaniques*, de la *Compagnie Générale Electrique de Nancy*, de Weston, de Vigreux et Brillié et de Japy.

Il est une catégorie de lampes à arc qui a pris une très grande extension dans ces dernières années en raison des avantages incontestables qu'elles présentent sur leurs devancières, et surtout de l'économie qu'elles permettent de réaliser. Nous voulons parler des *lampes en vase clos*, dont le système Jandus est l'initiateur et le prototype. Dans ce genre de lampes (fig. 47 et 48), la combustion des charbons ne peut avoir lieu par suite de l'absence d'oxygène ; il en résulte une usure beaucoup plus lente et une consommation très minime de ces charbons, économie qui n'est pas sans importance quand on pense au prix de ces crayons. Une lampe à arc en vase clos brûle deux cents heures consécutives en consommant 30 centimètres de charbons, tandis qu'un régulateur à l'air libre nécessite le renouvellement de ses crayons toutes les huit ou dix heures. La dépense n'atteint pas avec les lampes Jandus, le dixième de celle que nécessitent les brûleurs à arc ordinaires ; c'est dire quelle supériorité présente ce dispositif sur les anciens systèmes. D'autre part, l'arc étant plus long dans ces lampes que dans celles brûlant

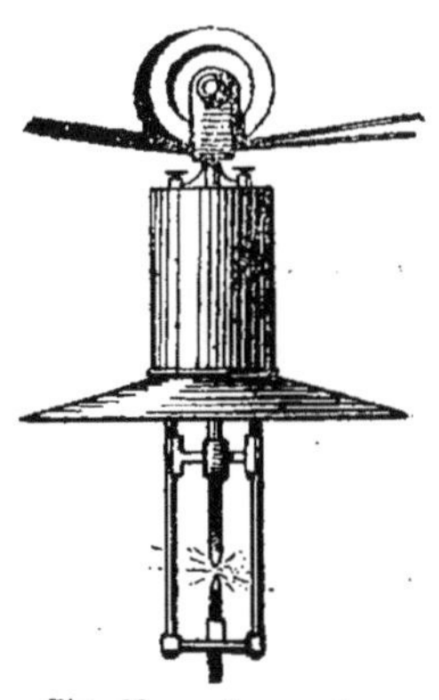

Fig. 46. — Suspension à galet de lampe à arc.

(1) A une ou deux paires de charbons disposées parallèlement.

à l'air libre, les rayons lumineux issus du charbon supérieur ont un passage plus facile et, étant projetés sous un angle de 28 de-

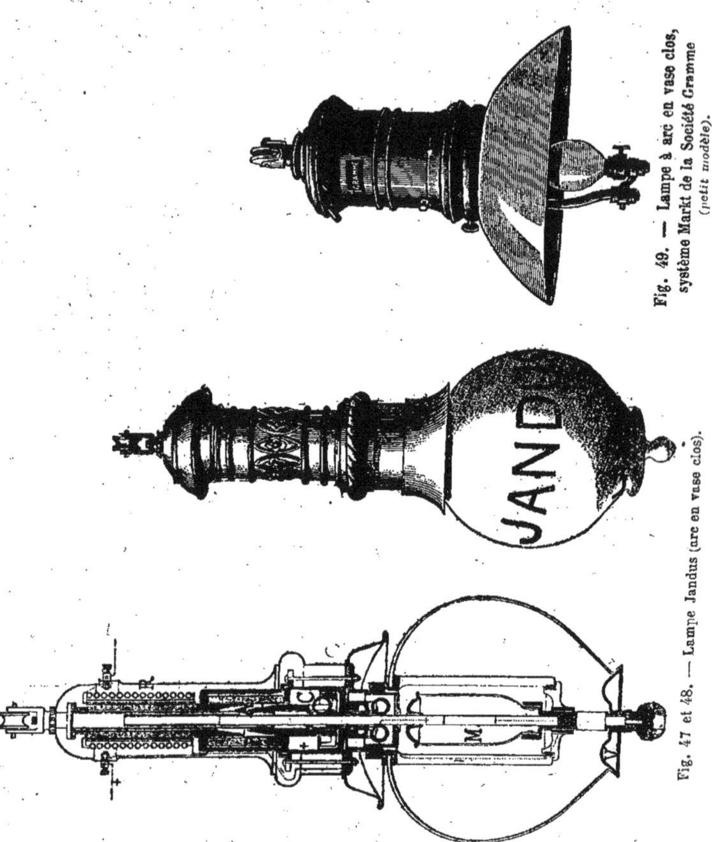

Fig. 47 et 48. — Lampe Jandus (arc en vase clos).

Fig. 49. — Lampe à arc en vase clos, système Markt de la Société Gramme (petit modèle).

grés au lieu de 45, ils donnent un éclairage plus uniformément réparti sur la surface à illuminer.

Le réglage, nécessité par l'usure des charbons brûlant à l'intérieur d'un manchon de verre enfermé dans un globe ou une ampoule de cristal à fermeture hermétique, est opéré par l'ensemble des forces : pesanteur du porte-charbon supérieur et action électro-magnétique ; cette dernière diminuant lorsque l'arc s'allonge outre mesure, le noyau de fer doux est relâché et le porte-charbon descend. Un tube fixe soulève alors légèrement des galets entre lesquels le crayon de charbon se trouve coincé et lui permet de descendre jusqu'à ce que le courant ait repris sa valeur normale et relève la partie mobile qui cause le coinçage de galets et immobilise l'ensemble.

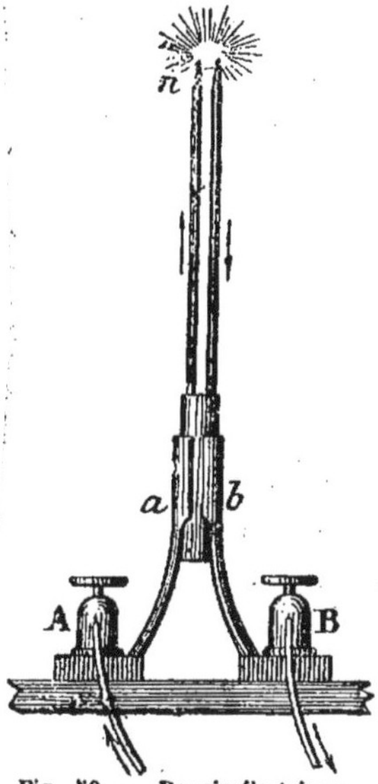

Fig. 50. — Bougie électrique. *A B* bornes; *a b* baguettes de charbon ; *n* arc.

Fig. 51. — Globe Jablochkoff.

Il existe maintenant de nombreux systèmes de lampes à arc en vase clos basés sur le même principe que la Jandus ; on peut citer parmi les mieux étudiés, ceux de la Société Gramme (système Markt) que représente notre fig. 49, de la Compagnie française Thomson-Houston, de Japy frères, de Bardon et de la *Société Alsacienne.*

A côté de ces brûleurs exigeant un mécanisme pour assurer la continuité de la lumière, nous devons placer un autre dispositif qui a eu un moment de grande vogue, mais qui n'existe plus guère maintenant qu'à l'état de souvenir, nous voulons dire la *bougie électrique*, inventée en 1876 par Jablochkoff.

Cette bougie se composait de deux crayons de charbon, non plus disposés dans le prolongement l'un de l'autre, mais côte à côte. Ils étaient séparés par un isolant composé d'un mélange de plâtre et de baryte appelé *colombin* ; une *amorce* en plombagine réunissait l'extrémité des baguettes et permettait l'allumage, la longueur de la bougie était de 30 centimètres et le diamètre de 4 millimètres.

On sait que, si l'on alimente un brûleur à arc voltaïque avec du courant continu. l'un des charbons, le positif, s'use deux fois plus rapidement que l'autre. Pour éviter cette usure inégale, il faut employer des courants alternatifs et c'est, bien entendu, ce que fit Jablochkoff.

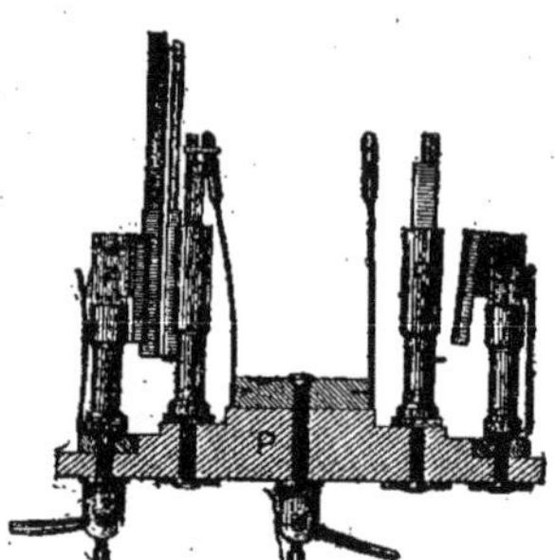
Fig. 52. — Chandelier automatique.

Dans ce système, les bougies, au nombre de six, sont dressées verticalement la pointe en l'air à l'intérieur d'un globe en verre dépoli (fig. 51), et elles sont serrées, par le pied, entre les griffes d'un chandelier métallique. Un ressort appuie sur l'une des baguettes, et lui amène le courant; quand la bougie est usée, ce ressort bascule et vient appuyer sur la bougie suivante qui s'allume, et ce dispositif automatique évite l'intervention d'un électricien venant manœuvrer un commutateur envoyant le courant successivement d'une bougie à l'autre (fig. 52).

Pendant plusieurs années, les bougies électriques reçurent de nombreuses applications. Jamin, Debrun, Wilde, entre autres, les perfectionnèrent, puis, les régulateurs automatiques ayant été améliorés et fournissant une lumière plus stable, les bougies furent peu à peu abandonnées. Mais elles n'en ont pas moins marqué une date dans l'histoire des applications de l'électricité à l'éclairage.

Depuis longtemps déjà on cherchait le moyen de diviser la lumière électrique en petits foyers d'intensité équivalant à celle fournie par les lampes à huile, et dès l'année 1844, M. l'ingénieur de Changy avait essayé de réaliser un appareil produisant la lumière par l'incandescence d'un fil de grande résistance au passage du courant. Il expérimenta dans cet espoir le platine, puis des baguettes très minces de charbon de cornue enfermées à l'intérieur d'un globe de cristal vide d'air, mais sans pouvoir obtenir le résultats pratiques. Après M. de Changy, d'autres chercheurs els que King et Star, Lodyguine et Kosloff s'attaquèrent sans plus e succès à ce problème, et c'est devant les résultats négatifs de es efforts que d'autres inventeurs : Reynier, Trouvé et Werder-ann entre autres, proposèrent de tourner la difficulté en sim-ifiant le mécanisme des lampes à arc et en créant les modèles ésignés sous le nom de *brûleurs à semi-incandescence* fonc-onnant à l'air libre (fig. 53).

Dans ces appareils, le charbon négatif tait constitué par un disque fixe ou une oulette tournant sur un axe horizontal. e charbon positif, en forme de crayon ppuyait par son poids ou était appuyé ar un ressort ou un contrepoids, sur le ord de ce disque ou de cette roulette. uand on faisait passer le courant, l'ex-rémité de ce charbon devenait incan-descente au point de contact imparfait opéré contre le négatif. A mesure qu'il s'usait, le poids le faisait descendre, en même temps que la roulette tournait sur son axe et présentait un nouveau point de contact à ce crayon.

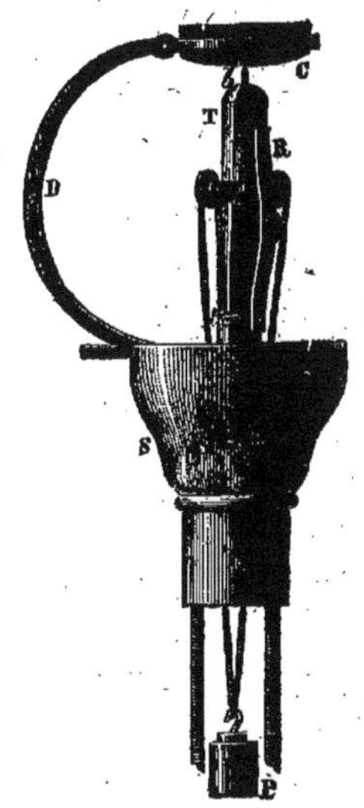

Fig. 53.— Lampe semi-incandescence de Werdermann.

Les lampes à semi-incandescence, malgré leur plus grande simplicité ne purent cependant supplanter les régulateurs à arc, et l'invention de la lampe à incandescence par Edison en 1879, les rejeta dans l'oubli où elles allèrent rejoindre les bougies Jablochkoff tombées aussi en désuétude.

Nous avons expliqué que, quand on fait passer un courant électrique dans un conducteur, il y a production de chaleur. Si l'on appelle E la force électromotrice, I l'intensité du courant et R la résistance du conducteur, le dégagement de chaleur dans ce conducteur sera exprimé par la formule :

$$Q = E I t \text{ joules.}$$

Un joule équivalant à 0,24 calorie, la chaleur développée par le courant est donc de 0,24 R I 2 *t* calorie. C'est dire qu'il est possible de transformer le courant électrique en énergie calorifique : il suffit de disposer de conducteurs suffisamment résistants. Pour obtenir de la lumière, la chaleur doit être assez élevée pour que le conducteur soit porté à l'incandescence. Le principe est donc tout différent de celui de l'arc voltaïque.

Le corps utilisé doit toutefois remplir plusieurs conditions pour donner des résultats satisfaisants : il faut qu'il soit suffisamment résistant, que son pouvoir émissif ait la plus grande valeur possible, enfin que, tout en étant réfractaire, il possède une certaine solidité pour ne pas se briser sous l'effort des dilatations où des secousses imprimées à la lampe.

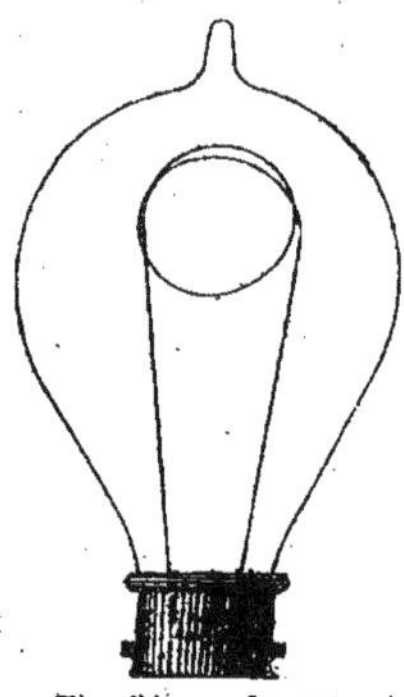

Fig. 54. — Lampe à incandescence.

Or, le platine manque de résistance au point de vue électrique, son point de fusion n'est pas assez élevé, et c'est pourquoi on lui a substitué le carbone sous une forme convenable. Cette matière est beaucoup plus résistante, et son pouvoir émissif est, en même temps, plus considérable. Dans les premières lampes d'Edison, le conducteur résistant était constitué par un filament de bambou carbonisé à l'abri de l'air dans un four à moufle. Pour leur donner une plus grande homogénéité, ces filaments étaient 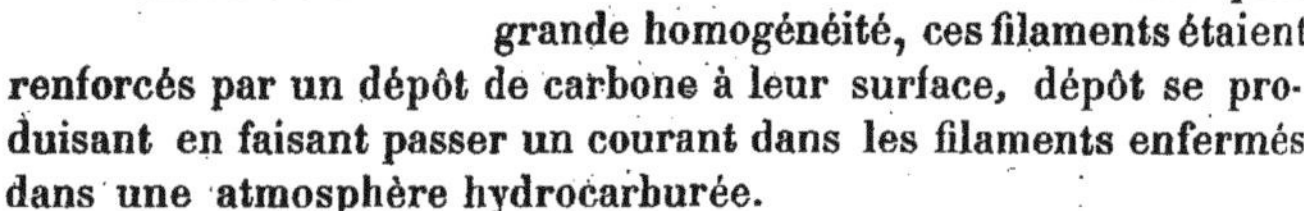 renforcés par un dépôt de carbone à leur surface, dépôt se produisant en faisant passer un courant dans les filaments enfermés dans une atmosphère hydrocarburée.

Dans les systèmes qui suivirent celui d'Edison, la nature et le mode de fabrication du filament incandescent furent modifiés par les inventeurs. C'est ainsi que, dans les lampes Swan, le filament était composé d'un faisceau de fibres de coton, traitées d'abord à l'acide sulfurique pour leur donner une certaine élasticité, et carbonisées ensuite en vase clos. Les lampes Cruto et les lampes Gérard utilisaient un fil de charbon très fin, façonné à la filière d'après la même méthode que les crayons pour lampes à arc. Enfin Maxim employa un filament taillé dans du carton de Bristol et transformé ensuite en carbone.

Actuellement, les filaments de lampes à incandescence sont

fabriqués à la filière sous une forte pression ; on les carbure ensuite automatiquement jusqu'à ce que leur résistance tombe à la valeur que l'on a fixée à l'avance. On obtient ainsi une grande homogénéité, et par suite une durée plus longue.

Les deux extrémités du filament sont soudées ensuite à deux fils de platine traversant le *culot* de la lampe ; le procédé de sou-

Fig. 55. — Lampe à incandescence avec son support et douille à baïonnette.

dure est variable : tantôt on emploie une pâte de carbone, tantôt un composé hydrocarburé que l'on décompose par électrolyse. Les fils de platine passent à travers un tube de cristal aplati sur ces conducteurs et se terminent par des pastilles métalliques noyées dans une matière isolante garnissant le culot (plâtre, vitrite, etc.). Le tube de cristal est ensuite soudé à l'ampoule qui doit recevoir le filament.

Il reste à faire le vide à l'intérieur de l'ampoule par la tubulure laissée à son sommet. Cette opération est effectuée à l'aide d'une pompe à mercure qui permet de pousser le vide au degré voulu. Mais il ne suffit pas de soutirer l'air de l'ampoule; il faut encore extraire les gaz que le filament peut contenir dans ses pores, faute de quoi les gaz ainsi retenus seraient dégagés pendant le fonctionnement de la lampe pour être réabsorbés ensuite à chaque arrêt : il résulterait de ces alternatives des effets destructeurs et par lesquels le filament se trouverait rapidement mis hors de service. L'extraction de ces gaz occlus se fait heureusement sans difficultés : il suffit de faire passer un courant, de même intensité que celui qui alimentera normalement la lampe, en même temps que la machine pneumatique continue à agir. L'opération terminée, il reste à fermer la tubulure de l'ampoule, ce qui se fait en la soudant au chalumeau : l'œuf de cristal est ensuite pourvu de son culot, soumis aux essais et à l'étalonnage.

La résistance électrique des lampes à filament de carbone est d'autant plus grande, entre certaines limites, que l'alimentation doit avoir lieu sous une différence de potentiel plus considérable, et cette résistance dépend, cela se conçoit, de la longueur et de la section du filament. En modifiant ces deux rapports, on a pu obtenir des lampes de tous voltages pour toutes sortes d'applications, de 2 ou 3 volts jusqu'à 250. Dans le premier cas le filament est gros et court ; dans l'autre il est très long et extrêmement délié. Mais on ne peut guère, en pratique, dépasser 220 volts, car la conductibilité du charbon devient un obstacle, et on est obligé d'allonger et d'amincir le filament dans des proportions démesurées.

La consommation de courant des lampes à incandescence usuelles varie entre 3 et 4 watts par bougie. C'est-à-dire que le courant qui traverse le filament d'une lampe étalonnée par exemple 10 bougies sur un réseau de distribution à 110 volts, a une intensité de 3 dixièmes d'ampère environ. Mais en *poussant* les lampes, c'est-à-dire en plaçant sur un circuit à 110 volts des lampes étalonnées 105 volts, la consommation s'abaisse à 2 watts 5 seulement par bougie décimale. Mais au lieu de durer 1.000 ou 1.200 heures, la lampe se brûle et son filament est détruit après

150 heures seulement de fonctionnement. Il peut cependant y avoir avantage à agir ainsi lorsque le courant électrique est vendu à un taux élevé, car on peut réaliser une économie sur la quantité de courant consommée pour une production de lumière donnée. Les lampes à incandescence sont aujourd'hui si bon marché qu'il est préférable de ne leur laisser qu'une vie assez courte et les briser avant d'attendre que leur rendement lumineux tombe au-dessous d'un certain degré.

On s'est efforcé, au cours de ces dernières années, d'améliorer ce rendement des lampes à incandescence pour obtenir une meilleure utilisation de l'énergie, et différentes solutions ont été proposées dans ce but.

M. Auer von Welsbach, inventeur du manchon à gaz connu sous son nom, a inventé une lampe à filament d'osmium *infusible*, recouvert d'oxydes de cérium et de thorium, et fonctionnant à basse tension : de **20** à **50** volts au plus. La consommation de ce brûleur est de **0,4** watt à **1,5** watt au plus par bougie : elle est donc égale, sinon inférieure, à celle des brûleurs à arc voltaïque, et de plus de moitié moindre de celle des lampes à filament de charbon à production de lumière égale.

La lampe Rasch, qui comporte, au lieu de filament, des crayons en matière réfractaire : chaux, magnésie, thorine, etc., présente un rendement lumineux semblable à celui fourni par la lampe à osmium et sa consommation est de **0,25** watt.

Dans le système de lampe à basse tension de MM. Werner et Hardwich, le filament est composé d'une tresse de coton que l'on plonge dans une solution de nitrate de terres rares et d'un sel de métal à haute température de fusion, tel que l'iridium. Après quoi cette tresse est séchée puis calcinée sur un bec Bunsen ; on la dispose ensuite à l'intérieur de son ampoule, on fait le vide et, en même temps, on fait passer un courant d'une intensité double de celle normale, dans le but de détruire le carbure d'iridium qui tend à se former et dont le dépôt noircirait le verre. Ce dispositif n'est pas encore entré dans la pratique courante, pas plus d'ailleurs que les lampes à vapeurs de mercure de M. Cowper Hewitt, qui les a exhibées à l'*American Institute* en **1901**, et montré que la consommation de ces appareils de **3** watts par carcel, a une dépense inférieure à celle d'un arc voltaïque qui exige plus du double.

La lampe Nernst, qui a fait son apparition en 1900 et a été perfectionnée depuis cette époque, n'a eu qu'un succès de curiosité éphémère. C'est une lampe à incandescence électrique brûlant à l'air libre. Son filament a une composition analogue à celle des manchons à gaz d'Auer, c'est-à-dire qu'il est formé par un mélange en proportions définies d'oxydes de terres rares : thorium, cérium, etc. Mais comme, à froid, ce filament est très résistant, il est nécessaire de le porter au rouge avant de le laisser traverser par le courant électrique qui l'amènera à l'incandescence. Il a fallu imaginer des dispositifs particuliers pour obtenir cet échauffement préalable, et ces dispositifs ont constitué sans doute un obstacle à la vulgarisation de ce système, car il ne s'est pas répandu, bien qu'il fût économique et que sa consommation ne dépassât pas 1,4 à 1,8 watt en moyenne par bougie décimale.

Tels sont les principaux systèmes de brûleurs et de lampes employant le courant électrique et le transformant en vibrations lumineuses. On constate que l'on est, en réalité, encore bien loin de la perfection, car cette transformation ne s'effectue pas sans un énorme gaspillage sous forme de chaleur bien inutile. C'est à restreindre le taux de cette transformation que s'évertuent les inventeurs ; il est à espérer qu'ils réussiront, en fin de compte, à nous doter de la lumière sans chaleur, et dont le coût de production sera insignifiant : ce sera le couronnement de leur infatigable labeur.

CHAPITRE V

Emploi et distribution de l'Électricité pour l'éclairage.

Distribution par courant continu. — Montage en série, en dérivation, en boucle, en ceinture, à trois fils, à cinq fils, par sous-stations à accumulateurs, par feeders. — Distribution à intensité ou à potentiel constant. — Distribution par courants alternatifs simples et polyphasés. — Eclairage par l'arc et par l'incandescence. — Appareillage employé.

Au premier rang des services que l'on demande à l'électricité, il faut citer celui de l'éclairage public et privé.

Dans les débuts, alors qu'on ne connaissait que la pile primaire comme source d'énergie, on se bornait à relier les deux pôles de la batterie aux deux bornes du régulateur à actionner. Mais quand l'invention d'Edison, complétant celle de Gramme, permit de disposer des foyers économiques pouvant être alimentés facilement, on pensa à monter des usines importantes, capables de fabriquer d'énormes quantités de courant, courant envoyé aux lampes par des canalisations, par un procédé analogue employé pour le gaz, dont l'électricité devenait le rival.

Il fallut donc déterminer les meilleures conditions, les méthodes les plus économiques pour transporter, dans un certain rayon autour de l'usine génératrice, l'énergie réclamée pour l'entretien de l'activité des foyers disséminés suivant les besoins des particuliers. Le cuivre est un métal dont le prix a beaucoup augmenté dans ces dernières années, et il convenait de le ménager. Différents procédés de distribution furent donc imaginés par les ingénieurs électriciens et mis en vigueur ; nous étudierons ces procédés dans le présent chapitre.

Les moyens employés pour répartir le total de l'énergie électrique produite à l'usine centrale entre les consommateurs, varient suivant la nature du courant que celui-ci soit *continu*, comme celui que fournit la dynamo, *alternatif monophasé*, comme celui que donnent les alternateurs, *alternatifs diphasés* ou *triphasés*, comme les courants engendrés par les alternateurs à courants polyphasés. De toute façon, la distribution peut s'opérer *directement* ou *indirectement*, comme nous le verrons plus loin.

Les appareils d'éclairage, lampes à arc ou à incandescence, dépensent en fonctionnant une certaine puissance, que l'on évalue, comme nous l'avons dit, en *watts*, qui représentent le produit de l'intensité du courant par la différence de potentiel ou *voltage* de la distribution. La constance et l'indépendance de chacun des foyers lumineux pourront être assurées sur toute l'étendue d'un réseau de distribution, si l'on maintient l'un de ces deux facteurs constants sur le réseau. De là deux procédés distincts : la distribution à *potentiel constant* et la distribution à *intensité constante*, que l'on suit avec les courants continus.

Dans le système de distribution à potentiel constant, tous les appareils d'éclairage sont disposés *en dérivation* sur les fils principaux de la canalisation électrique. Le voltage, la tension est maintenue invariable aux bornes de chaque lampe, quel que soit le nombre de foyers se trouvant en activité au même moment. Dans le système à intensité constante, tous les appareils se trouvent groupés en tension et l'intensité est maintenue constante sur le réseau.

On emploie aussi des groupements mixtes, dans lesquels les foyers forment des séries que l'on met en dérivation les unes par rapport aux autres. A ce dispositif se rattachent des procédés très usités connus sous le nom de distributions à *trois* ou à *cinq fils*. Enfin, quand la distribution s'opère *indirectement*, on emploie les accumulateurs et ce que l'on appelle les *transformateurs tournants*.

Le système de distribution à intensité constante avec tous les foyers groupés en série, ne s'emploie guère que pour l'éclairage par arc voltaïque. Ce système, au point de vue du réglage, est moins avantageux que celui à potentiel constant. Il réclame des dynamos enroulées en tension pour la génération du courant, et le débit de ces machines doit être égal à celle que demande chaque foyer. La tension aux bornes de départ doit, par conséquent, atteindre la somme des différences de potentiel exigées par la totalité des brûleurs en fonction ; elle peut donc atteindre une valeur très élevée si les brûleurs sont nombreux, ce qui présente à la fois des avantages et des inconvénients. Les avantages sont que les pertes dans les canalisations, dues à la résistance des conducteurs, sont faibles, ce qui permet de les employer pour la dis-

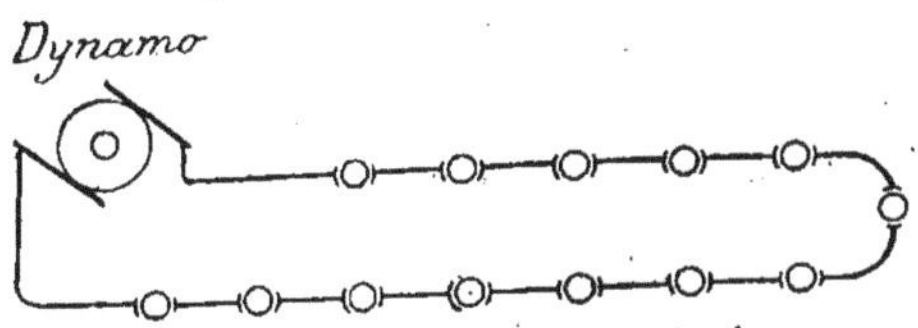

Fig. 56. — Distribution en série ou tension.

tribution des fils de section restreinte ; les inconvénients résident dans les pertes d'énergie par la terre, la difficulté de l'isolement rendant possibles des accidents. Enfin, défaut capital, tous les foyers sont solidaires les uns des autres : si l'un d'eux se trouve mis, pour une cause quelconque, hors de service, le circuit se trouve rompu et toutes les lampes s'éteignent. Il faut donc munir celles-ci d'un dispositif pouvant les mettre en court-circuit en cas d'accident, ce qui n'est pas sans compliquer un peu une installation.

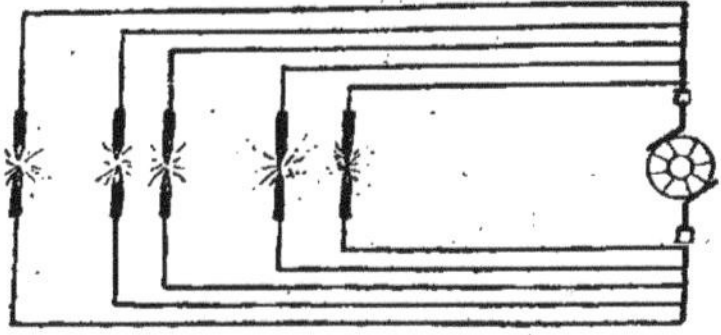

Fig. 57.
Distribution en dérivation aux bornes.

Pour toutes ces raisons, on préfère donc généralement à ce système celui à potentiel constant, qui permet de rendre chaque appareil d'éclairage indépendant et de proportionner à tout instant le débit des machines au nombre de foyers en fonction, la tension restant invariable.

Dans ce procédé, de la station partent deux gros conducteurs appelés *distributeurs* sur tout le trajet desquels se trouvent branchés les fils secondaires se rendant aux lampes. La tension, aux bornes des dynamos génératrices, égale, sauf les pertes dans la canalisation, celle d'un seul appareil, tandis que l'intensité varie suivant la demande et équivaut à la somme des intensités de tous les appareils en fonction. Cette méthode présente un in-

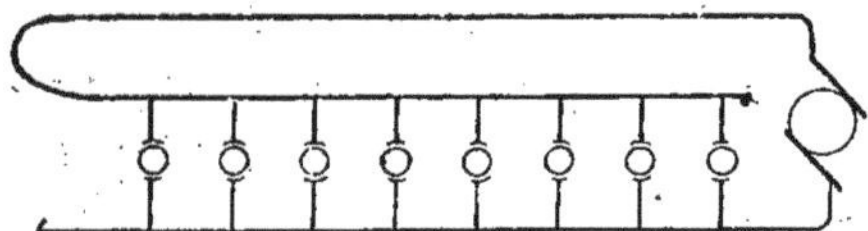

Fig. 58. — Montage en boucle.

convénient : à moins de faire usage d'un potentiel élevé, il est de toute nécessité de prendre des distributeurs de forte section, de façon à limiter à un chiffre raisonnable les pertes résultant de la résistance offerte par les fils au passage du courant, ainsi que l'échauffement qui en résulte.

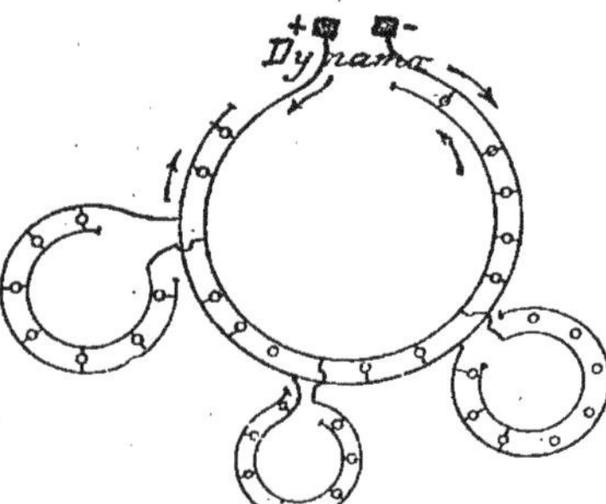

Fig. 59. — Circuits bouclés.

Cette résistance des conducteurs amène une chute de potentiel ou perte de charge le long de la ligne de distribution. Pour maintenir l'égalité de voltage entre la première et la dernière lampe du circuit, on a recours à divers artifices. Par exemple, on ne donne pas une section uniforme aux distributeurs sur toute leur longueur; on les divise en tronçons de grosseur décroissante à mesure qu'ils s'éloignent de l'usine et que la quantité d'électricité transportée diminue, ou bien on fait usage d'un conducteur de longueur double de l'autre. C'est alors ce qu'on appelle le *montage en boucle*, qui permet, au prix

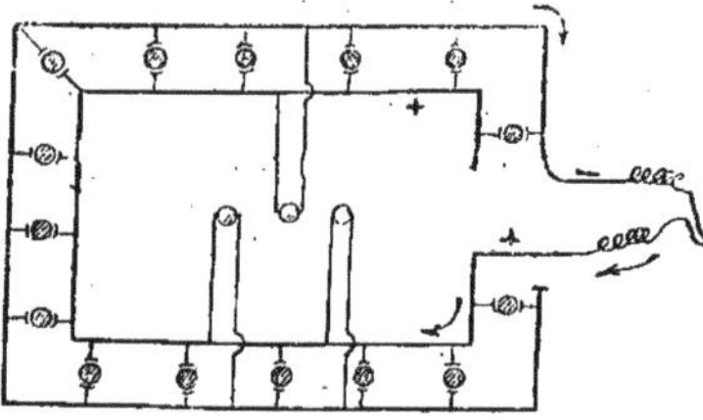

Fig. 60. — Montage en ceinture.

d'une dépense de fils un peu plus élevée, de maintenir l'égalité absolue de la tension aux bornes de toutes les lampes du circuit, le courant alimentant chaque lampe ayant à parcourir exactement la même longueur de conducteur et subissant la même résistance (fig. 59).

Le montage en boucle peut cependant, dans certains cas spéciaux, ne pas demander un supplément de conducteurs, comme, par exemple, quand il s'agit de desservir des habitations disséminées dans un espace rectangulaire. Les deux distributeurs partant de l'usine génératrice s'écartent l'un de l'autre et font le tour en sens inverse de l'emplacement à éclairer, et les fils de dérivation sont branchés sur tout leur parcours. Ce montage dit *en ceinture* (fig. 60) peut être également appliqué pour l'éclairage d'une maison ou d'une salle quelconque.

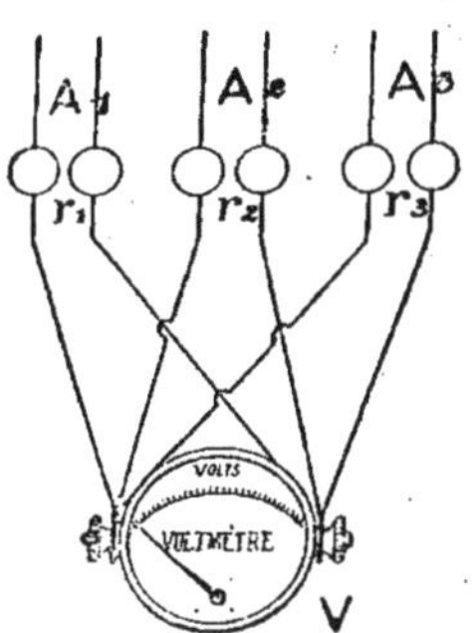

Fig. 61. — Branchements des fils pilotes sur le voltmètre de l'usine

Ces méthodes ne permettent pas toutefois de s'écarter beaucoup de la station. Pour augmenter notablement l'étendue de la zone desservie, on emploie un autre moyen, qui consiste à établir un réseau fermé dont les mailles suivent le tracé des rues et se raccordent aux croisements des voies. Le fil constituant le réseau est double et ces deux circuits distincts sont maintenus constamment à un voltage déterminé, l'intensité variant avec la consommation. Le réseau est alimenté par deux câbles, appelés *feeders* (fig. 62), partant de la station, sur le trajet desquels il n'est effectué aucune saignée, aucune dérivation, et qui se rendent directement en des points appelés *centres de dis-*

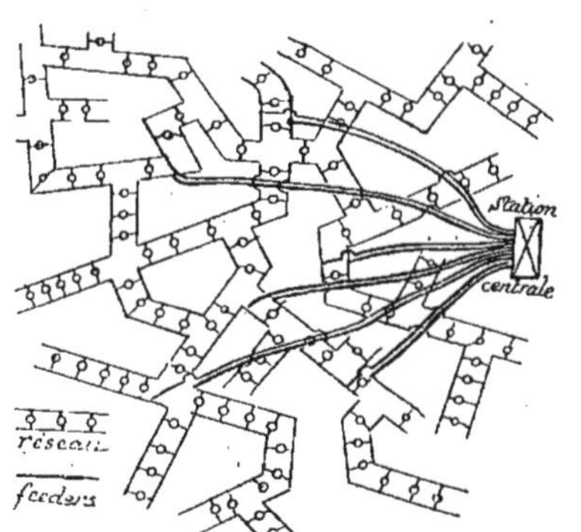

Fig. 62. — Distribution par feeders.

tribution ou *boîtes de jonction*. Les circuits des abonnés sont greffés sur le réseau. Pour s'assurer à l'usine que la tension est constante et atteint le chiffre fixé, on fait usage de *fils pilotes* reliant les centres de distribution à des voltmètres placés sur le tableau de départ de la station (fig. 61). Suivant les indications de ces appareils, l'électricien de service règle le débit des machines.

La section totale des feeders est régie par la quantité totale

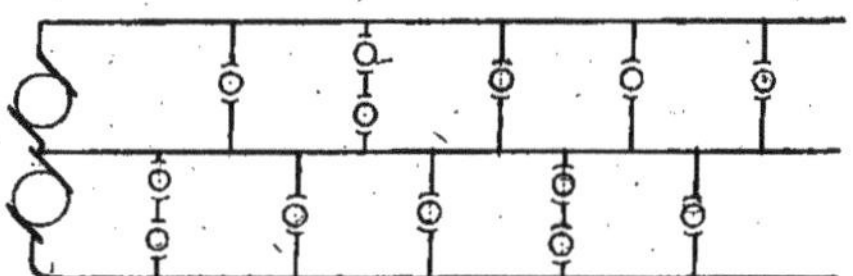

Fig. 63. — Distribution à trois fils.

d'électricité à distribuer ; elle est donc calculée d'après la consommation probable de courant autour des divers centres ainsi desservis. Mais quand il existe de nombreux centres et par suite beaucoup de feeders, il est nécessaire d'égaliser la perte de charge dans chacun d'eux, de façon à maintenir la tension invariable dans tous les centres. On y parvient soit au moyen de *rhéostats* ou résistances additionnelles mises dans le circuit suivant les indications des voltmètres, soit par l'usage de dynamos appelées *survolteurs*, excitées en série et placées sur le circuit des feeders. L'excitation de ces dynamos croît avec l'intensité du courant dans chaque conducteur, ainsi que la tension. On peut donc compenser la perte de tension dans chacune des lignes de feeders, et ce procédé est bien préférable au premier qui régularise par absorption de l'excès d'énergie circulant dans les câbles trop chargés, d'où dépense inutile d'électricité.

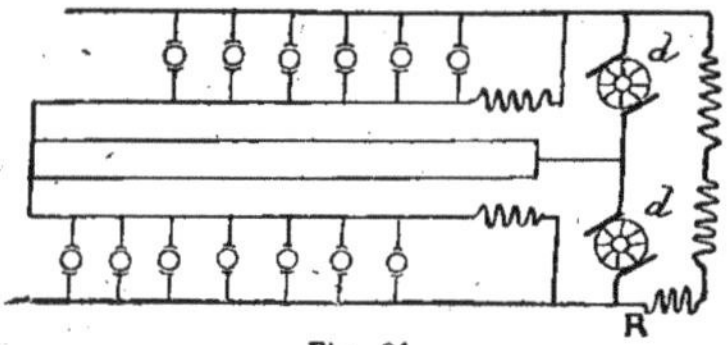

Fig. 64.
Distribution en dérivation par câbles équilibrés.

On fait encore fréquemment usage des deux systèmes de groupement des appareils, et dans ce moyen mixte, les brûleurs groupés en tension sont solidaires les uns des autres et doivent être allumés ou éteints tous à la fois. Ainsi, sur un réseau de distribution à 110 volts on peut monter en tension 4 lampes de 26 volts ($4 \times 26 = 104$ volts), ou 3 de 36 ($36 \times 3 = 108$) ou 2 de 55 volts. Avec les réseaux à 220 volts, on peut monter jusqu'à huit lampes en tension; toutefois, à moins de circonstances spéciales, on n'emploie guère ce genre de montage, et pour les distributions de quelque importance on préfère mettre en usage le système dit *à trois fils* (fig.63) ou *à cinq fils*.

Dans le premier de ces procédés, on dispose à l'usine deux dynamos associées en tension. Des deux pôles extrêmes de ces machines partent les fils se rendant au centre à alimenter; un troisième fil, appelé *fil neutre* ou de *compensation* est relié au conducteur réunissant les deux dynamos. On a donc deux circuits distincts, entre lesquels il existe une différence de potentiel inférieure de moitié à celle existant entre les deux fils extrêmes. Grâce à la présence du troisième fil, la tension se trouve également répartie entre les *ponts* formés par les fils, et si les abonnés ont été convenablement distribués entre les ponts, on réalise une économie de cuivre et de conducteurs que le calcul montre pouvoir atteindre 70 p. 100.

Quelquefois le fil neutre ne part pas de la station génératrice et une dynamo unique suffit, mais il faut alors, pour rétablir l'équilibre entre les deux ponts des appareils compensateurs ou des machines régulatrices. Celles-ci sont alors constituées par des dynamos en dérivation montées sur le même axe et excitées par une dérivation prise sur les feeders; les deux induits sont associés en tension et le fil neutre a pour origine le point de liaison de ces induits. Dans le cas où les deux ponts se trouvent inégalement chargés, l'excès de courant circulant dans le pont le moins chargé traverse l'induit de la dynamo placée sur le second pont. Cet induit, agissant alors comme moteur, accélère sa marche et entraîne avec lui l'induit du pont surchargé qui fonctionne alors comme génératrice; il y a ainsi en quelque sorte transfert de l'énergie électrique d'un pont sur l'autre.

Au lieu de deux ponts, on peut en disposer quatre, comme dans le système dit à *cinq fils;* l'économie de cuivre réalisée pour le transport du courant du lieu de production à l'endroit d'utilisation est encore plus sensible qu'avec la distribution à trois fils, et ce moyen permet d'étendre encore la zone de distribution. Pour équilibrer la charge électrique des quatre ponts et répartir également le courant entre chaque groupe de deux fils proportionnellement au nombre de lampes allumées, on emploie un régulateur ou répartiteur de potentiel appelé *compensateur mécanique* et qui se compose de quatre dynamos accouplées ensemble et intercalées entre les deux fils extrêmes.

Quand la tension est la même aux bornes de toutes les dynamos régulatrices, l'ensemble reste immobile, mais si elle vient à augmenter aux bornes de l'une ou de l'autre, celles-ci se transforment en moteurs pour entraîner les dynamos aux bornes des-

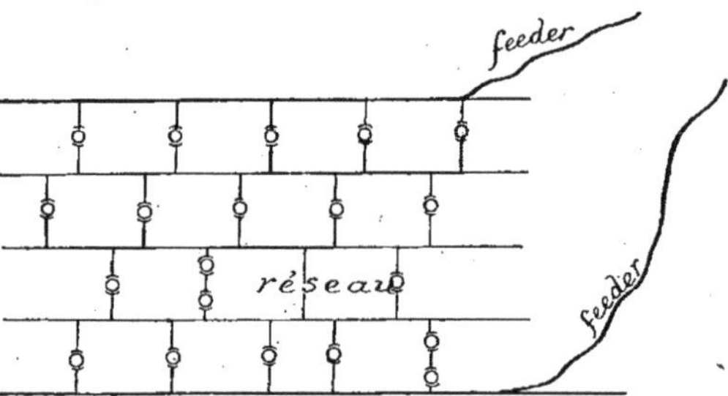

Fig. 65. — Distribution à 5 fils.

quelles le voltage est trop bas ; la rotation a d'ailleurs toujours lieu dans le même sens. Le réglage est ainsi obtenu par le même moyen que nous avons décrit pour le système de distribution à trois fils.

La distribution à cinq fils exige un isolement parfait des divers circuits d'alimentation, car si la tension est de 110 volts dans un pont, comme c'est ordinairement le cas, il peut exister une différence de potentiel de 440 volts entre un fil et la terre, et, dans le cas le moins défavorable, il y a encore 220 volts entre les fils extrêmes et la terre, lorsque le troisième fil n'est parcouru par aucun courant.

Lorsque l'endroit à éclairer est très éloigné de la station génératrice, comme c'est le cas quand celle-ci est établie sur un cours d'eau ou dans les montagnes, il faut séparer la distribution du transport de l'énergie, celui-ci pouvant être effectué sous un potentiel très élevé, permettant par suite de réaliser une grande économie sur les conducteurs, la section de ceux-ci étant proportionnelle à l'intensité et non à la tension du courant. Mais comme les appareils d'utilisation, les lampes ne sauraient s'accommoder de ce potentiel élevé : 500, 1.000, 2.000, 10.000 volts et même davantage, suivant la distance à franchir, il devient indispensable de faire subir une double transformation au courant produit par les dynamos. C'est ce qu'on appelle la *distribution par voie indirecte.*

Ordinairement la distribution indirecte du courant continu s'effectue à potentiel constant, par deux moyens : *les transformateurs rotatifs* ou *les accumulateurs*, les premiers étant dits transformateurs immédiats, l'instant de l'utilisation ne pouvant

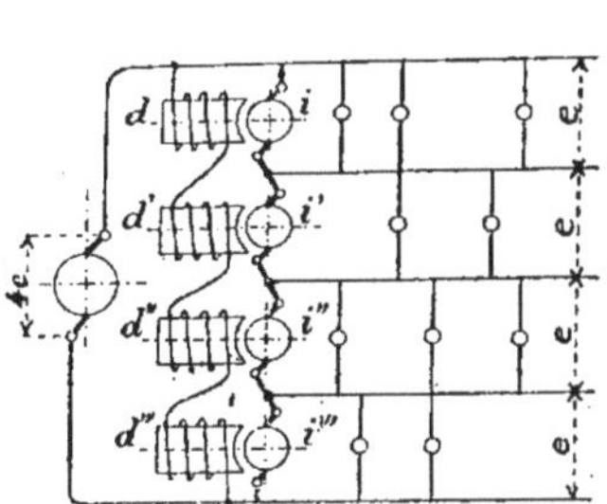

Fig. 66. — Distribution à 5 fils avec compensateurs mécaniques.

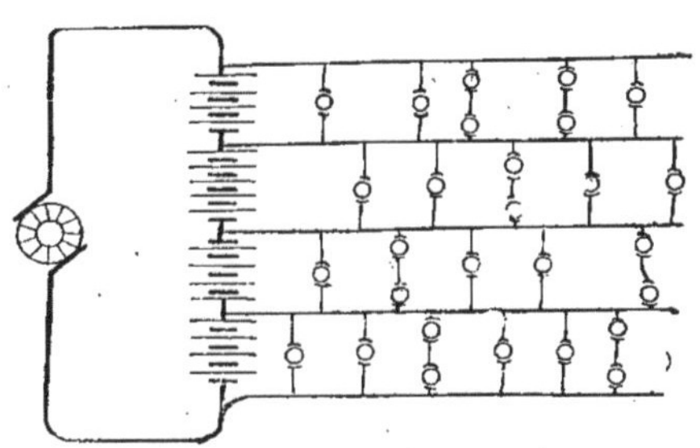
Fig. 67.— Distribution à 5 fils avec égalisation du potentiel par accumulateurs intercalés.

être séparé de celui de la réception de l'énergie, et les autres *transformateurs différés,* l'énergie reçue étant emmagasinée pour être dépensée à un moment quelconque au fur et à mesure de la demande des abonnés.

Les *transformateurs tournants* se composent de deux dynamos associées sur un arbre unique ; le courant à haute tension provenant de la ligne et appelé *primaire*, est reçu dans la première machine qui agit comme moteur et entraîne l'induit de la seconde, laquelle engendre en tournant un courant *secondaire* de basse tension et de grande intensité.

Pour simplifier le mécanisme, on peut, comme l'a fait la *Société Alsacienne de Constructions mécaniques*, associer les deux dynamos sur un même socle et en faire un groupe compact, ou encore, comme M. Helmer l'a réalisé, monter les induits sur un même axe et les faire tourner entre les pôles d'un inducteur commun, ou même encore n'employer qu'un seul induit mais avec deux enroulements et deux collecteurs bien isolés.

Les stations centrales qui adoptent ce procédé de distribution disposent leurs transformateurs rotatifs dans des *sous-stations* placées au centre du périmètre à éclairer, et c'est de ces sous-stations que partent les feeders ou les câbles portant aux lampes le courant à basse tension qui leur est nécessaire.

Les accumulateurs peuvent également être disposés dans une sous-station éloignée de l'usine ; ils présentent le précieux avantage de pouvoir être chargés peu à peu et de constituer une réserve des plus utiles aux moments de forte dépense. Le matériel mécanique de l'usine centrale peut ainsi travailler constamment à pleine charge, avec un rendement économique maximum. Aux heures de faible consommation, elles chargent les accumulateurs en même temps qu'elles alimentent le réseau de distribution, quand le débit exigé par le service des abonnés absorbe toute la puissance de l'usine, on arrête la charge des accumulateurs, si la demande augmente encore, les batteries sont mises dans le circuit et leur débit s'ajoute à celui des dynamos, enfin, aux heures où la consommation est le plus réduit, on arrête les machines et les accumulateurs assurent seuls le service. On voit ainsi de quelle utilité peuvent être ces appareils, qui peuvent également être mis *en tampon*, comme on dit, pour absorber les irrégularités de fonctionnement des machines et fournir un courant absolument constant.

On peut encore disposer sur un circuit à haute tension un certain nombre de batteries dans des sous-stations. Des fils de distribution partent des extrémités de chaque série et constituent autant de circuits distincts qu'il y a de batteries. Ce dispositif permet également de régler la tension sur les deux ou quatre ponts d'une distribution à fils multiples : il suffit de partager la batterie totale en charge sur les fils extrêmes, en un nombre voulu de sections égales et de prendre ces points de division pour origine des fils intermédiaires. Au lieu de charger ainsi les batteries en tension les unes sur les autres, on peut, à chaque sous-station, recevoir le courant de haut voltage et effectuer la charge au moyen d'un transformateur rotatif. Ce système peut recevoir plusieurs variantes.

Si nous arrivons maintenant à l'emploi des courants alternatifs simples ou monophasés pour l'éclairage, nous verrons que, bien qu'ils se prêtent comme le courant continu à la distribution directe, en série ou en dérivation, c'est surtout par *méthode indirecte* que ces courants sont utilisés, ce qui s'explique par la facilité avec laquelle les constantes de ces courants peuvent être modifiées à l'aide des appareils appelés *transformateurs statiques.*

On distingue deux classes de transformateurs : ceux *à circuit magnétique ouvert* et ceux *à circuit fermé, simple* ou *double.* Les premiers rappellent la bobine de Ruhmkorf bien connue : ils présentent le défaut d'une réluctance considérable et de fuites magnétiques importantes. Réalisés en 1883 par Gaulard et Gibbs, ils sont maintenant abandonnés. Les autres sont seuls utilisés ; ils sont d'une construction relativement simple et peu coûteuse, et leur rendement à pleine charge atteint jusqu'à 97 p. 100. Ils absorbent donc très peu d'énergie, et sont par suite assez économiques. Ils se composent d'une carcasse en feuilles de tôle très minces, soigneusement isolées les unes des autres, et portent deux enroulements : l'un appelé primaire, l'autre secondaire, le premier étant l'inducteur et l'autre l'induit.

Les transformateurs statiques permettent d'envoyer au loin des courants alternatifs simples de fréquence moyenne, variant de 42 à 130 périodes par seconde, sous une différence de potentiel considérable, tout en permettant de distribuer, à l'arrivée, ces courants sous une tension normale. Ce procédé de distribution fournit des résultats très économiques d'abord dans les frais de premier établissement, ensuite dans la moindre perte d'énergie par les résistances inutiles. Tout danger est écarté, en cas de mise à la terre accidentelle d'une lampe, le circuit à basse tension seul pouvant se trouver intéressé, et non le courant principal, comme cela aurait lieu dans la distribution directe.

Les transformateurs peuvent être disposés en série, tous les primaires montés en tension sur la ligne ; la distribution est alors opérée à intensité constante, et nous avons montré plus haut les avantages et les inconvénients de cette manière de procéder. Toutefois, le moyen le plus employé est celui qui consiste à monter les primaires en dérivation sur les deux fils de la ligne, ainsi que tous les brûleurs sur chacun des circuits secondaires. On peut d'ailleurs, comme dans le cas des courants continus, faire usage de *feeders* pour maintenir une tension constante dans le réseau primaire, ce qui permet d'étendre encore la zone desservie. Dans tous les cas, il faut régler les alternateurs de la station centrale, ce qui s'obtient en agissant sur les excitatrices à l'aide d'un rhéostat placé sur les inducteurs ou sur le champ magnétique de ces machines. Les fils pilotes faisant connaître la tension du courant

Fig. 68. — Transformateur triphasé Gramme.

chez les abonnés sont supprimés et remplacés par un appareil dit *égalisateur de tension*, formé d'un transformateur double dont les primaires sont alimentés, l'un par une dérivation prise sur la ligne et l'autre par le courant principal.

Les transformateurs peuvent être disposés chez chaque abonné ou dans des sous-stations d'où partent les conducteurs du circuit secondaire. La deuxième méthode est beaucoup plus rationnelle que l'autre, car elle permet de faire travailler les transformateurs presque toujours à pleine charge, ce qui est plus économique et évite des causes de pertes d'énergie nombreuses. Cette disposition en sous-stations donne la possibilité d'intercaler un fil intermédiaire dans le réseau secondaire, ce qui procure les avantages de la distribution à trois fils.

Arrivons-en maintenant à l'emploi des courants alternatifs *polyphasés* pour l'éclairage. Nous avons dit, dans le chapitre pré-

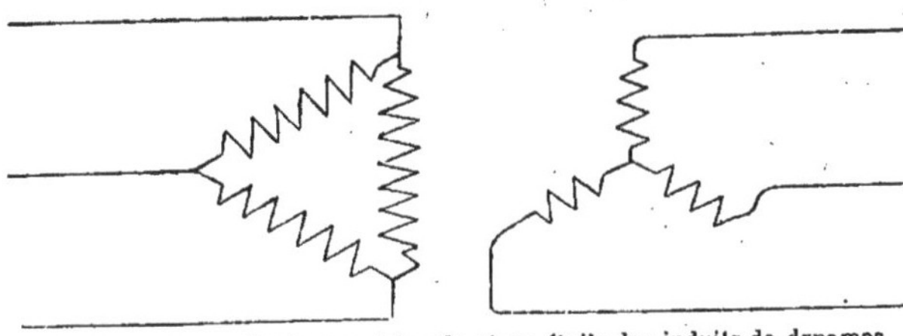

Fig. 69 et 70. — Montage en triangle et en étoile des induits de dynamos à courants triphasés.

cédent, qu'il est possible de faire produire par une dynamo une série de courants alternatifs décalés entre eux d'une certaine fraction et dont les phases ne concordent pas. Ainsi, lorsqu'un courant arrive à sa valeur nulle au moment où un autre prend naissance, on a ce que l'on appelle des courants *diphasés*. Dans les courants dits *triphasés*, lorsque le troisième courant prend naissance, le premier courant est au moment où il présente sa valeur minimum et le second à sa valeur maximum. Ces courants sont utilisés pour l'éclairage, mais toujours par voie indirecte et à l'aide de transformateurs. C'est particulièrement avec les courants triphasés à haute tension que l'on procède par double transformation au départ et à l'arrivée, de façon à localiser le courant de haute tension, dangereux, sur la ligne de transport. Les alternateurs de l'usine centrale comme les appareils d'éclairage, fonctionnent à basse tension et présentent la même sécurité que du courant continu équivalent.

Fig. 71. — Avertisseur de pertes à la terre de l'Appareillage Electrique Grivolas.

La canalisation des courants alternatifs triphasés exige trois fils

Fig. 72. — Indicateur de pertes à la terre, de J. Richard.

de ligne et des transformateurs qui ne diffèrent de ceux à courants

Fig. 73. — Ampèremètre enregistreur Richard.

monophasés que par la disposition d'un nombre de bobines égal au nombre des phases. Les noyaux magnétiques sont d'ailleurs

Fig. 74. — Interrupteur de stations centrales à levier et à rupture brusque, de Fabius Henrion.

réunis par des culasses communes ; ainsi, pour les courants triphasés, il existe trois noyaux entourés chacun de deux enroule-

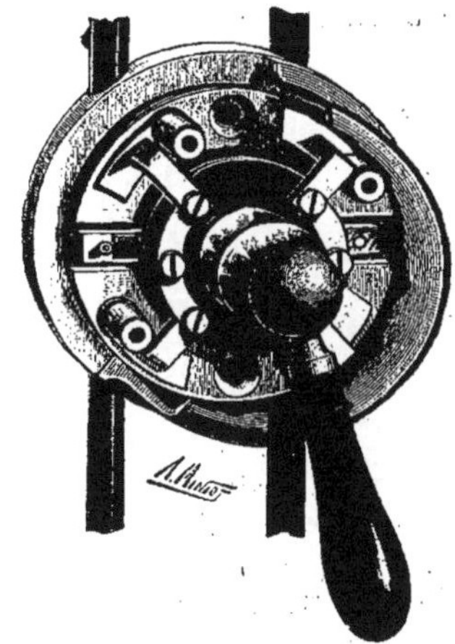

Fig. 75.— Interrupteur bipolaire à rupture brusque Modèles de l'Appareillage Electrique Grivolas.

Fig. 76. — Commutateur à douze directions à manette.

ments distincts. Chaque primaire reçoit l'une des phases du courant à transformer, et l'on recueille aux bornes secondaires trois courants séparés conservant, l'un par rapport à l'autre, la même différence de phase qu'entre les circuits principaux.

Fig. 77. — Disjoncteur automatique pour charge d'accumulateurs.

Le montage s'effectue soit en *triangle*, soit en *étoile* (fig. 69 et 70), comme nous l'indiquerons plus en détail dans le chapitre suivant, car l'intérêt des courants polyphasés, et surtout triphasés, réside plutôt dans l'alimentation des moteurs électriques. Ils permettent de réaliser, remarquons-le en passant, une économie importante sur les conducteurs nécessités pour les distributions par courants alternatifs simples, cette économie peut atteindre 25 p. 100, mais, quand il s'agit d'éclairage, on rencontre de telles

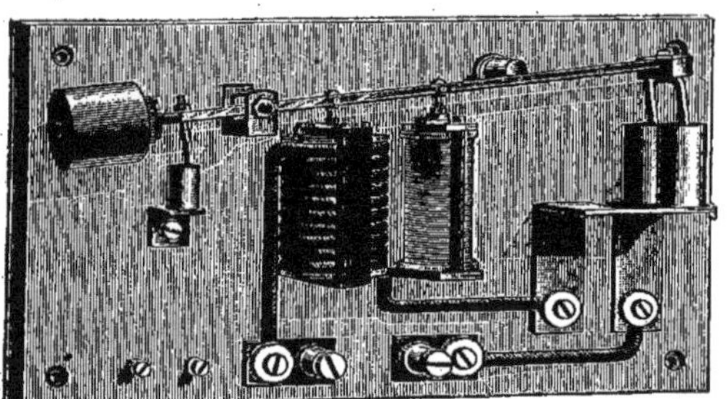

Fig. 78. — Conjoncteur disjoncteur, à contacts dans godets de mercure Modèles de l'Appareillage Electrique Grivolas.

difficultés pour l'égale répartition des courants sur les trois circuits, que cette économie disparaît par les complications de canalisation nécessitées pour assurer l'équilibre des circuits.

Il ne nous reste plus, pour compléter ce qui a trait à l'éclairage électrique par courants de toutes formes, qu'à dire un mot de l'appareillage complétant les lampes et les canalisations.

La pièce essentielle de la station génératrice est le *tableau de distribution*, vaste panneau en marbre blanc ou en ardoise monté verticalement sur de solides supports, et sur lequel sont effectuées toutes les connexions entre les machines diverses et les réseaux. On distingue sur ce tableau, d'abord les appareils indicateurs de tension et d'intensité : *voltmètres* et *ampèremètres* à cadran ou enregis-

Fig. 79. — Parafoudre bipolaire.

Fig. 80. — Réducteur pour accumulateurs.

treurs (fig. 73), les *contrôleurs de phases*, *avertisseurs de pertes* à la terre (fig. 71 et 72), etc., puis les appareils de sécurité qui sont les *coupe-circuits principaux* (fig. 83) mettant automatiquement hors circuit les récepteurs desservis, en cas d'exagération subite et anormale de l'intensité du courant, les *disjoncteurs* automatiques (fig. 77 et 78), les *parafoudres* (fig. 79) qui évitent toute détérioration des appareils par l'électricité atmosphérique en lui donnant un passage direct dans le sol.

Les *appareils de manœuvre* et de *réglage* que l'on rencontre dans toutes les stations centrales sont, en premier lieu, les *inter-*

rupteurs principaux (fig. 74), presque toujours bipolaires, avec lesquels on ouvre et on ferme les circuits ; les *commutateurs* (fig. 76) à nombre de directions variable, que l'on place aux bifurcations de lignes pour envoyer le courant dans l'un ou l'autre branchement ; les *réducteurs* de charge, pour accumulateurs, composés d'une suite de touches métalliques sur lesquelles se déplace un frotteur mobile actionné par un volant ou une manette. Chacune des touches étant reliée à un élément, on peut, avec cet appareil, ajouter ou retirer le nombre d'éléments nécessaire pour maintenir la tension d'un circuit au chiffre voulu (fig. 80).

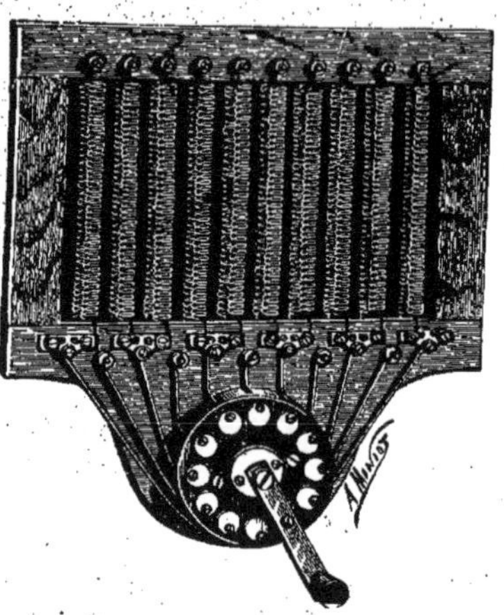

Fig 81. — Rhéostat

Les *rhéostats*, ou résistances (fig. 81), sont gradués par le

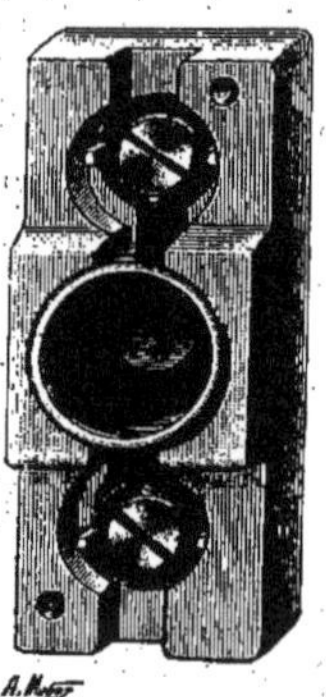

Fig. 82 et 83. — Coupe-circuits uni et bipolaire.

même procédé qui donne, sans complications, le moyen d'intercaler successivement, en faisant passer le frotteur d'une touche sur l'autre, les résistances cherchées. On règle ainsi le champ

Fig. 84, 85, 86. — Supports et douilles.

magnétique fournissant l'excitation aux dynamos, la tension sur les circuits, etc. Les emplois des rhéostats sont nombreux.

L'appareillage d'éclairage proprement dit et comprenant les

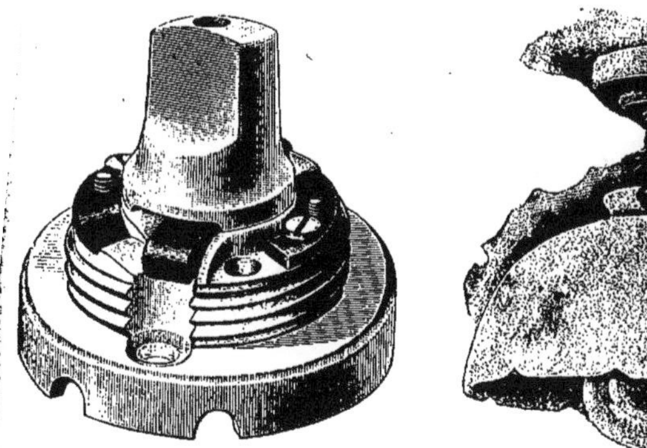

Fig. 87.— Bouton interrupteur pour lampe.

Fig. 88. — Plafonnier.

lampes avec leurs divers accessoires, varie suivant que les brûleurs fonctionnent par l'arc à l'air libre ou en vase clos ou par l'incandescence. C'est surtout pour cette dernière catégorie de foyers que l'on a dû combiner un matériel spécial de support et

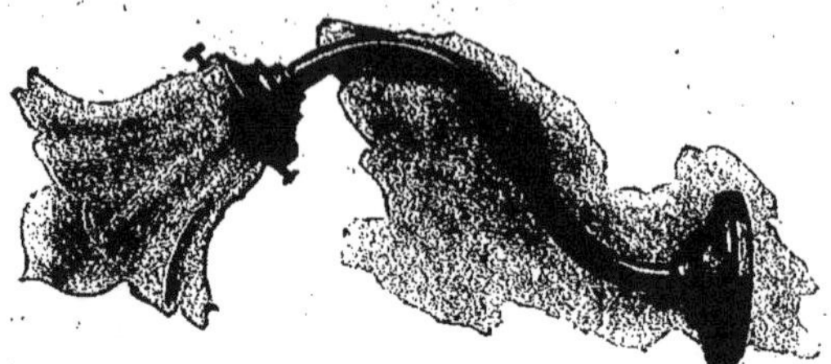

Fig. 89. — Tulipe et applique Mildé.

de verrerie. En général, l'ampoule est fixée par son culot sur une

Fig. 90. — Plafonnier à 4 lumières (Grivolas).

monture soit à *vis*, comme dans le système Edison, soit à *baïonnette* comme c'est le cas le plus général maintenant, et qui est vissée sur un *support*, dont la forme et la composition sont extrêmement variées (fig. 84, 85, 86). Cette monture, ou *douille*, en laiton et porcelaine, contient quelquefois un petit interrupteur intérieur à levier et, lorsqu'on veut que la lampe imite une bougie, la douille surmonte un cylindre de bois entouré d'un tube en verre opaque imitant la couleur de la bougie. L'ampoule de cristal contenant le filament lumineux a, dans ce cas, une forme particulière ovoïde, et on distingue ce genre de lampes sous le nom de *lampes-flamme*.

Le plus souvent, la lampe est montée à l'intérieur d'une *tulipe* en cristal ou en porcelaine maintenue par une *griffe* à trois branches entourant le support en laiton. Celui-ci est fixé aux murs soit par une *applique* (fig. 89), un *raccord*, une *patère*, un *étrier* à vis. Les dispositions réalisées et les modèles existant dans le commerce sont innombrables. Certains présentent un caractère des plus artistiques. Il existe également des chandeliers, des bougeoirs, des lampes portatives, des suspensions à abat-jour avec contrepoids, des lustres, des *plafonniers* (fig. 88 et 90), enfin tout ce que l'on a fait de mieux pour les autres sources de lumière, et que l'on a transformé pour l'appliquer à l'éclairage électrique. Le choix est maintenant vaste, dans la lustrerie électrique, et l'on peut affirmer que les amateurs ont à leur disposition une foule de modèles s'appliquant à toutes les circonstances, s'appareillant avec tous les styles de mobiliers, et ajoutant la note artistique au caractère propre à cet éclairage perfectionné.

CHAPITRE VI

Les Moteurs électriques.

Le premier moteur de Jacobi. — Les moteurs électro-magnétiques. — La réversibilité de la dynamo. — Moteurs électriques à courant continu à anneau Gramme ou à bobine de Siemens. — Les alternomoteurs. — Les moteurs électriques à champ tournant. — Les moteurs asynchrones, systèmes divers. — Les moteurs à courants polyphasés.

La première tentative qui ait été faite pour transformer l'électricité développée par la pile en travail mécanique, remonte à l'année 1838 et fut réalisée par le physicien Jacobi, le futur inventeur de la galvanoplastie. Les principes de l'électromagnétisme et de l'induction venaient d'être établis par Œrsted et Ampère, les effets de l'aimantation et de la désaimantation instantanée d'un barreau de fer doux entouré de spires de fil de cuivre parcourues par un courant électrique étaient connus ; M. Jacobi résolut d'utiliser ces propriétés pour construire ce qui fut le premier moteur électrique.

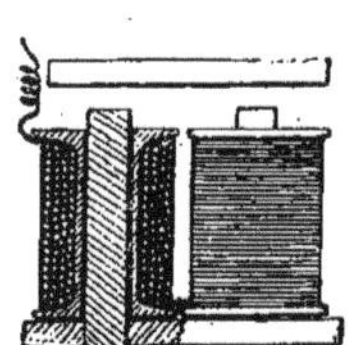

Fig. 91. — Electro-aimant à culasse plate. (une bobine est vue en coupe)

Ce moteur était composé d'une armature en forme d'étoile, dont les bras étaient en bois et pourvus à leurs extrémités de barreaux de fer doux traversant le bois et faisant face aux extrémités polaires d'une série d'électro-aimants en fer à cheval disposés en cercle de chaque côté de l'armature. Ces électros étaient rendus actifs et leurs spires étaient parcourues par le courant d'une pile à intervalles calculés, par la rotation d'une pièce appelée commutateur, montée à l'extrémité de l'arbre, et sur laquelle appuyaient des frotteurs qui envoyaient le courant successivement dans chaque électro, qui attirant les barreaux de fer doux, provoquaient le mouvement circulaire continu de l'armature mobile.

Cet appareil fut installé sur un bateau et actionné par le courant de deux batteries de piles primaires à l'acide azotique (de Grove), batteries composées chacune de 64 éléments accouplés en tension. Malgré la grande quantité d'électricité développée pendant le fonctionnement de cette source, le travail fourni ne se trouva être que de deux tiers de cheval-vapeur (1) à peine, et la vitesse de propulsion du bateau fut des plus médiocres, insuffisance pouvant être attribuée en partie aux dispositions défectueuses du mécanisme lui-même, et qui semblait démontrer qu'il n'y avait rien à espérer tirer de ce genre d'application de l'électricité.

C'est sans doute pourquoi la question parut abandonnée pendant de longues années. En 1865, M. Froment, constructeur d'instruments de précision édifia bien un moteur à électro-ai-

Fig. 92. — Moteur électrique à solénoïdes.

(1) Rappelons en passant que le cheval-vapeur, unité toute arbitraire d'ailleurs, représente une force de 75 kilogrammètres par seconde, ou 736 watts. Un courant de 7 ampères d'intensité sous une différence de potentiel de 110 volts correspond ainsi à cette quantité de travail.

mants et roues multiples, disposés verticalement à l'intérieur d'un bâti en fonte ; quelques autres chercheurs essayèrent d'utiliser les solénoïdes et créèrent diverses dispositions, non sans ingéniosité et que l'on peut encore aller examiner dans les galeries du Conservatoire des Arts et Métiers, mais le fruit n'était pas encore mûr, l'électro-aimant, seul organe électromagnétique alors connu, n'avait qu'un rendement déplorable, et les moteurs électriques alimentés par la seule source de courant qu'on connût alors : la pile primaire à acides, demeurèrent dans l'enfance, leur usage se bornant aux démonstrations et cours de physique. Il fallut que Gramme survînt, et, par l'invention de la machine dynamo, cet admirable transformateur d'énergie donnât une impulsion nouvelle à ces recherches languissantes, qui ont pris, depuis lors, une triomphante revanche.

En effet, on ne tarda pas à reconnaître que la dynamo possédait une précieuse propriété : celle de la *réversibilité*. C'est-à-dire que, si on lui fournissait du mouvement par une transmission mécanique ou à bras, par suite des phénomènes d'induction, ce travail mécanique était transformé en énergie électrique. Et inversement, en fournissant à une machine Gramme un courant électrique provenant d'une source quelconque, son organe mobile, son anneau induit, se mettait à tourner, entraînant l'arbre et la poulie, et rendant, moins une certaine perte due aux diverses résistances passives, sous forme de mouvement, la quantité d'électricité reçue. Rien ne s'opposait à ce que la machine fût, indifféremment, génératrice ou réceptrice de courant, qu'elle produisît de l'électricité ou en reçût pour la rendre alors sous forme de mouvement.

Tout d'abord, il faut dire que l'on assimila le moteur électrique à un moteur à vapeur ; il devenait nécessaire alors de lui procurer le courant devant l'alimenter. On ne disposait que des piles chimiques comme générateurs, on s'en contenta tant qu'il ne s'agit de développer que des puissances insignifiantes, suffisantes pour commander de petits outils, des machines n'exigeant que quelques vagues kilogrammètres pour donner le résultat espéré. Et les électriciens produisirent divers modèles de petits moteurs dynamo-électriques, non sans intérêt, et dans lesquels ils utilisèrent ingénieusement l'induit en anneau de Gramme, ou celui en tambour qu'Hefner-Alteneck avait imaginé.

M. Marcel Deprez, l'un des premiers, combina un moteur de ce genre, qu'il composa d'une bobine de fer doux en forme de double T dont les deux encoches étaient garnies de fil de soie. Cet induit était logé entre les faces polaires d'un aimant artificiel en fer à cheval qui créait le champ magnétique indispensable. C'était donc, en réalité, un moteur magnéto-électrique, absolument semblable aux magnétos actuelles qui servent à produire l'allumage du mélange d'air et de vapeurs d'essence à l'intérieur des cylindres dans les moteurs d'automobiles. On ne tarda pas à reconnaître les nombreux inconvénients des aimants naturels, et l'on prit par la suite, pour engendrer le champ magnétique, des électro-aimants, amorcés par le magnétisme rémanent de leurs inducteurs et excités par la totalité ou par une partie dérivée du courant envoyé.

M. Gustave Trouvé construisit donc, sur ce principe, des moteurs à induit à bobine Siemens unique ou double, et pouvant développer 8 ou 10 kilogrammètres avec deux batteries au bichromate à grand débit. Après lui, M. Cloris-Baudet, MM. Burgin, Luizard, Griscom, etc., firent connaître de petits moteurs établis dans des conditions analogues.

Fig. 93. — Moteur Trouvé à deux bobines genre Siemens accouplées.

L'induit en forme de bobine ne tarda pas à être abandonné, sauf pour les très petits moteurs, et on en revint à l'anneau Gramme, qui, bien étudié, peut fournir des rendements beaucoup plus avantageux. Puis, quand il s'agit de faire produire à ces moteurs des quantités de travail un peu considérables, on s'aperçut que la pile chimique était un générateur qui brûlait un combustible coûteux : le zinc, et encore à l'aide d'un comburant plus coûteux : l'acide, tandis que les moteurs mécaniques ne consommaient que des charbons dont le prix n'a rien d'excessif, avec un comburant qui ne coûte absolument rien : l'oxygène de l'air. Tandis qu'une machine à vapeur de quelques chevaux de puissance donnait le cheval-vapeur pour dix centimes; dans les meilleures conditions, il fallait compter sur une dépense cinquante fois plus forte avec l'électricité, et encore avec une complication de manipulations terrible. La cause était jugée désormais, et le générateur primaire d'énergie uniquement adopté fut encore la dynamo, actionnée alors par un moteur thermique quelconque. Le courant ainsi obtenu, dans des conditions raisonnables d'énergie, était transmis par des fils ou câbles aux machines qui utilisaient cette énergie et la rendaient sous forme de mouvement et de travail mécanique.

Fig. 94. — Moteur électrique mural avec son rhéostat de la Société la *Française Electrique*.

Tous les moteurs à courant continu en usage depuis lors dans l'industrie sont des dynamos, et les dispositions données aux inducteurs, à l'induit, aux collecteurs, aux balais recueillant ou transmettant l'énergie, sont celles des dynamos de modèle courant. On distingue donc ces machines en *génératrices* et *réceptrices*, ne différant aucunement entre elles, même dans leurs détails.

Il convient de citer parmi les meilleurs types actuels de moteurs électriques à courant continu, ceux édifiés dans les ateliers de la *Société Gramme* (fig. 95), de la *Société Alsacienne de*

Constructions Mécaniques, de la *Société des Etablissements de Creil*, de la *Compagnie Générale Electrique* de Nancy, de Siemens et Halske de Berlin, de Kapp et de Bolton de Leeds. Les modèles construits par les *Etablissements Fabius-Henrion*, la Société *la Française Electrique* (fig. 94), Jacquet de Vernon, Decauville et la Société l'*Eclairage Electrique*, sont également très estimés, en raison de leur construction soignée et de leur haut rendement.

Tant que la force développée ne dépasse pas quelques chevaux-vapeur, les moteurs peuvent n'avoir que deux pôles. Au-dessus de 20 chevaux, il est préférable de diviser le champ magnétique pour éviter tout échauffement intempestif par effet Joule dans les fils de l'induit, et atteindre un meilleur rendement. Les réceptrices sont donc multipolaires et comportent 4, 8, 12, 16 et même 32 pôles comme dans certaines unités de 250 à 1.000 kilowatts de la Compagnie Française Thomson-Houston.

Le rendement mécanique à pleine charge des réceptrices électriques d'une certaine puissance dépasse 80 et s'élève quelquefois jusqu'à 95 0/0 ! C'est dire à quel point de perfection on est arrivé dans l'étude de ces machines, afin de supprimer toutes causes de pertes par les phénomènes secondaires prenant naissance pendant le fonctionnement. Suivant l'application à laquelle le moteur

Fig. 95. — Moteur léger (type ouvert) de la Société Gramme.

est destiné, l'excitation du champ magnétique est obtenue par un enroulement des électros en série, en dérivation ou même, mais plus rarement, en compound.

Le rendement industriel d'un moteur est le point qui intéresse au plus haut degré l'acheteur, il consiste dans le rapport entre le travail mesuré au frein sur l'arbre de la réceptrice et le travail dépensé par la génératrice, travail qu'indique le dynamomètre. Ce rendement dépend du soin apporté dans la construction de la machine, des frottements des pièces tournantes, de la quantité de chaleur dépensée dans les deux dynamos et de la résistance des conducteurs réunissant la réceptrice à la génératrice. Ce dernier point est de beaucoup celui qui présente le plus d'importance ; en voici la preuve :

On prend deux dynamos identiques, d'un système quelconque, dont on mesure la tension et l'intensité. Si l'on commence par placer ces machines à peu de distance l'une de l'autre et qu'on les réunisse par des conducteurs ne présentant qu'une résistance presque nulle, on constate que le rendement mécanique atteint 75 à 80 0/0 environ. Si l'on intercale ensuite entre les machines une résistance de 0,5 ohm, représentant 416 mètres de fil de cuivre de $4^{mm},5$ de diamètre, ce rendement baisse immédiatement de 10 à 15 0/0. Si l'on augmente encore cette résistance et qu'on la porte à 1, 2, 3..... ohms, le rendement s'abaisse de plus en plus et l'on ne recueille presque plus rien. La distance séparant les machines a donc une énorme influence sur le rendement qui diminue rapidement quand on ne change rien à la construction des dynamos ni au diamètre des fils conducteurs. Le seul remède à cet état de choses consiste à faire usage de tensions très élevées et d'augmenter notablement la section des fils, mais ces moyens ne sont pas d'une réalisation facile. En effet, l'isolement des sections de fils roulées autour de l'anneau induit et des lames du collecteur est difficile et coûteux et, d'autre part, on arrive rapidement à des dimensions de conducteurs telles que l'application en devient impossible. C'est pourquoi on a été obligé, quand il s'agit d'une grande quantité d'énergie à envoyer au loin, de faire appel aux courants alternatifs qui permettent d'employer sans inconvénients de très hautes tensions.

C'est surtout à cause de la facilité avec laquelle ces moteurs se prêtent à la division de la force qu'ils sont demeurés en faveur et continuent à avoir de nombreuses applications. Il est une très grande variété de machines industrielles qui n'exigent qu'une force motrice restreinte pour fonctionner, et que l'on actionne au moyen de transmissions à courroies et poulies de diamètres inégaux. Il est beaucoup plus commode et pratique de commander ces machines au moyen de moteurs électriques distincts et indépendants. Une dynamo génératrice unique, actionnée par le moteur de l'usine, développe l'énergie qui est envoyée aux réceptrices par des fils dont les connexions sont bien moins compliquées que les arbres avec leurs multiples roues, poulies et courroies toujours en mouvement. En admettant une perte raisonnable par la résistance des fils, on peut donner à ceux-ci une section telle que leur prix n'est pas excessif, et le rendement définitif de l'installation équivaut au moins à celui des transmissions cinématiques. Enfin il est des circonstances, pour les tramways à canalisation, notamment, où on est obligé de passer sur ces pertes par la résistance de la ligne, pour être certain du démarrage des réceptrices, quelle que soit la charge extérieure. On emploie alors des génératrices à haute tension, 500, 600 volts en moyenne et on restreint au minimum la distance que le courant doit parcourir.

Quoi qu'il en soit, la plupart des moteurs à courant continu en usage dans l'industrie, sont branchés en dérivation sur les circuits de distribution d'éclairage. Quand leur force dépasse un cheval, on les dispose entre les fils extrêmes de la distribution lorsque celle-ci s'opère d'après la méthode à trois fils ou à cinq fils. Si le potentiel de distribution est de 110 volts, on peut ainsi fonctionner sous 220 ou 440 volts. Dans ce dernier cas, si le moteur absorbe une intensité de 25 ampères, il pourra développer environ 12 à 14 chevaux-vapeur, avec un rendement de 70 p. 100 environ. C'est à peu près le maximum de ce que permet ce genre d'application.

Le réglage de la vitesse des moteurs électriques à courant continu s'effectue par la manœuvre du rhéostat réglant l'excitation du champ magnétique. Lorsque cette excitation s'opère par l'emploi du courant total, c'est-à-dire en série, le sens de rotation de l'induit mobile sera inverse de celui de la génératrice. Pour renverser ce sens de marche, il suffit de renverser le sens du courant dans l'induit seul ou dans les électros inducteurs, mais il faut avoir soin de modifier en même temps la position des balais frottant sur le collecteur, manœuvre utile avec les moteurs à excitation indépendante.

L'enroulement du fil sur les électros est identique dans les réceptrices à ce qu'il est sur les dynamos. L'enroulement *en série* est préférable pour les moteurs ayant à vaincre un grand effort pour le démarrage : ils doivent recevoir un courant d'intensité constante ; sur une distribution à potentiel constant, l'intensité varie avec la vitesse. L'enroulement en déviation, intercalé sur une distribution de ce genre, présente, au contraire, un démarrage assez difficile, car l'induit n'offrant qu'une résistance très faible à ce moment, l'intensité du courant dans les inducteurs est presque nulle, et incapable, par conséquent, d'engendrer un champ magnétique stable. Mais, en revanche, la vitesse de rotation de ces moteurs est très constante.

Fig. 96. — Moteur triphasé synchrone de Labour.

Si nous en arrivons maintenant à l'examen de la question des moteurs à courants alternatifs, nous dirons que l'on a été conduit à les choisir de préférence au courant continu en raison de la facilité avec laquelle on peut faire produire aux alternateurs des courants de très haute tension, n'exigeant pour leur transmission que des conducteurs de faible section, et par suite, de prix raisonnable au kilomètre. Tandis qu'on est limité à des tensions de 1500 volts, pour les dynamos industrielles, on peut obtenir couramment 3,000, 5,000 volts et même davantage avec les courants alternatifs. De plus, l'augmentation du voltage au détriment de l'intensité, — et *vice versa*, — à l'aide des *transformateurs statiques*, dont nous avons déjà dit un mot dans le chapitre précédent, donne la possibilité d'étendre dans de vastes proportions le champ des distributions de force motrice.

Cependant l'extension de ce genre de moteurs a été assez lente et ce fait était imputable à la difficulté que l'on ne parvenait pas à surmonter au début, de faire démarrer sous charge les réceptrices à courants alternatifs monophasés. Mais maintenant le problème est entièrement résolu, et il existe dans l'industrie un grand nombre de types de machines de ce genre, et que l'on peut classer dans trois catégories différentes :

Les moteurs à champ constant ou *synchrones* ;

Les moteurs à champ alternatif ou *asynchrones*;

Et les moteurs à *champ tournant* ;

De même que les dynamos à courant continu, les alternateurs possèdent la précieuse propriété de la *reversibilité*, qui permet de faire à volonté d'eux des générateurs de courant ou des récepteurs d'énergie transformée en travail mécanique. Mais dans la première catégorie, celle des moteurs à champ constant, ils exigent une liaison étroite avec la machine qui leur fournit le courant, et sont obligés d'en suivre constamment l'allure, sans quoi ils s'arrêtent brusquement. Ils ne peuvent fonctionner qu'à une vitesse angulaire correspondant à celle du courant périodique qui les alimente. Ils sont excités par un courant extérieur constant, produit par une dynamo à courant continu spéciale, ou par un courant redressé emprunté à la canalisation. Pour mettre ce genre de moteurs en marche, on les fait d'abord tourner à vide, à l'aide du courant de l'excitatrice, puis quand la *fréquence*, ou nombre de périodes par seconde atteint celle du courant primaire que développe la génératrice, on opère la jonction entre les deux machines. Désormais, tant que la vitesse reste constante, que les phases du courant concordent, la réceptrice continue à tourner synchroniquement avec la génératrice dont elle suit les variations de vitesse. Mais si l'on vient à exercer sur le moteur une résistance dépassant une certaine limite, l'accord cesse entre les deux machines, le synchronisme se trouve détruit et la réceptrice s'arrête, car le travail produit n'est pas constant pendant la rotation. Aussi est-il d'usage de munir les moteurs alternatifs synchrones d'un accouplement avec les transmissions tel que le débrayage se produit automatiquement dès que la charge extérieure dépasse la limite normale. On évite ainsi une cause de détérioration active car la force contre-électromotrice se trouvant brusquement supprimée au moment de ces arrêts intempestifs, il en résulte que le courant peut atteindre une intensité dangereuse pour la bonne conservation des fils de l'induit.

Il existe de nombreux types de moteurs à champ constant synchrone ; ceux étudiés par l'ingénieur Labour sont particulièrement intéressants (fig. 96). Bien qu'ils ne puissent démarrer qu'à vide, ils rachètent ce léger inconvénient par leur rendement plus élevé que celui des moteurs asynchrones, et par la faculté qu'ils possèdent de pouvoir être branchés sur les réseaux de distribution d'éclairage sans apporter aucun trouble dans cette distribution. Ils permettent même de brancher, au contraire, un plus grand nombre de réceptrices sur la même génératrice et d'augmenter la capacité de l'usine centrale, tout en diminuant les frais de premier établissement.

L'alternomoteur synchrone est applicable aux courants alternatifs simples ainsi qu'aux courants polyphasés. Le courant fourni par la source étant régulier, la vitesse angulaire du moteur est rigoureusement constante quelle que soit la charge. Elle est égale au nombre de périodes du courant divisé par la moitié du nombre des pôles, mais elle est réduite par la grande multipolarité résultant de la suppression des espaces interpolaires. La charge peut être augmentée de moitié sans amener la désynchronisation ; la machine étant auto-excitatrice, la self-induction apparente devient très grande à l'arrêt, et le courant alternatif au repos ne peut pas dépasser la valeur normale. Ces moteurs ne peuvent donc pas brûler, et leur rendement industriel atteint les valeurs données par les moteurs à courant continu de même puissance, bien que la vitesse angulaire soit un peu plus faible.

Fig. 97. — Moteur asynchrone de la Société Gramme.

Les moteurs asynchrones monophasés se composent, comme tous les autres moteurs à courant continu ou alternatifs, de deux parties essentielles : l'une fixe, l'inducteur, l'autre mobile : l'induit. Dans les moteurs asynchrones ordinaires (et dans ceux dits *à champ tournant*), l'inducteur est appelé *stator* et l'induit *rotor*. Les moteurs asynchrones monophasés ne pourraient démarrer seuls, même à vide, et on est obligé de les munir d'un dispositif spécial pour assurer la mise en route. Le plus souvent on agence sur l'armature deux enroulements, le bobinage ordinaire et un autre décalé sur le premier. Le décalage est obtenu à l'aide d'une bobine dite de *self-induction* produisant un retard de phase ou d'un condensateur amenant au contraire une avance de phase. Le premier système est le plus usité ; le démarreur consiste alors essentiellement en un commutateur spécial portant, d'une part deux bornes reliées à la ligne alternative, et de l'autre trois connexions pour le moteur (deux pour l'enroulement principal, le troisième pour le bobinage supplémentaire).

La vitesse des moteurs asynchrones n'est pas réglée uniquement par la pulsation ou fréquence, il n'y a aucune concordance, aucun synchronisme entre les phases de la génératrice et des réceptrices, mais l'allure est cependant liée à la charge. L'élasticité de ces moteurs est plus grande que celle des types synchrones; cependant sous l'action d'une surcharge trop forte, il peut survenir ce qu'on appelle le *décrochage*, qui amène l'arrêt subit.

Les moteurs *à champ tournant*, que nous avons rangés dans la troisième catégorie de moteurs à courants alternatifs simples, sont basés sur un principe établi par M. Ferraris et que l'on peut énoncer comme suit : « Lorsque deux courants alternatifs de « même période, mais décalés l'un par rapport à l'autre d'un « quart de période, traversent deux circuits disposés à angle « droit, la résultante des deux champs magnétiques développés « par chaque circuit est un champ magnétique tournant, d'intensité constante et de vitesse uniforme, faisant un tour complet « pendant la durée d'une période. Si l'on met dans ce champ

Fig. 98. — Appareil de Ducretet pour la démonstration des champs magnétiques tournants.

« magnétique tournant, un circuit fermé sur lui-même, ce circuit « devient le siège de courants induits qui tendent à faire tourner « le circuit induit dans le sens de la rotation du champ. »

Les moteurs à champ tournant ne développant pas plus de 1 à

2 chevaux se composent d'un cylindre en fer monté sur un arbre et revêtu d'une enveloppe en cuivre ne comportant ni enroulement ni collecteur. Au lieu d'un cylindre, on fait également usage de deux disques réunis par des tiges métalliques ; on donne à cette disposition de rotor le nom d'induit en *cage d'écureuil*. Elle présente l'avantage d'avoir une résistance faible mais invariable ; si l'on veut modifier cette résistance, on substitue à cette forme, celle d'un induit bobiné analogue aux enroulements des alternateurs. Cet agencement donne le moyen de réunir, par l'intermédiaire de bagues et de balais, les enroulements à des rhéostats que l'on manœuvre à volonté, mais il est plus compliqué.

Le grand avantage de ce genre de moteurs consiste dans la suppression complète de toute interruption de circuit, et par suite de toute étincelle et de tout contact de frottement, si le rotor fermé est mobile et le stator recevant les courants décalés sont fixes.

Les moteurs à champ constant ou à champ tournant, synchrones ou asynchrones, peuvent fonctionner, non seulement avec des courants alternatifs simples, mais aussi avec des courants polyphasés. Dans la pratique, ce sont les courants *triphasés*, dont nous avons expliqué à notre chapitre II le mode de génération, qui sont le plus fréquemment utilisés. Parmi les différents modèles actuellement en service, il convient de décrire entre autres, ceux construits par la Société l'*Eclairage Electrique*, et par les ateliers Brown-Boveri et Cie.

Les premiers sont munis d'une poulie folle ou d'un embrayage ; ils sont mis en marche à vide soit par le courant de l'excitatrice soit par le courant de distribution que traverse le rotor. Dans ce dernier cas, les courants induits dans les manchons métalliques portant les enroulements inducteurs, ou les courants de Foucault (causes du magnétisme rémanent du fer des pièces polaires), sont suffisants pour amener le synchronisme en quelques secondes. Avec les courants polyphasés, le démarrage s'obtient, comme dans tous les moteurs à champ tournant par l'effet des courants induits développés dans le fer des électros. Le champ magnétique inducteur est ondulé par suite des dérivations ; le flux de réaction d'induit est également de forme sinusoïdale. Ces dispositions, jointes à celles de l'induit à entrefer réduit, permettent d'obtenir les conditions maxima d'aptitude au couplage se traduisant par une mise en marche très facile, et ce genre de moteur est silencieux, quelle que soit la fréquence du courant d'alimentation.

Dans le système Brown, le stator est disposé concentriquement au rotor qu'il entoure entièrement ; il comporte deux circuits si l'on se sert de courants diphasés, trois si l'on emploie les courants triphasés. L'induit est *feuilleté* c'est-à-dire formé de disques minces de tôle soigneusement isolés ; ces disques sont percés sur leurs bords de trous parallèles à l'axe, et des tiges de cuivre isolés du fer sont logées dans ces trous. Les extrémités des barres sont réunies par deux couronnes de cuivre, et l'ensemble constitue l'enroulement dit *à lanterne* ou encore en *cage d'écureuil*.

Nous devons encore mentionner les moteurs à courants triphasés étudiés et construits par les ateliers de la Société Gramme (fig. 97), de Postel-Vinay et Cie, de la Société Générale d'Electricité, de la *Société Alsacienne*, de *l'Allgemeine Elektricität-Gesellschaft*, des Etablissements de Creil, etc., dont de nombreux spécimens sont en service dans des exploitations de grande importance. Mais la place nous manque pour donner une description détaillée de ces divers types, admirablement appropriés aux usages qu'on en attend, et nous devons nous borner à constater l'énorme extension prise en peu d'années par ces machines pour le transport à grande distance de l'énergie, dont nous allons examiner maintenant les conditions de fonctionnement.

CHAPITRE VII

Le transport de l'énergie électrique.

Le transport à distance des forces motrices, moyens proposés, supériorité l'électricité. — Transport du courant continu. — Un mot d'historique. — Application dans les ateliers, les mines, etc. — La commande électrique des machines. — Emploi des courants alternatifs simples ou polyphasés. — Les distributions polymorphiques. — Transports à grande distance réalisés. — Les hautes tensions.

L'emploi de l'électricité comme agent de travail mécanique tend de plus en plus à se généraliser, ce qui s'explique par la facilité avec laquelle cette forme d'énergie se prête aux applications mécaniques, et, après les tâtonnements inévitables du début, nous assistons au développement universel des usages moteurs des courants. L'Exposition Universelle de **1900** a donné la preuve de l'importance prise par ces applications dans tous les pays; on peut croire que cet essor provient de l'appréciation plus rationnelle, faite par les industriels, des avantages matériels incontestables que présente l'utilisation de l'électricité comme puissance motrice.

Les moteurs électriques, par leurs faibles dimensions, par la facilité qu'ils offrent de pouvoir travailler dans toutes les positions, sur les surfaces murales, aux plafonds, contre le bâti des machines-outils, par la simplicité de l'alimentation à l'aide de simples fils, faciles à mettre en place, réalisent bien le desideratum assez courant dans l'industrie : trouver un agent de force motrice qui n'entraîne pas la nécessité d'immobiliser une grande partie du terrain disponible. Or, jusqu'à présent, aucun des systèmes usuels de production de travail ne permettait de le réaliser entièrement, car tous nécessitent des organes mécaniques de transmission de mouvement fort encombrants.

L'électricité, sous forme de courant continu, ou, mieux encore, de courants alternatifs simples ou polyphasés, se prête admirablement à tous les besoins, et la division comme le transport à une distance quelconque de l'énergie fournie par une source, peut s'effectuer dans les meilleures conditions. Cependant, si l'on veut comparer les courants les uns aux autres au point de vue des avantages et des inconvénients qu'ils présentent pour ces applications, on reconnaîtra que les courants polyphasés possèdent des qualités toutes particulières.

En premier lieu l'installation d'une distribution triphasée est bien moins coûteuse que celle d'une distribution par courant continu, si l'on considère les appareils producteurs et récepteurs du courant et la ligne de transport. La dépense d'entretien d'un moteur polyphasé sans collecteur est très faible, tandis qu'elle est plus élevée avec les dynamos dont les collecteurs s'usent rapidement surtout s'ils sont soumis à des variations de courants brusques et fréquentes. Un moteur continu exige un rhéostat de champ magnétique, inutile pour les alternomoteurs jusqu'à 20 chevaux. Ceux-ci résistent mieux que les autres au renversement brutal du sens de rotation ; ils peuvent fonctionner sous des tensions très élevées et l'usage des transformateurs, — qui n'existent que sous une forme compliquée avec le courant continu, — donne la possibilité d'étendre dans de vastes proportions la zone de distribution. Enfin, le rendement des moteurs polyphasés paraît dépasser de 2 à 3 0/0 celui des moteurs à courant continu. L'avantage est donc aux courants polyphasés, aussi toutes les fois qu'une installation électrique ne doit comporter que des moteurs, fait-on exclusivement usage maintenant de ce genre de courants. Si l'on doit distribuer de la lumière et de la force, on prend tantôt un système et tantôt l'autre, suivant les convenances particulières dans chaque circonstance.

Si nous voulons maintenant retracer succinctement l'histoire de cette partie de l'électricité industrielle, nous rappellerons que le premier essai de transmission de la force électrique à distance, basé sur la propriété maintenant connue de la reversabilité des dynamos, remonte à l'année **1876** et fut exécuté par M. Hippolyte Fontaine à l'aide de deux machines Gramme exactement semblables. Mais l'expérience qui fit le plus de bruit fut celle exécutée trois ans plus tard par MM. Félix et Chrétien à leur sucrerie de

Sermaize. Une dynamo génératrice envoyait son courant à plusieurs réceptrices disséminées à quelques centaines de mètres de distance, et celles-ci actionnaient divers appareils tels que treuils, grues et charrues pour le labourage des terres avoisinant l'usine.

En 1886, M. Marcel Deprez réalisait un transport de force à 56 kilomètres de distance, entre Paris-la-Chapelle et Creil au moyen d'une dynamo à courant continu dont la tension pouvait s'élever jusqu'à 6.300 volts. Le travail dépensé à Creil variait de 76 à 113 chevaux-vapeur, et celui recueilli sur l'arbre de la réceptrice fut de 25 à 52 chevaux ; le plus haut rendement atteint fut de 45 0/0. La résistance de la ligne atteignait 97 ohms environ.

Un peu partout, dans les années qui suivirent, les électriciens répétèrent ces essais en s'efforçant d'améliorer le rendement tout en diminuant les frais de premier établissement de la station génératrice, et on parvint, pour des forces de 25 à 30 chevaux à transmettre à quelques kilomètres de distance, à élever le rendement de 75 0/0, ce qui était déjà un beau résultat, surtout avec des dynamos industrielles dont la différence de potentiel aux bornes ne dépassait pas 1.200 à 1.500 volts.

Mais on ne tarda pas à reconnaître que l'emploi du courant continu se trouve pratiquement limité par les dimensions qu'on est obligé de donner aux câbles de transport dès que la quantité d'énergie à transmettre devient un peu importante. Si on limite le diamètre, et par conséquent la section des fils, le courant éprouve une plus grande résistance à se propager, les conducteurs s'échauffent et le rendement de la réceptrice baisse de plus en plus. On est donc conduit à augmenter le diamètre des câbles, mais alors la dépense s'accroît suivant une progression très rapide, et il vient un moment où le transport d'une force naturelle gratuite, telle que celle d'une rivière, devient moins économique que l'installation, sur le lieu même de l'utilisation de la force, d'un moteur thermique quelconque. L'intérêt des sommes nécessitées pour l'achat des câbles de transport peut être plus élevé que le coût du charbon brûlé par une machine à vapeur.

La question du transport des puissances naturelles sous forme d'énergie électrique se trouvait donc forcément bornée à une distribution dans un faible rayon, et elle n'aurait pu progresser si l'on n'avait pas songé, devant cette difficulté insurmontable à employer les courants alternatifs, qu'il est facile de développer sous une tension très élevée, soit directement soit par interposition de transformateurs n'absorbant qu'une quantité infime d'énergie dans leur fonctionnement. Grâce à ces hautes tensions, on peut limiter à un diamètre très raisonnable la section, et par suite le prix, des fils conducteurs transmettant l'énergie, ainsi qu'un exemple le fera comprendre.

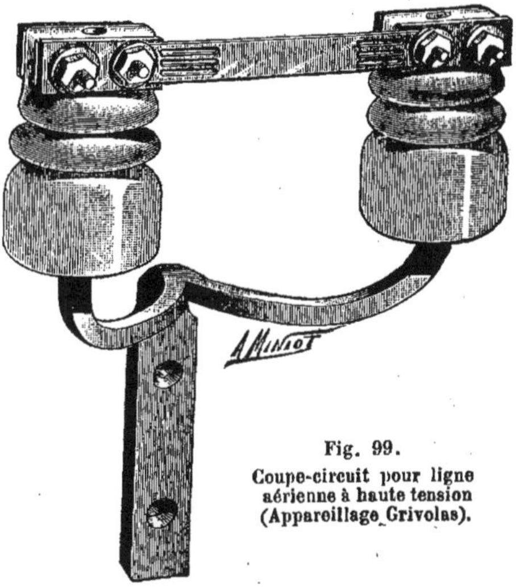

Fig. 99.
Coupe-circuit pour ligne aérienne à haute tension (Appareillage Grivolas).

Supposons que l'on ait à envoyer à une distance de 20 kilomètres une puissance de 100 chevaux-vapeur, soit 75 kilowatts en nombre rond. Avec le courant continu, on ne peut dépasser une tension de 1.500 volts, et l'intensité sera de 50 ampères. En admettant une perte en ligne de 20 0/0, on sera obligé de prendre des câbles de 25 millimètres carrés de section, composés de 19 fils de $1^{mm},3$ de diamètre, tordus ensemble. Ce câble nu, c'est-à-dire sans revêtement isolant, pèsera 250 kilogrammes au kilomètre et coûtera, pour cette longueur, environ 1.800 fr., soit une dépense de 72.000 fr. pour une ligne en fil double de 20 kilomètres de long.

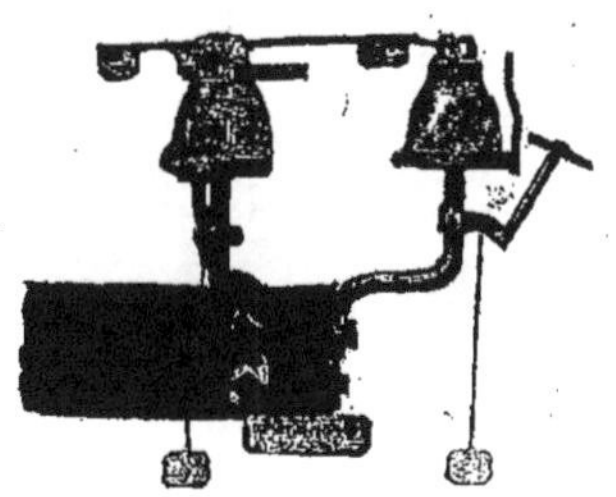
Fig. 100. — Parafoudre pour lignes de haute tension, de la Société *l'Eclairage électrique.*

En admettant une tension de 10.000 volts seulement avec des courants alternatifs, l'intensité à transmettre ne sera plus que de 7,5 ampères, et un conducteur en cuivre nu de 3,5 millimètres carrés de section, composé de 7 fils de 6/10 de millimètre, tordu, sera amplement suffisant. Or, ce conducteur ne coûte que 350 fr. le kilomètre, soit 12.000 fr. pour une ligne double de 20 kilomètres. L'économie réalisée est de 60.000 fr. et la puissance récupérée à la réceptrice est la même que dans le premier cas. Il est inutile, pensons-nous, d'insister davantage après cette démonstration.

Les premiers essais importants de transport de l'énergie à grande distance au moyen de courants alternatifs, ont été effectués en 1891 entre Lauffen sur le Neckar et Francfort ; 175 kilomètres séparaient la réceptrice de la génératrice. Il s'agissait d'utiliser une chute d'eau. L'alternateur à courants triphasés construit par M. Brown et qu'actionnait directement une turbine débitait un courant de 1.400 ampères sous une différence de potentiel de 50 à 56 volts dans chaque pont, c'est-à-dire 185 chevaux-vapeur, et le rendement de ce générateur était de 90 0/0 en moyenne. Un transformateur au départ, élevait la tension dans le rapport de 1 à 160 avec un rendement de 95 0/0. C'était sous une tension

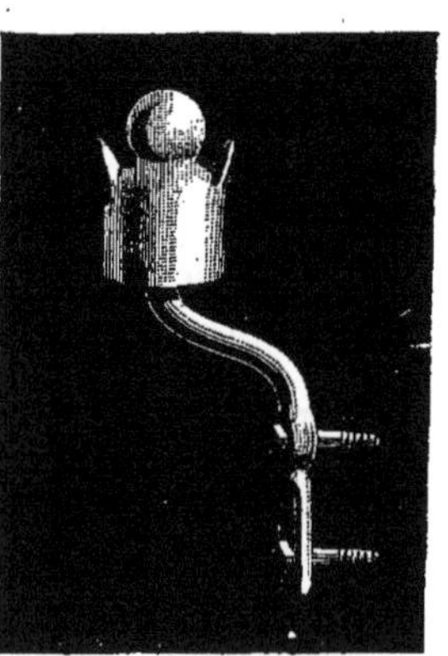

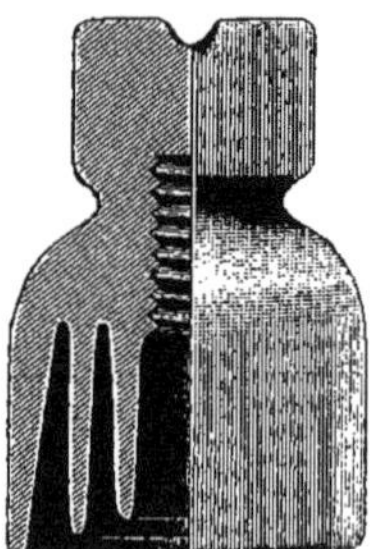

Fig. 101, 102 et 103. — Isolateurs à cloche simple, double et triple.

de plus de 15.000 volts que s'opérait le transport dans des fils de 300 ohms de résistance n'absorbant cependant qu'une faible partie de la puissance totale. A l'arrivée le courant traversait d'abord un transformateur secondaire ramenant la tension à un chiffre un peu inférieur à ce qu'elle était dans l'alternateur général. En mesurant le travail disponible sur l'arbre de la réceptrice, on reconnut que le rendement industriel de la transmission ainsi effectuée variait entre 68 et 75 0/0.

La démonstration éclatante, définitive, de la supériorité des courants alternatifs polyphasés sur le courant continu, en ce qui concerne le transport à grande distance d'une grande quantité d'énergie, était surabondamment établie, et c'est depuis lors que ces courants ont pris une grande extension dans tous les pays.

Il serait trop long d'énumérer ici toutes les applications qui ont été réalisées depuis ces dix dernières années dans cet ordre d'idées. Citons seulement les principales, et, en premier lieu, l'utilisation des chutes du Niagara.

Les projets comprenaient une force totale de 550.000 chevaux-vapeur, mais jusqu'à présent, on n'a encore emprunté que le dixième de cette puissance aux célèbres cataractes. L'usine est installée à deux kilomètres des chutes, pour ne pas gâter le paysage ; les turbines motrices sont placées au fond d'un puits de 45 mètres de profondeur et l'eau leur est amenée par un canal de 75 mètres de largeur sur une hauteur de $3^{m},60$. Les arbres moteurs remontent jusqu'à la surface et actionnent des alternateurs pesant chacun 77 tonnes et développant 5.000 chevaux à 2.400 volts. La couronne portant les inducteurs mesure $3^{m},50$ de diamètre. Le courant est envoyé aux abonnés disséminés le long de la ligne jusqu'à 50 kilomètres de distance de l'usine qui comporte maintenant onze unités génératrices de même puissance.

En Angleterre s'est fondé, sous le nom de *South Wales Electrical Power Distribution C°*, une importante compagnie d'électricité dont le but est de distribuer l'énergie dans un rayon très étendu des comtés de Glamorgan et de Monmouth, district qui comprend les nombreuses mines de charbon du pays de Galles et les importantes cités manufacturières de Newport, Cardiff et Swansea, soit une population d'environ un million d'habitants. La puissance motrice totale actuellement utilisée dans cette région industrielle est évaluée à plus d'un demi-million de chevaux-vapeur, et la nouvelle compagnie compte substituer à la vapeur le courant électrique engendré dans une usine centrale située sur la Taff à Pontypridd.

On a donc installé 5 groupes électrogènes développant chacun 2.250 kilowatts. Le courant a une tension de 12.000 volts ; bien entendu, aux centres d'utilisation, des transformateurs ramènent ce voltage au chiffre exigé pour l'entretien des appareils récepteurs. Les machines à vapeur actionnant les dynamos ont une force totale de 15.000 chevaux; elles sont accouplées directement aux alternateurs.

Le transport de l'énergie électrique à grande distanee par courants alternatifs à très haute tension n'est pas sans présenter cer-

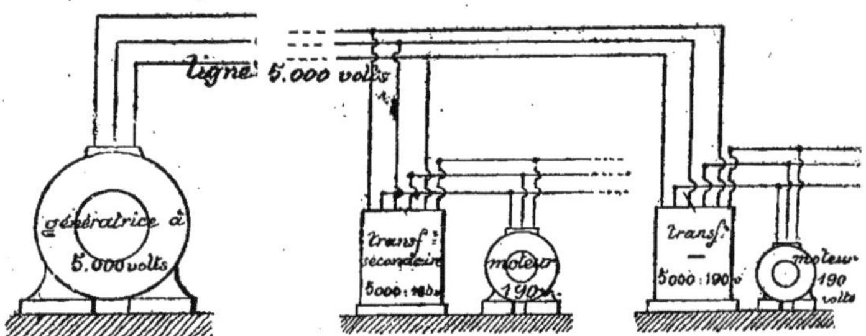

Fig. 104. — Schéma d'un transport de force par double transformation à l'arrivée et au départ, génératrice et réceptions à basse tension, la haute tension étant localisée sur la ligne (courants triphasés).

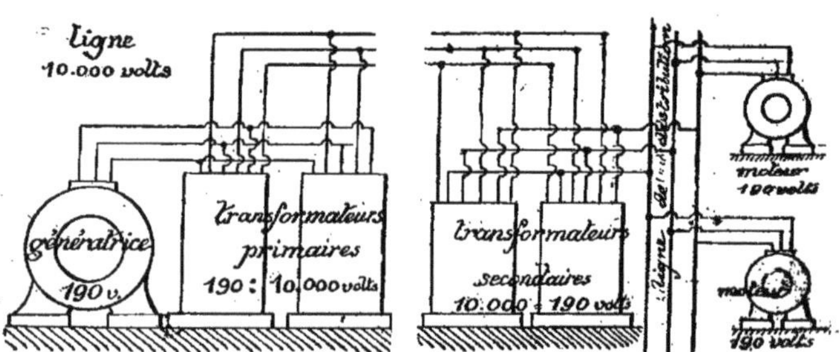

Fig. 105. — Schéma d'un transport de force avec génératrice à haute tension et transformateurs à l'arrivée (par courants triphasés).

taines difficultés que nous devons résumer en passant. Le principal obstacle à surmonter réside dans la régulation, qui se trouve influencée bien plus par la capacité de la ligne que par sa résistance et sa self-induction. De plus, en raison des très hauts voltages adoptés on ne peut songer à transmettre que de grandes puissances. A 60.000 volts et avec une fréquence de 50 périodes, une ligne de 160 kilomètres de longueur demande un courant de charge qui représente 200 kilovoltampères. Une autre raison qui rend désavantageuses les transmissions de peu d'importance, consiste en ce que les fils de petit diamètre donnent lieu à une perte d'énergie sous forme de décharges disruptives. Au-dessus de 25 à 30.000 volts, il est de toute nécessité de disposer la ligne de transport sur des isolateurs en porcelaine de très grandes dimensions, fort coûteux et qui ne présentent cependant pas toujours une absolue sécurité. La pose des lignes exige des précautions spéciales ; il faut disposer d'un espace libre presque égal à celui que réclame une voie de chemin de fer, enfin il est utile de disposer d'un matériel de machines de secours à la station réceptrice.

Cependant, l'usage des courants alternatifs, simples ou polyphasés, de haute tension pour la transmission de l'énergie électrique à grande distance s'est généralisé aux Etats-Unis dans le cours de ces années dernières, et les électriciens d'outre-Atlantique ont osé employer couramment des potentiels de 40, 50 et même 60.000 volts, pour distribuer l'électricité jusqu'à 250 kilomètres de distance. En Europe, on est plus modeste, et, parmi les installations les plus remarquables réalisées dans ces derniers temps, on peut rappeler :

L'éclairage de la ville de Côme (Italie), par un transport à 37 kilomètres avec un courant sous-tension de 20.000 volts.

Saragosse (Espagne), par deux usines situées, l'une à 45, l'autre à 50 kilomètres de distance et développant chacune 5.000 chevaux sous un potentiel de 30.000 volts.

Fure et Morge, aux environs de Grenoble, où une usine produisant 7.000 chevaux envoie l'énergie jusqu'à 50 kilomètres de distance sous une tension de 26.000 volts.

Betznau (Argovie), où l'on utilise une chute de 10.000 chevaux transmise à 60 kilomètres, avec un voltage de 25.000 volts.

Nous ne parlons pas des installations de moindre importance, dont on peut voir maintenant un peu partout des spécimens. Bornons-nous à faire remarquer que c'est surtout au captage des cours d'eau de toutes puissances que l'on a demandé la force première capable d'actionner les dynamos. Comme c'est surtout dans les pays de montagnes que les chutes sont nombreuses et abondantes, on a donné à cette source gratuite et presque inépuisable d'énergie qu'est le liquide limpide dévalant des flancs des glaciers, le nom de *houille blanche*, par opposition au bois fossilisé, à la houille noire qui est, comme on l'a dit justement, le pain de l'industrie. On a donc canalisé les torrents des montagnes, taré les chutes susceptibles d'utilisation et, aujourd'hui, la force hydraulique fait concurrence aux moteurs thermiques à vapeur ou à gaz tonnants, lesquels pour soutenir cette rivalité, s'efforcent de réduire de plus en plus leur consommation de combustible. Toutefois on peut penser que c'est dans l'emploi judicieux des forces de la nature et leur transport jusqu'aux centres industriels sous forme de courant électrique, que cette forme de l'énergie trouvera ses plus grandioses applications.

Fig. 106. — Pont-roulant électrique de la Société l'Eclairage électrique.

Si nous voulons entrer maintenant dans le domaine des usages auxquels sont soumis les courants produits de la façon que nous venons d'expliquer, et après leur distribution, nous verrons qu'en mettant de côté tout ce qui se rapporte à la locomotion, ces usages sont fort nombreux, et nous ne pouvons que tracer à grands traits dans ce chapitre le tableau des principales applications de l'électricité sous forme d'énergie mécanique. La commande directe des machines par moteurs à courant continu ou alternatif a l'énorme avantage, avons-nous dit, de posséder de très grandes commodités d'installation, aussi comprend-on que l'on préfère ce procédé à celui des courroies chaque fois que la chose est possible. C'est le cas, entre autres, pour un grand nombre d'appareils de levage : grues, treuils, cabestans, monte-charges, ascenseurs, pour les machines-outils tels que tours, fraiseuses, machines à percer, à river, à tréfiler, etc., les métiers à tisser, les presses à imprimer, les ventilateurs, les pompes, etc.

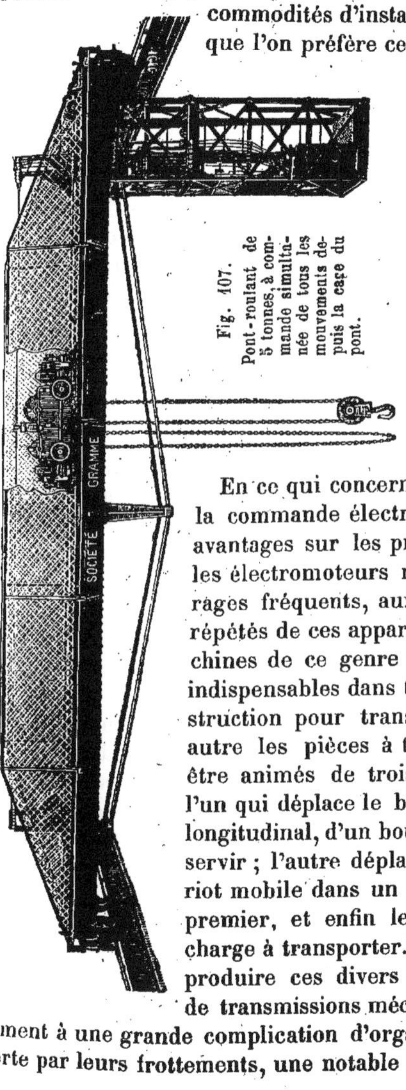

Fig. 107. Pont-roulant de 5 tonnes, à commande simultanée de tous les mouvements depuis la cage du pont.

En ce qui concerne les appareils de levage, la commande électrique présente de sérieux avantages sur les procédés cinématiques, car les électromoteurs résistent bien aux démarrages fréquents, aux changements de marche répétés de ces appareils. Les principales machines de ce genre sont les ponts-roulants, indispensables dans tous les ateliers de construction pour transporter d'un point à un autre les pièces à travailler, et qui doivent être animés de trois mouvements distincts : l'un qui déplace le bâti du pont dans le sens longitudinal, d'un bout à l'autre du hall à desservir ; l'autre déplaçant sur ce bâti un chariot mobile dans un sens perpendiculaire au premier, et enfin le troisième soulevant la charge à transporter. On conçoit que, pour produire ces divers mouvements au moyen de transmissions mécaniques, on arrivait forcément à une grande complication d'organes absorbant en pure perte par leurs frottements, une notable partie de la force utile du moteur. Or, la commande par l'électricité permet de simplifier considérablement ces mécanismes ; elle facilite les manœuvres de déplacement du pont et du chariot porteur, et le rendement de la transmission. Ces avantages sont tellement frappants que tous les ponts-roulants que l'on édifie depuis plusieurs années sont tous à commande par électromoteur, celui-ci étant tantôt unique et produisant les trois mouvements du pont par des arbres et des trains d'engrenages, et tantôt, — et le plus souvent, — composé de trois réceptrices chargées chacune d'un des trois mouvements de déplacement, en longueur, en largeur ou en hauteur. La manœuvre du pont ainsi équipé est dirigée par un ouvrier placé sur une plate-forme ou dans une logette convenablement disposée, et où se trouvent, avec un tableau de distribution, les divers leviers des interrupteurs et commutateurs.

Fig. 108. — Machine à fraiser, à commande électrique, de la Société Gramme.

Les mêmes dispositions sont données aux grues servant à élever de lourds fardeaux, tout en se déplaçant sur une voie ferrée pour amener ces fardeaux au point où ils doivent être déchargés, ou en pivotant simplement sur leur axe pour décrire avec l'extrémité de leur long bras, une circonférence de grande étendue.

Les cabestans servant au halage des bateaux dans les ports ou à la manœuvre des wagons sur les voies de garage, de même que d'ailleurs les monte-charges et les ascenseurs électriques ordinaires, sont de simples treuils sur la bobine desquels s'enroule la chaîne, le câble ou le cordage à l'extrémité duquel est fixé l'objet à soulever ou à remorquer. Le mouvement de rotation de la bobine est obtenu très simplement par un électromoteur commandant l'axe par un train d'engrenages. La Société Gramme, la Compagnie Française Thomson-Houston, les ateliers d'Œrlikon (Suisse), la maison Siemens et Halske de Berlin, ont construit de nombreux types d'appareils de levage de tous genres et pour tous usages, à commande électrique.

Toutes les machines-outils employées dans les usines de constructions peuvent être commandées par ce moteur, que l'on dispose, soit en l'air pour actionner une ligne d'arbres, soit sur un support accolé au bâti de chaque machine, qui peut alors fonctionner indépendamment de toutes les autres, tandis que, dans le premier cas, une avarie ou un accident à la réceptrice cause l'arrêt de tous les outils commandés par l'arbre commun. Cependant ces deux méthodes ont chacune leurs partisans, et on les met à profit pour actionner des tours, des machines à raboter, à aléser, des forets, des perceuses multiples, des meules et des brosses à polir.

Les perceuses transportables simples et doubles, les fraiseuses et les machines à tarauder sont susceptibles de rendre de grands services dans les ateliers de chaudronnerie ou de mécanique. Dans un modèle construit par la Société Gramme (fig. 108), l'appareil à fraiser, monté sur une douille, peut être tourné dans tous les sens, à l'aide d'une manivelle actionnant un engrenage à vis sans-fin et une crémaillère.

Un moteur électrique à courant continu ou à courants triphasés, suivant la nature des courants envoyés par une génératrice, commande la fraise par un simple jeu d'engrenages fonctionnant sans bruit. Un rhéostat servant pour le démarrage et pour le réglage de la vitesse de rotation du moteur, ainsi qu'un commutateur permettant de renverser le sens de marche, se déplacent avec l'appareil à percer. Deux jeux d'engrenages de rechange donnent le moyen d'obtenir une vitesse réduite, spécialement nécessaire pour le taraudage. L'avancement de l'arbre porte-fraise est obtenu à la main ; on peut le retenir et le reporter dans la position de travail. Dans les machines à tarauder, l'outil est entraîné automatiquement, son déplacement étant réglé d'après le pas. La course du porte-outil est telle qu'on peut percer les parois doubles des foyers de locomotives et d'en tarauder les trous destinés à recevoir les boulons. La pression de l'outil est absorbée par une crapaudine sphérique. Cette machine peut percer et tarauder des trous de 50 millimètres dans le fer et l'acier sans qu'on ait à redouter aucun échauffement dans les diverses parties du mécanisme.

Fig. 109. — Petite forge portative à deux tuyères, à commande électrique de la soufflerie.

Il existe encore de nombreuses autres dispositions de perceuses transportables et de porte-forets mus électriquement, tels que ceux qu'on trouve chez MM. Ullmann et Cadiot ; dans l'une, le moteur est disposé sur une plaque à poignées, que l'on tient à deux mains, et le foret est monté directement sur le bout de l'axe de l'induit mobile. Mais on ne peut percer, aléser ou tarauder que des trous d'un faible diamètre.

Les ateliers d'Oerlikon, en Suisse, construisent des scies à ruban et des machines à mortaiser commandées électriquement par des moteurs à courant continu ou triphasé. Outre une grande commodité de manœuvre, ces machines réalisent une sérieuse économie sur la force motrice nécessaire.

L'accouplement de la dynamo et de la machine à imprimer était tout indiqué et plusieurs électriciens ont mis à exécution cette association. Fabius Henrion, de Nancy, a combiné un dispositif à commande directe par friction des presses à imprimer en blanc et en retiration, et ce procédé de transmission qui évite tout bruit, le volant de la machine étant entraîné par un galet de friction monté sur l'arbre du moteur, a reçu de nombreuses applications. La vitesse de rotation est réglée par la manœuvre d'un rhéostat.

La commande des métiers à tisser, entre autres des métiers à

Fig. 110. — Moteur Gramme type « supérieur » transportable.

tisser la soie, au moyen de moteurs électriques présente également d'incontestables avantages sur tous les autres. Dans la disposition imaginée par la Société d'Oerlikon, l'électromoteur est

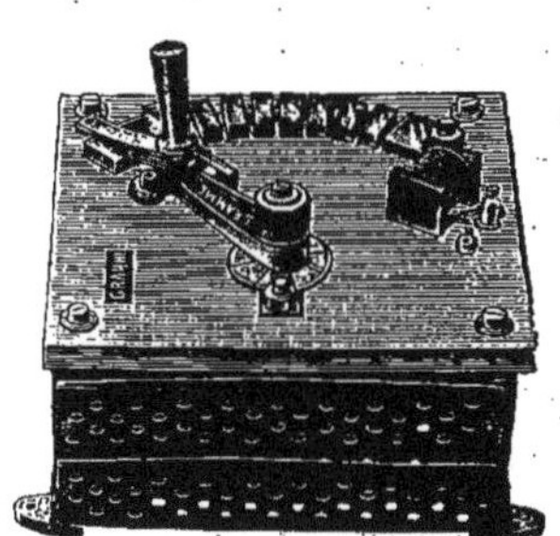

Fig. 111 et 112. — Rhéostats de manœuvre pour moteurs électriques.

placé au-dessous de la poulie de commande du métier qui ne reçoit, pour sa part, aucune modification. Le moteur est articulé d'un côté par une charnière à un axe faisant corps avec la plaque de fondation ; de l'autre il est suspendu à un ressort, de sorte qu'une partie de son poids sert à donner à la courroie le degré de tension que l'expérience a montré comme étant le plus convenable. La mise en marche du moteur s'opère au moyen d'un interrupteur relié au métier de telle façon que le tisseur, pour mettre en marche ou arrêter, n'a à renouveler que les mêmes manœuvres qu'il exécute avec les autres transmissions.

Les conducteurs pour l'alimentation des moteurs sont identiquement disposés de la même manière que ceux servant à l'éclairage. On peut donc alimenter les différentes parties d'un même établissement indépendamment les unes des autres, ou depuis un seul point, toutes les parties éloignées de cet établissement.

Les résultats d'essais prolongés dans diverses installations, ont donné, comme moyenne de métiers actionnés par cheval effectif développé par la génératrice, un chiffre de 11, tandis qu'on n'a pu dépasser 8 à 10 avec transmission par arbres et engrenages. Une économie d'énergie est déjà réalisée de ce seul fait que les électromoteurs fonctionnent seulement lorsque les métiers travaillent ; toute marche à vide de moteurs, arbres, courroies, poulies est complètement supprimée.

Lors même que la commande électrique ne représenterait pas une économie de force, en comparaison d'une transmission établie dans des conditions tout spécialement favorables, ce procédé se recommanderait encore par d'autres avantages. Le service d'entretien des électromoteurs est beaucoup plus simple que celui des transmissions, tout d'abord parce qu'ils sont plus facilement accessibles et ne demandent presque aucune manipulation, leur graissage étant automatique. La courroie, lorsque le moteur n'est pas directement accouplé à la machine conduite, a toujours une tension juste, de sorte qu'il n'y a pas de coussinet qui chauffe, d'arbre qui se déforme ni de courroie qui patine. Ces dernières exigent un remplacement bien moins fréquent avec la commande électrique qu'avec une transmission par arbres. La consommation d'huile de graissage est également moins grande et l'expérience a montré que l'étoffe tissée sur les métiers ainsi commandés, est supérieure comme régularité à celle fabriquée sur les métiers à transmission mécanique. Ces nombreux avantages expliquent le bon accueil qu'a reçu cette application dès ses débuts, et les développements qu'elle a pris en peu de temps. Les ateliers de construction de moteurs électriques ont dû créer des séries spéciales de petits moteurs individuels et, maintenant, le plus grand nombre des métiers à tisser la soie sont pourvus de la commande électrique.

Dans les mines comme dans les manufactures, le moteur électrique a reçu un accueil favorable en raison des commodités d'installation qu'il procure et de la facilité avec laquelle il se glisse partout et s'alimente. C'est surtout à la commande des pompes

Fig. 113. — Pompe centrifuge de mines commandée par une réceptrice électrique.

d'épuisement (fig. 113), et des ventilateurs (fig. 114), qu'on l'a appliqué, et, là encore, il a montré son incontestable supériorité. Mais nous aurons l'occasion plus loin de revenir sur ce sujet.

Nous devons dire un mot, avant de clore ce chapitre, des distributions d'électricité dites *polymorphiques*, parce que le courant employé s'y trouve transformé sous des apparences très variables. C'est presque toujours pour faciliter le transport de l'énergie et sa distribution ultérieure que ces transformations sont employées, aussi pensons-nous que le moment est venu d'en parler pour les expliquer du plus clairement que nous le pourrons.

Nous avons dit que l'on peut transformer, à l'aide d'appareils particuliers, les courants continus en courants alternatifs simples ou polyphasés, et inversement, mais dans la pratique, il n'est usité d'une manière courante qu'un petit nombre de transformateurs polymorphiques, dont on compte théoriquement seize sortes de courants pouvant se transformer les unes dans les autres. Ces transformateurs sont les *convertisseurs rotatifs* ou survolteurs, dont nous avons dit un mot au chapitre des distributions d'éclairage, et les *commutatrices*. Les convertisseurs sont, le plus souvent, des dynamos bipolaires à deux induits et deux enroulements. Le circuit recevant du courant continu fournit des courants alternatifs simples entre deux bagues reliées à deux points diamétralement opposés, des courants triphasés entre trois bagues reliées à trois points situés à 120 degrés l'un de l'autre sur l'enroulement, des courants dits à quatre phases entre quatre bagues reliées à quatre points à 90 degrés, et ainsi de suite. En intercalant une bobine à self-induction sur les courants alternatifs, le convertisseur peut être *compoundé*, c'est-à-dire à effets compensés, comme une dynamo à courant continu ordinaire, mais, de toute façon, il ne peut démarrer de lui-même, et il doit être mis en marche avec du courant continu. Les moteurs à courants polyphasés démarrent en circuit ouvert, grâce à la réaction des inducteurs qui conservent toujours un certain degré d'aimantation dans leur masse.

Fig. 114. — Ventilateur électrique transportable pour aération des galeries de mines.

En ce qui concerne les applications à la force motrice, on fait plus rarement usage de courants continus que l'on transforme en courants alternatifs pour la distribution et l'utilisation, que du procédé inverse. Les distributions polymorphiques consistent donc le plus souvent dans la transformation des courants alternatifs sous une forme ou une autre, avant l'envoi aux réceptrices. Ainsi on peut transformer des courants alternatifs simples monophasés en courants diphasés ou triphasés, et ceux-ci en courants monophasés. Les dispositifs pour produire ces transformations de forme du courant varient suivant les inventeurs ; mais, le plus souvent, c'est en disposant des condensateurs spéciaux ou des appareils de self-induction, que l'on parvient à changer la forme du courant. Quant aux moteurs employés, ils sont à champ constant, alternatif ou tournant, et comme nous avons expliqué les détails de leur mécanisme et de leur fonctionnement dans notre chapitre précédent, nous n'y reviendrons pas, pressé que nous sommes d'arriver à une autre catégorie d'applications de l'énergie électrique aux moteurs.

CHAPITRE VIII

La Locomotion électrique.

Débuts de la traction électrique. — Véhicules automoteurs et à prise de courant extérieure. — Les tramways électriques. Les accumulateurs, le trolley, le caniveau. — Les chemins de fer à traction électrique. Le métro. — Les locomotives électriques. — Les chemins de fer électriques funiculaires. — Les voitures automobiles électriques, systèmes divers.

La traction électrique, qui a pris un si formidable développement dans le monde entier, est cependant une innovation tout à fait moderne, car les premiers essais sérieux qui aient été tentés ne remontent pas à plus de vingt-cinq ans. C'est en 1879 que la maison Siemens établit le premier chemin de fer électrique, à l'Exposition de Berlin, pour démontrer par la pratique que l'électricité pouvait se prêter admirablement à la traction des véhicules. La locomotive de ce train en réduction portait une dynamo à courant continu remplissant le rôle de réceptrice ; le courant lui parvenait de la génératrice par l'intermédiaire d'un rail central sur lequel glissaient des frotteurs portés par la locomotive. Les rails jouaient le rôle de fil de retour.

Telle était, en peu de mots, la disposition générale donnée à cette première ligne ferrée électrique ; c'est encore maintenant celle qui reste en vigueur pour les exploitations les plus intensives, avec, simplement, les perfectionnements de détail suggérés par l'expérience ou imaginés par l'esprit inventif des électriciens.

Deux ans plus tard, la même maison de Berlin installait à l'Exposition d'Electricité de Paris, la première ligne de tramway à traction électrique. Mais, au lieu de faire parvenir le courant à la réceptrice placée sur la voiture par l'intermédiaire des rails, MM. Siemens le firent arriver par deux conducteurs tubulaires creux, tendus sur des poteaux, et dans lesquels glissaient des chariots à galets que la voiture entraînait dans son mouvement. Si le chemin de fer de l'Exposition de Berlin est le point de départ des lignes de courant au niveau du sol, le tramway de Paris est l'origine des lignes à trolley.

C'est au cours de cette même année 1881 que furent réalisées, d'un côté par M. Gustave Trouvé à l'aide d'un modeste tricycle, d'un autre côté par M. l'ingénieur Raffard au moyen d'une voiture de tramway mise à sa disposition par la Compagnie des Omnibus, les premiers essais de traction automobile des véhicules. M. Raffard, comme M. Trouvé, avait employé comme source d'énergie alimentant le moteur, les accumulateurs inventés par Gaston Planté et que M. Faure venait de perfectionner. Les résultats furent encourageants, et c'est de ce moment que l'on peut faire partir l'histoire des applications industrielles de l'électricité à la traction des véhicules de toute espèce.

Pour examiner méthodiquement les nombreux systèmes actuellement en usage, il est utile de les ranger dans un ordre particulier, et celui-ci nous paraît le plus rationnel, qui comporte deux catégories bien différentes.

1° *Voitures automobiles.*

a) Voitures électriques portant leur générateur et roulant sur routes.

b) Tramways à voitures automotrices indépendantes, roulant sur rails.

c) Locomotives ou automotrices portant leur source d'énergie.

2° *Voitures dépendantes.*

a) Tramways à prise de courant sur fil aérien par trolley.

b) Tramways à prise de courant souterraine (caniveau) ou au niveau du sol (plots).

c) Locomotives pour voies ferrées, à contact au niveau du sol ou aérien.

d) Traction par effets d'induction (système Dulait).

Nous étudierons rapidement, au cours de ce chapitre et dans cet ordre, ces divers systèmes :

La première automobile électrique, ou *électromobile* qui ait roulé d'une façon à peu près convenable sur le macadam des routes et sur le pavé des grandes villes, est incontestablement celle édifiée en 1895 par M. Jeantaud pour prendre part à la deuxième course d'automobiles organisée en France, sur le parcours de Paris-Bordeaux et retour, environ 1.200 kilomètres. Au prix de grands sacrifices nécessités par les relais de batteries d'accumulateurs qu'il fallut disposer le long de la route, cette voiture exécuta le parcours imposé. Elle était chargée d'une batterie d'accumulateurs Fulmen de 38 éléments de 21 ampères-heure de capacité, actionnant un moteur à courant continu Rechniewski pouvant développer jusqu'à 10 chevaux.

Il fut démontré, par l'expérience de M. Jeantaud, que le moteur électrique pouvait parfaitement s'adapter à la traction des voitures sur routes, et de nombreux mécaniciens étudièrent et mirent en circulation des véhicules agencés d'une façon analogue à celle de M. Jeantaud. On améliora peu à peu les divers détails des mécanismes ; on allégea les moteurs, les transmissions et surtout les accumulateurs auxquels on reprochait, non sans raison, de peser terriblement lourd et d'absorber pour leur transport une notable partie de l'énergie qu'ils contenaient.

Successivement parurent les électromobiles de Kriéger, de Rikkers, de Jenatzy, les fiacres électriques de la Compagnie des Petites-Voitures, et les coupés de l'*Electromotion*, de Mildé (1) et

(1) Entre autres créations originales dues à ce constructeur, des ateliers de qui sont sorties récemment les voitures automobiles postales à moteur électrique, il faut signaler la suivante :

M. Mildé avait combiné, il y a quelques années, une voiture mixte à groupe électrogène, dans laquelle l'énergie nécessaire à la marche du moteur électrique était empruntée non à des accumulateurs, mais à un moteur à pétrole. On avait ainsi les avantages du fonctionnement électrique, sans les craintes de panne résultant de la difficulté de recharge des accumulateurs. En outre, cette voiture, arrivée à destination et placée sous la remise, pouvait permettre, par un simple débrayage des roues, de faire servir le moteur à produire le courant électrique destiné à éclairer la maison, à faire fonctionner une pompe, etc., etc.

M. Mildé vient d'étendre le bénéfice du même principe à toute voiture automobile, quel qu'en soit le système. Si l'on possède, par exemple, une voiture à pétrole, — c'est le cas le plus général, — on peut, à l'aide d'un petit équipement pas bien coûteux, se procurer l'avantage de disposer de l'énergie électrique nécessaire pour produire chez soi, économiquement, la lumière et la force dont on a besoin.

Il suffit pour cela d'immobiliser la voiture rentrée au garage, et d'établir entre

Sociétés *Regina*, *Cleveland*, *Gallia*, etc. Tandis que certains sportsmens se servaient de l'électricité comme d'un moyen permettant d'exécuter d'étonnantes prouesses, d'autres ingénieurs plus pratiques y voyaient un admirable moteur, applicable aux besoins industriels. Bornons-nous à rappeler, dans le premier ordre d'idées, le record du kilomètre enlevé en 1899 par Jenatzy sur sa voiture en forme de torpille, à l'allure de 106 kilomètres à l'heure (bien dépassée depuis lors !) et celui de la distance parcourue d'une seule traite avec la charge contenue dans la batterie d'accumulateurs, soit près de 300 kilomètres, par M. Garcin, en 1901.

L'usage des électromobiles paraît limité au service des villes, le parcours journalier qu'elles doivent effectuer ne devant pas dépasser 100 à 120 kilomètres. On leur donne donc la forme de coupés luxueux ou de landaus, conduits par un *wattman* assis à la place du cocher. Ces voitures se répandent de plus en plus, en raison du confort qu'elles peuvent recevoir dans leur carrosserie, de leur douceur de roulement et de leur simplicité de conduite.

Ce procédé de traction a même a été adopté pour des véhicules complètement différents de ceux destinés à la promenade, tels que le chariot portant le matériel de sauvetage des pompiers de Paris, et qui, malgré son poids de 2500 kilogrammes en ordre de marche, peut cependant rouler pendant quatre heures à une allure de 20 kilomètres, pouvant être portée à 32 pendant quelques instants et en cas de presse. La maison Mildé a également construit des voitures de commerce et de livraison, ainsi que des camions, à moteur électrique actionné par des batteries d'accumulateurs Heinz, et qui ont montré des qualités de souplesse et d'économie remarquables.

Les accumulateurs peuvent encore être utilisés pour la traction électrique sur les voies ferrées urbaines, appelées tramways. De nombreuses lignes sont ainsi équipées à Paris et à l'étranger et

elle et une petite dynamo, un manchon de transmission de mouvement, avec joint à la Cardan. L'automobile est mise « au point fixe », sur des rails-guides établis dans son garage ; on relie l'arbre de son moteur à la dynamo convenablement orientée, et l'on constitue ainsi un petit groupe électrogène simple et pratique. Si, de plus, on ajoute à cette installation une batterie d'accumulateurs, que la dynamo, actionnée par le moteur de la voiture, servira à charger, on aura à domicile un réservoir permanent d'énergie électrique, susceptible de fournir un courant d'éclairage indépendant de la présence de la voiture sous la remise. Notons enfin que, pour cette application spéciale, le refroidissement du moteur est obtenu facilement, soit par un ventilateur, soit par un réservoir d'eau.

certaines fonctionnent depuis plus de dix ans. Toutefois on reproche à ce procédé de traction, qui présente, il est vrai, l'avantage de laisser chaque voiture autonome et indépendante, l'inconvénient d'exiger des types d'accumulateurs à charge rapide dont l'entretien est très coûteux en raison de la dégradation des plaques positives par les efforts continuels auxquels elles sont soumises. Les batteries dégagent des vapeurs acides et corrosives qui incommodent les voyageurs ; pour réduire leur poids on a dû sacrifier de leur solidité et de leur durée, aussi toutes ces raisons font-elles que les accumulateurs, pour la traction, n'ont pas pris l'extension qu'on aurait pu penser.

Sur les chemins de fer de grandes lignes on a essayé aussi, sans plus de succès, des accumulatenrs comme source d'énergie. M. Auvert, ingénieur à la traction de la Compagnie du P.-L.-M. a étudié une locomotive pourvue d'accumulateurs type Fulmen et qui a été essayée à plusieurs reprises en 1897. Le nombre d'éléments total, portés par la locomotive et son tender était de 372 et le poids de véhicules des 90 tonnes, soit 45 pour chacun d'eux. Le débit moyen était, en marche, de 500 ampères ; la puissance utilisable de la batterie de 500 kilowatts, le travail des moteurs atteignait 611 chevaux. Attelé à un train pesant 101 tonnes, la locomotive Auvert et son fourgon, put donner aisément des vitesses de plus de 100 kilomètres à l'heure, les moteurs étant couplés en parallèle.

Bien que ces résultats fussent encourageants, les études ne furent cependant pas poursuivies, et la vapeur est restée maîtresse de la situation. La locomotive J. J. Heilmann, la *Fusée électrique*, a eu le même sort. On se rappelle que cette dernière machine était une sorte d'usine électrique montée sur roues et d'un poids atteignant 120 tonnes en ordre de marche. Le courant était produit par une dynamo à courant continu développant 1500 kilowatts, courant qui était envoyé à des réceptrices actionnant les essieux des roues. La locomotive électrique Heilmann, essayée sur le réseau de l'Ouest, a pu remorquer dans plusieurs expériences des trains de 12 voitures pesant 150 tonnes à une vitesse de plus de 120 kilomètres à l'heure. Malgré cela, son usage n'a pas tardé à être abandonné, car les défauts qu'on dut lui reconnaître surpassaient ses avantages. Elle n'en marque pas moins une étape dans l'histoire de la locomotion électrique.

La locomotive électrique Patton, essayée à la même époque aux Etats-Unis, n'a pas été plus heureuse que ses devancières. Elle était composée d'un groupe électrogène avec moteur à benzine de 18 chevaux travaillant à charger une batterie d'accumulateurs. Elle donna, paraît-il des résultats assez économiques, mais cette solution mixte n'a eu qu'un succès éphémère, aussi bien pour les locomotives que pour les automobiles, dont certaines avaient été munies par leurs constructeurs, Pieper Mildé et Kriéger notamment, de batteries d'accumulateurs servant de régulateur entre le moteur générateur et les moteurs actionnant les essieux.

Fig. 115. — Moteur de tramway de la Société « l'Eclairage Électrique ».

La traction électrique par le second procédé : distribution de l'énergie fabriquée dans une usine centrale à des véhicules courant sur une voie ferrée ou sur une route et muuis de réceptrices, a donc pris une prépondérance indiscutable, et la plupart des tramways sillonnant toutes les villes sont agencés d'après ce principe. Le mode d'alimentation, de transmission du courant aux voitures est seul assez variable, et on emploie différents procédés que nous allons énumérer l'un après l'autre.

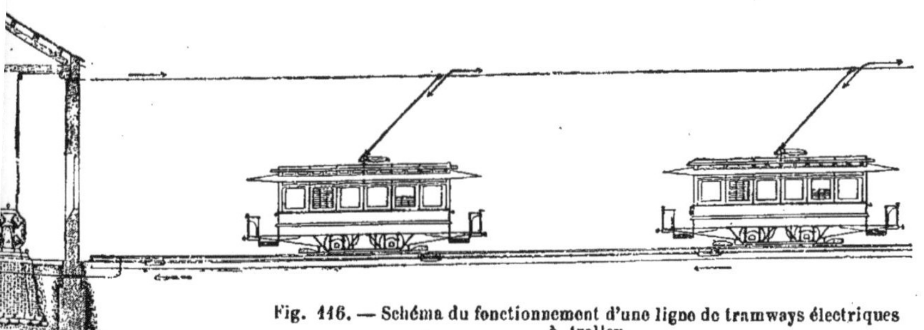

Fig. 116. — Schéma du fonctionnement d'une ligne de tramways électriques à trolley.

Tout d'abord on a envoyé le courant dans un fil aérien supporté par des poteaux tout le long de la voie ; le retour s'effectue par les rails qui forment un conducteur continu grâce à des jonctions métalliques ou des soudures les reliant entre eux. La communication entre la voiture qui se déplace et le fil aérien est opérée par une roulette portée à l'extrémité d'une longue perche disposée sur le toit de la voiture. C'est ce qu'on appelle le *trolley*, ou *trôlet*, suivant une orthographe plus rationnelle. Bien entendu, toutes les précautions sont prises pour que le contact entre la roulette et le fil soit aussi parfait que possible, même pendant le passage des courbes. La perche est munie de ressorts métalliques réglables et mobile dans tous les sens, ce qui lui permet de suivre toutes les sinuosités du fil en laissant la roulette au contact. Ce mode de prise de courant a été imaginé par le belge Van Depoële ; la maison Siemens utilise, de préférence à la roulette, un archet métallique appuyant sur le fil (fig. 117).

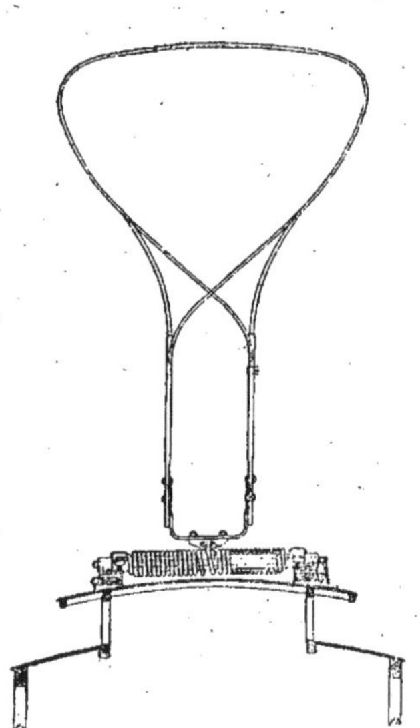

Fig. 117. — Prise de courant par archet.

Le principal reproche qu'on a adressé au trolley est de manquer d'esthétique et de déparer la perspective des voies parcourues par les lignes. On a donc cherché à dissimuler les fils aériens de distribution du courant, en les dissimulant dans un tunnel souterrain ou caniveau creusé dans le sol entre les rails. La première application de ce principe a été réalisée en 1885 pour les tramways de la ville de Blackpool par M. Holroyd Smith. Ensuite sont venus les systèmes de Siemens et Halske (Budapest 1886), Robert Zell, de Baltimore, Schefbauer de Patterson, Jenkins, Griffin, Waller-Manville, etc., et la Compagnie Thomson-Houston qui a installé à Paris plusieurs lignes de tramways d'après ce dispositif (fig. 118).

Le grand inconvénient du système de trolley dans un caniveau sous les voies publiques, réside dans la facilité avec laquelle l'eau, la boue, les immondices pénètrent dans l'ouverture longitudinale pratiquée pour le passage des frotteurs recueillant le courant sur

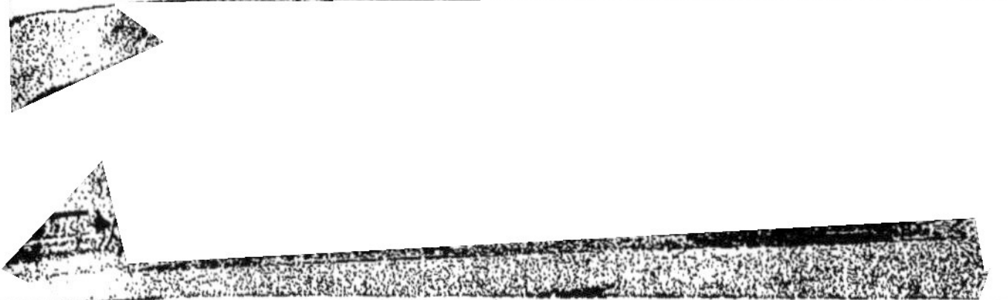

Fig. 118. — Voitures de la ligne à caniveau Étoile-Montparnasse.

le fil. L'isolement est compromis, des courts-circuits intempestifs pouvant amener des accidents, résultent parfois de cette cause d'engorgement. Enfin le prix d'établissement du caniveau est très élevé, aussi ce système n'a-t-il pas pris toute l'extension dont il est susceptible.

On a songé a appliquer une solution mixte en établissant les contacts au niveau du sol, entre les rails de chaque voie, en s'arrangeant de manière à ce que le courant ne parvienne à chacun de ces contacts ou *plots* que successivement, et à mesure que la

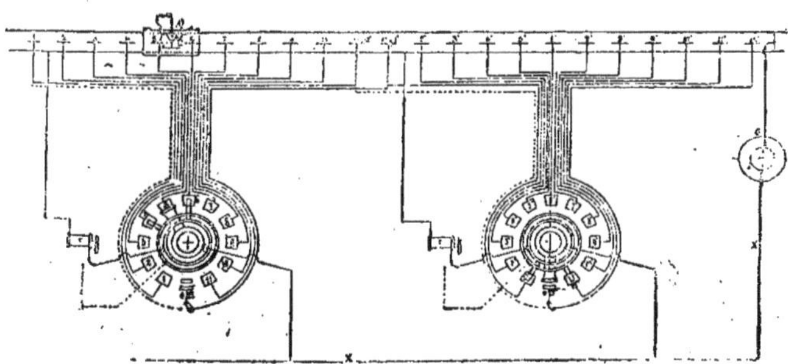

Fig. 119. — Distributeur de courant dans les tramways Claret-Wuilleumier.

voiture arrive au-dessus de chacun d'eux. Ce résultat est obtenu par un appareil de distribution faisant passer automatiquement le courant d'un plot à l'autre lorsque le véhicule les surplombe, comme dans le système Claret-Wuilleumier inauguré en 1891 à Clermont-Ferrand (fig. 119), ou encore par le jeu d'un électro-aimant contenu à l'intérieur du plot même et fermant le circuit de la ligne qui peut alors parvenir aux réceptrices, comme dans le système Diatto, qui a reçu de nombreuses applications dans les grandes villes, bien qu'on puisse lui adresser le reproche d'un fonctionnement quelquefois incertain et susceptible de causer des accidents par dérivation du courant dans le sol (fig. 120).

Pour les voies de chemin de fer qui sont ordinairement établies dans un emplacement spécial où ne circule que le personnel chargé de l'entretien, on peut disposer le conducteur amenant le

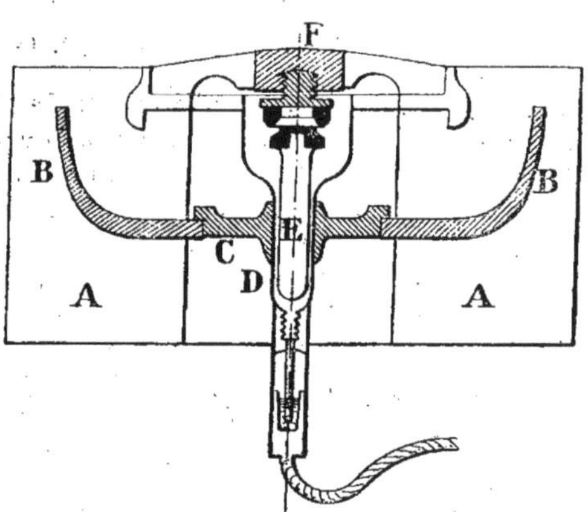

Fig. 120. — Plot de contact (coupe) dans le système à contacts superficiels Diatto.

courant parallèlement aux voies et très peu au-dessous du sol. Pour plus de sécurité, on peut protéger ce conducteur par une enveloppe en bois ne laissant un passage que sur le dessus, pour les supports des balais ou frotteurs chargés de recueillir le courant. C'est ainsi que sont équipées les lignes du Métropolitain de Paris et du chemin de fer des Invalides à Versailles (fig. 122).

L'usine génératrice du Métropolitain, située au quai de Bercy, comporte une série d'alternateurs attelés directement sur l'arbre des machines à vapeur et tournant à raison de 70 tours par minute en développant un courant à la tension de 5000 volts à 25 périodes, et qui représente une puissance de 1500 kilowatts. Ce courant est envoyé à plusieurs sous-stations où sont installés des convertisseurs qui transforment ce courant alternatif en courant continu de 600 volts de tension qui est envoyé au rail distributeur disposé le long de chaque voie. L'usine comporte également des dynamos génératrices à courant continu multipolaires et des commutatrices pour le service d'éclairage des voies souterraines et des stations. Les trains se composent de quatre voitures avec une seule automotrice, en tête ou de huit voitures avec deux automotrices, quelquefois trois avec les véhicules grand modèle récemment mis en circulation. Les moteurs peuvent développer normalement 75 chevaux, effort qui est notablement augmenté au moment du démarrage. Un petit moteur spécial, disposé dans la cabine du wattman, actionne la pompe à air du frein et le réservoir d'air comprimé du sifflet-avertisseur; son fonctionnement est automatique, par le jeu d'un conjoncteur-disjoncteur.

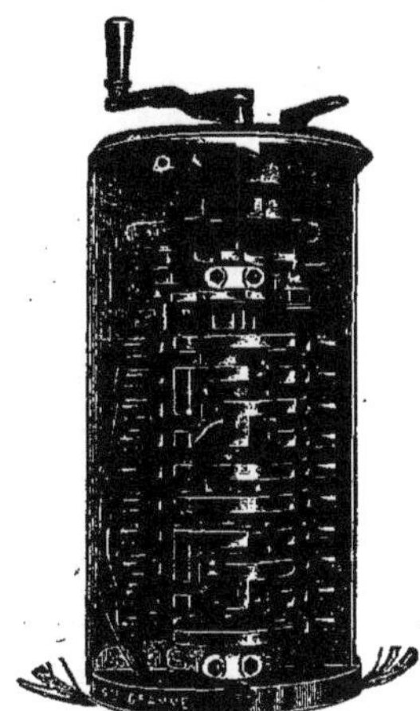

Fig. 121. — Combinateur pour voitures automotrices, tramways, etc.

La ligne des Invalides à Versailles rive gauche (réseau de l'Ouest) est équipée électriquement. L'usine génératrice, située aux Moulineaux, envoie à quatre sous-stations édifiées sur le trajet, du courant triphasé sous 3000 volts de tension. Ces sous-stations transforment ce courant alternatif en courant à 500 volts qui est distribué au rail conducteur disposé le long de la voie et sur lequel appuient les frotteurs métalliques portés par les automotrices. Celles-ci, attelées en tête et en queue des trains, sont pourvues de moteurs pouvant développer jusqu'à 250 chevaux; le réglage est opéré à l'aide d'un *combinateur* (fig. 121) (on disait auparavant *contrôleur*), placé dans la cabine d'avant et manœuvré suivant la vitesse à obtenir, vitesse qui peut atteindre 50 kilomètres à l'heure sur les rampes de 5 millimètres par mètre entre Issy et Meudon.

Nous pourrions encore décrire les usines montées pour desservir les réseaux des tramways Nogentais (à fil aérien), à Montreuilsous-Bois, celles des tramways de Lyon, d'Orléans, avec moteurs à gaz pauvres actionnant les génératrices, les usines de Tours, du Havre, de Lille, de Sheffield, de Zermatt et des grandes cités américaines, mais nous sommes obligés de nous limiter pour ne pas donner une étendue exagérée à ce chapitre.

Les électriciens sont d'accord pour penser que l'électricité permettra d'obtenir aisément de grandes vitesses sur les voies ferrées. La solution la plus économique paraît consister dans l'envoi, sous une tension élevée, de courants triphasés produits par de puissants alternateurs jusqu'à des sous-stations disséminées à l'endroit convenable le long des voies, où ces courants sont transformés

Fig. 122. — Prise de courants par frotteur au niveau du sol des automotrices électriques système Thomson-Houston de la ligne du quai d'Orsay.

avant d'être distribué, sous un potentiel moyen au rail conducteur, lequel doit être soigneusement isolé pour éviter les pertes dans le sol par électrolyse ou dérivations dues à l'humidité. C'est d'ailleurs cette solution qui est la plus fréquemment adoptée dans les nouvelles installations.

Au lieu de voitures à voyageurs munies de réceptrices avec tous leurs accessoires on peut employer des locomotives ou des tracteurs portant les frotteurs recueillant le courant le long d'un fil ou d'un rail. La première application de ce système a été celle de la *Belt line* à Baltimore, pour la traction des trains lourds sous un tunnel de 4 kilomètres de longueur. A Paris même, la Compagnie d'Orléans a adopté ce procédé pour la traction des trains de voyageurs entre la gare d'Austerlitz et le terminus du quai d'Orsay. Le courant à 550 volts est capté par deux frotteurs et un archet pour plus de sûreté ; il est distribué à quatre moteurs de 125 kilowatts au moyen d'un coupleur série-parallèle ; chaque moteur attaque un essieu par un engrenage simple. Le poids de cette locomotive est de 40 tonnes, mais on en a construit d'après le même modèle dont le poids atteint 60 tonnes.

La prise de courant sur un fil aérien a été utilisée encore pour les voitures automobiles sur routes, notamment pour des lignes d'omnibus suivant toujours le même parcours. Ce système permet d'éviter les dépenses toujours très élevées par kilomètre d'une voie ferrée, les véhicules roulant sur le pavé ou le macadam comme les automobiles ordinaires. M. Lombard-Gérin a réalisé une solution très pratique de ce moyen de commande : la roulette du trolley, au lieu d'être remorquée par la voiture, est montée sur un petit chariot rendu automoteur, et précède celle-ci en exerçant une légère traction sur le câble simple auquel il est relié. Le trolley automoteur contient donc un petit moteur à courants triphasés, dont le mouvement est synchronique de celui de la voiture ; son poids ne dépasse pas 20 kilogrammes.

Expérimenté d'abord à l'annexe de Vincennes de l'Exposition Universelle de 1900, le système Lombard-Gérin est entré par la suite dans la pratique. Les tramways de Fontainebleau à Samois et de Montauban, entre autres, sont pourvus de cet ingénieux dispositif, qui est appliqué à des voitures pesant 2500 kilogrammes, moteur de 20 chevaux compris, et peut transporter 16 à 18 personnes à la fois, avec le maximum de simplicité et d'économie.

Nous devons encore dire un mot, avant de quitter la question des trolleys employés sur les chemins de fer et les lignes de tramways sur rails ou sur routes, des expériences récemment exécutées en Allemagne sur une voie spécialement construite entre

Fig. 123. — Voiture de tramway à trolley employée pour l'arrosage.

Zossen et Marienfelde, près de Berlin, par l'*Allgemeine Elektricitäts-Gesellschaft* et la maison Siemens et Halske.

Fig. 124. — Locomotive-tracteur à trolley pour mines, etc. de la Société « l'Eclairage Electrique ».

Le but réel de ces essais n'était pas de vérifier, ce que l'on admet maintenant, si une vitesse de 160 à 200 kilomètres par heure est possible avec des trains électriques, mais surtout de déterminer les conditions techniques dans lesquelles un tel service serait pratiquement réalisable. Des considérations préliminaires ayant amené à déterminer l'effort opposé par l'air à ces vitesses, on disposa sur une voiture automotrice pesant 100 tonnes supportée par deux bogies, quatre moteurs de 250 chevaux, capables de développer le triple de cette force au moment du démarrage. La voiture pouvait donc disposer de 1000 à 3000 chevaux-vapeur suivant les besoins.

Le courant triphasé était transporté sous une tension de 10.000 volts par une ligne suivant la voie, le voltage sous lequel les moteurs devaient fonctionner était abaissé à 1500 ou 2000 volts par des transformateurs placés sur la voiture ; le courant était recueilli par des frotteurs à archet. Dans la locomotive Siemens, les transformateurs furent supprimés et les moteurs alimentés

Fig. 125. — Tracteur-transporteur à trolley pour voies étroites.

directement au potentiel de 10.000 volts. Les moteurs étaient calés directement sur l'essieu qu'ils actionnaient sans renvoi d'engrenages ; l'enroulement primaire était monté sur le stator, les connexions du rotor opérées suivant le dispositif dit en étoile. Le poids de cette locomotive n'était que de 40 tonnes en ordre de marche ; aux essais, elle démarra facilement la voiture automotrice qui lui fut attelée, le poids total ainsi remorqué était de 132 tonnes, et la vitesse maximum atteignit 105 kilomètres avec une consommation de 260 kilowatts ou 280 chevaux. Le courant utilisé fut de 11.000 volts à une fréquence de 95 périodes. Les moteurs se comportèrent admirablement sous ce régime.

Depuis deux ans, ces essais se poursuivent et permettent d'améliorer peu à peu tous les détails de cette locomotive extra-rapide. La voie, qu'on a fait reconstruire, a parfaitement résisté aux efforts auxquels elle s'est trouvé soumise. C'est ainsi qu'on a pu atteindre successivement les vitesses de 156, 175 et jusqu'à 210 kilomètres à l'heure constatées, et ce avec une entière sécurité qui permet de croire que ces allures excessives deviendront bientôt habituelles, grâce à l'emploi raisonné des courants alternatifs à haute tension. Seul, le coût élevé des voies que nécessiteront ces vitesses foudroyantes pourront peut-être restreindre l'application de ces nouveaux procédés.

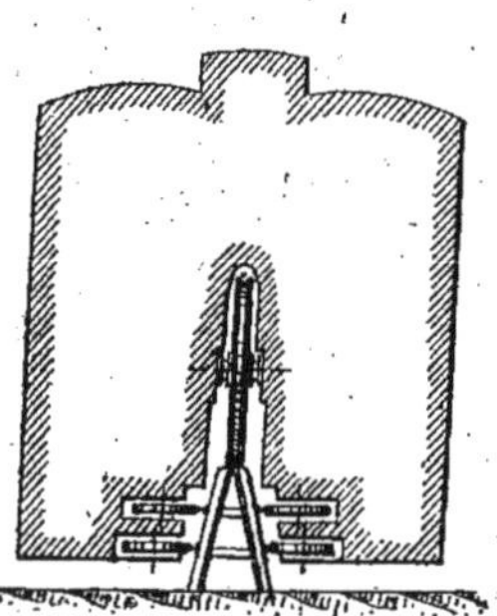
Fig. 126. — Monorail Lartigue à quatre galets guides.

Peut-être parviendra-t-on à tourner cette difficulté par d'autres dispositions données aux voies, telle que celle des *monorails* par exemple, qui donnent une entière sécurité même dans le passage des courbes où, avec les voies ordinaires, la force centrifuge développée est telle que les rails et les traverses peuvent être arrachés si ils ne sont pas reliés à un massif de maçonnerie. Déjà plusieurs systèmes de monorails à traction électriques ont d'ailleurs été proposés et ont reçu la sanction d'une assez longue pratique.

Dans le monorail Lartigue, le centre de gravité est reporté au-dessus de la voie, le poids du véhicule est supporté par un rail central disposé à la partie supérieure ; des galets horizontaux, au nombre de deux ou de quatre servent de guides aux parties latérales intérieures des wagons. Il en est de même avec quelques variantes de peu d'importance dans les types de Decauville, Beyer (fig. 127), Cook (fig. 128), Behr, entre autres.

Il existe encore des monorails où le centre de gravité est reporté à côté de la voie, comme dans les systèmes Cook et Dietrich, mais cette disposition comme la précédente n'a fourni que des résultats insuffisants par suite des efforts latéraux exagérés produits sur les rails-guides dans le passage des courbes.

Dans une troisième catégorie de monorails, le centre de gravité se trouve ramené au-dessous de la voie. Le véhicule est suspendu à un chariot pourvu de roues et guidé par la semelle de la poutrelle de support au moyen de deux galets, comme dans les systèmes Enos et Serlay-Hale. Pour permettre l'inclinaison du wagon dans le passage des courbes, les roues peuvent être montées sur des châssis à charnières, et ce dispositif, dû à M. Langen, est appliqué dans le chemin de fer monorail suspendu qui relie les villes de Barmen-Eberfeld-Wolwinckel et a une longueur de 13 kilomètres.

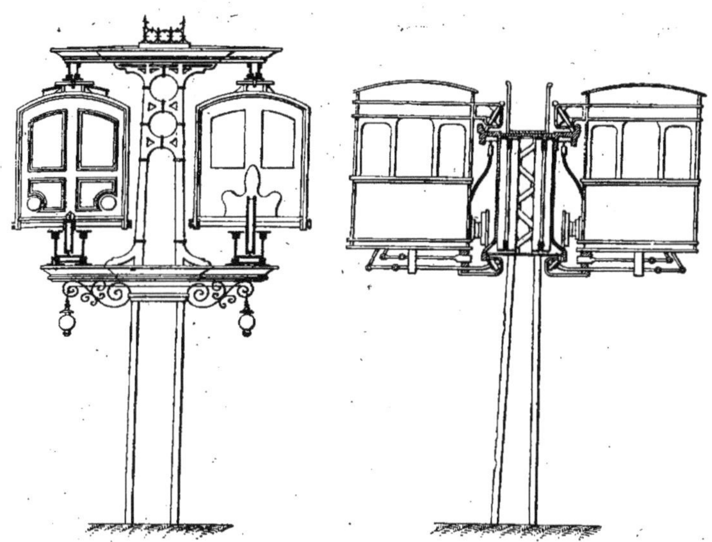

Fig. 127. — Monorail Beyer. Fig. 128. — Monorail Cook.

Les courbes de cette voie originale ont un rayon minimum de 75 mètres et les rampes 27 millimètres par mètre au plus ; elles peuvent être franchies à l'allure de 50 kilomètres à l'heure avec une inclinaison des wagons de 15°. La voie suit la vallée de la Wupper, très resserrée en certains endroits, et entièrement occupée par deux lignes de chemins de fer et un grand nombre de tramways ; le transport au-dessus du lit même de la rivière était le seul possible et il a été réalisé avec un plein succès.

Le plancher des voitures se trouve à 4^{m},50 au-dessus du sol ; la ligne comporte 20 stations, la vitesse commerciale des trains, composés de deux voitures de chacune 50 places dont 30 assises, est de 40 kilomètres à l'heure. L'usine centrale, située à Eberfeld, est pourvue de groupes électrogènes à vapeur actionnant des génératrices qui fournissent une intensité de courant de 1.400 ampères à la tension de 600 volts, soit 850 kilowatts ; une batterie d'accumulateurs placée en tampon masque les fluctuations du débit. Ce courant est envoyé au rail isolé courant tout le long des voies ; un frotteur le recueille pour l'amener aux réceptrices des voitures (fig. 130).

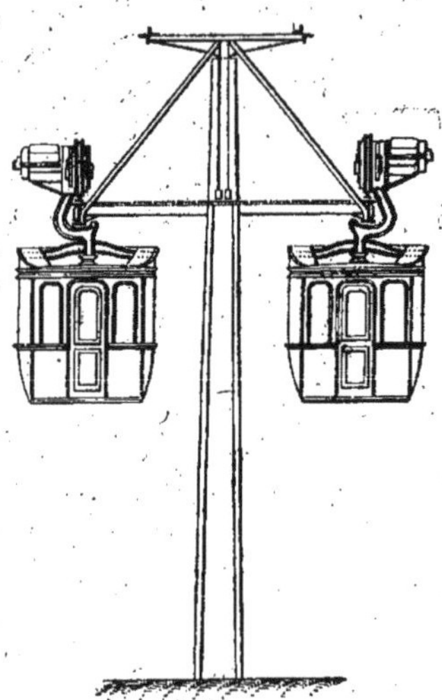

Fig. 129. — Monorails système Langen.

Cette disposition de chemin de fer ayant montré, par un fonctionnement régulier qui dure depuis plusieurs années, qu'elle présente d'incontestable avantages, plusieurs autres lignes électriques ont été mises à l'étude et sont actuellement en construction. La plus intéressante sera celle reliant Liverpool à Manchester, dont le projet est dû à M. Behr, et sur laquelle les trains devront circuler à la vitesse normale de 175 kilomètres à l'heure. La voie est un nonorail surélevé, avec véhicules placés à cheval sur le rail, comme dans le système Lartigue dont il existe plusieurs lignes en exploitation mais avec la traction à vapeur. Le rail est disposé sur une suite de chevalets métalliques reposant sur le ballast ; c'est donc une sorte de poutre continue triangulaire, entretoisée dans les deux sens et consolidée de distance en distance par des contrefiches. C'est sur cette voie que devront rouler les véhicules à traction électrique constituant les trains. Il faut attendre que ce dispositif soit entré dans la pratique pour pouvoir juger équitablement ses qualités et ses défauts.

Nous devons encore parler ici de l'application de l'électricité à la traction des trains sur les lignes à fortes rampes tracées dans les montagnes. Le moteur électrique, là encore, tend à supplanter la vapeur en raison des facilités d'emploi qu'elle procure et de l'économie qu'elle promet de réaliser dans les régions où l'on a l'eau sous pression en abondance.

Déjà cette énergie est mise à profit dans plusieurs exploitations: citons le chemin de fer du Salève, celui de Zermatt au Gornergrat, qui mesure 9 kilomètres de longueur et s'élève à 3.018 mètres, celui de Stanstadt-Engelbert, la ligne du Fayet-SaintG-ervais à Chamonix, l'embranchement de Saint-Georges à la Mure (Isère), et le chemin de fer à crémaillère de la Jungfrau, qui est

Fig. 130. — Chemin de fer monorail de Barmen-Eberfeld, mode d'installation.

bien le travail le plus audacieux que l'homme ait osé entreprendre, et dans lequel il a, une fois de plus, vaincu la nature.

Sur le chemin de fer du Gornergrat, le courant triphasé à 5000 volts produit par une usine hydro-électrique installée à Zermatt, est envoyé à des sous-stations le long de la ligne ; des transformateurs ramènent le potentiel à 500 volts et alimentent la ligne du trolley. La locomotive, du poids de 11 tonnes, porte deux moteurs indépendants pouvant développer chacun 90 chevaux ; ils font tourner une roue dentée qui attaque une crémaillère Abt établie dans l'entrevoie. Cette locomotive remorque deux voitures à voyageurs, l'une fermée pesant 5 tonnes à vide, l'autre ouverte et beaucoup plus légère.

Le tracé du chemin de fer de la Jungfrau présente une longueur de 13 kilomètres, sur lequel la voie s'élève de plus de 2.000 mètres avec des rampes de 25 p. 100 continuelles. Bien entendu, l'adhérence est assurée sur ces pentes vertigineuses par une crémaillère disposée entre les rails, et plusieurs freins puissants, fonctionnant indépendamment les uns des autres permettent d'arrêter le train malgré son poids. Le train est composé d'une locomotive (fig. 131), articulée sur une voiture de voyageurs, et d'une remorque. Avec 80 personnes assises ou debout, le poids total est de 26 ton-

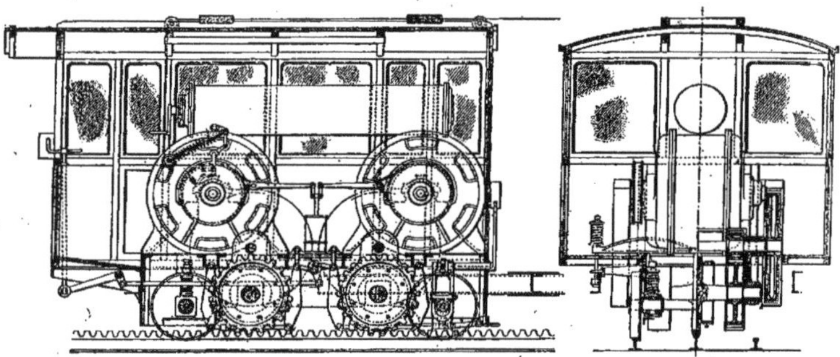

Fig. 131. — Locomotive électrique du chemin de la Jungfrau.

nes. Le courant triphasé est envoyé de l'usine sous haute tension 7.000 volts et transformé avant son emploi. Les moteurs de la locomotive peuvent développer 300 chevaux à 800 tours ; ils font tourner les roues dentées engrenant avec la crémaillère. La vitesse de marche, à la montée ou à la descente sur ces pentes de 25. p. 100 peut atteindre 8 kilomètres 5. La voie a nécessité de nombreux tunnels et ouvrages d'art, aussi comporte-t-elle de fréquentes courbes à court rayon.

La ligne du Fayet à Chamonix a été établie par les soins de la Compagnie du P.-L.-M. Elle mesure une longueur de 19 kilomètres et comporte des rampes de 90 millimètres sur plus de deux kilomètres, et beaucoup d'autres déclivités moins accusées. Le courant continu à 600 volts est produit par des dynamos hexapolaires dans deux usines situées à Servoz et aux Chavants. Les trains sont constitués par plusieurs voitures toutes automotrices, attelées l'une à l'autre, pour augmenter l'adhérence et éviter l'emploi de la crémaillère sur les fortes rampes. Ces voitures sont à deux essieux, tous deux pourvus d'un moteur développant 65 chevaux à 550 volts, et d'un régulateur qui peut être commandé au moyen d'une manivelle quand la voiture circule isolément. Quand elle constitue un élément d'un train, c'est le wattman placé dans le véhicule de tête qui agit sur les régulateurs et les moteurs de toutes les voitures au moyen d'une transmission par l'air comprimé et d'un servo-moteur.

L'installation de Saint-Georges à la Mure, ligne exploitée par l'Etat, est intéressante par l'application qui s'y trouve réalisée du courant continu à haute tension (2.400 volts). On a pu remplacer par la traction électrique les locomotives à vapeur qui remorquaient les trains sur ce profil extrêmement pénible en raison des déclivités accentuées qui s'y rencontrent, et le service entrepris en 1903 se poursuit depuis avec de très sérieux avantages sur la vapeur qui, cette fois encore, s'est trouvé supplantée par sa rivale.

Ainsi qu'on a pu s'en rendre compte, c'est plutôt au courant continu que l'on a recours, sauf dans quelques cas particuliers, pour la traction. L'énergie est bien envoyée sous forme de courant alternatif de haute tension, mais le plus souvent, il est transformé pour travailler dans les réceptrices. Les véhicules courant sur les lignes restent constamment en relation avec l'usine génératrice par le trolley qui leur apporte l'énergie motrice ou les balais frotteurs glissant sur le rail. Ils ne sont donc pas indépendants, et c'est pour répondre à ces deux desiderata, qu'un constructeur belge, M. Dulait, reprenant une idée émise dès 1891 par l'électricien Maurice Leblanc, a proposé d'opérer la traction des trains directement par courants polyphasés sans moteurs ni prise de courant, par un procédé qu'il appele la *traction tangentielle*.

On sait que, dans les moteurs électriques asynchrones à courants polyphasés, aucune connexion n'existe entre l'inducteur et l'induit. Celui-ci, le rotor, n'est mis en mouvement que par le déplacement du champ magnétique, qui tourne sur lui-même comme nous l'avons expliqué au chapitre VI. Si donc on développe sur un plan l'inducteur d'un moteur de cette espèce et si l'on suspend au-dessus de lui dans une position convenable, son induit également développé, l'action rotative du champ magnétique tournant sera transformée en un mouvement rectiligne. Si l'inducteur développé, ou stator, est disposé entre les rails d'une voie et si l'on munit un véhicule du rotor, celui-ci se mettra en marche quand on enverra un courant polyphasé dans le stator. Tel est, en principe, l'idée émise par M. Dulait, et qui n'avait pu jusqu'à présent, être réalisée par suite des difficultés d'ordre pratique rencontrées dans la mise à exécution de ce système de traction.

Un tronçon de ligne, de 800 mètres de longueur, a été équipée pour permettre de se rendre compte de la possibilité d'exploiter en grand ce procédé, et les résultats obtenus ont été, paraît-il, satisfaisants. Les courants triphasés employés pour les essais étaient à la fréquence de 10 périodes, et ils étaient envoyés à la ligne des stators, lesquels étaient disposés comme des plots, de distance en distance, par une canalisation à haute tension. (5.000 volts).

MM. Dulait, Zelenay et Rosenfeld qui ont préconisé ce système pour les chemins de fer à grande vitesse ont étudié un projet de rapide à traction tangentielle, entre Bruxelles et Anvers, dont la distance serait franchie en vingt minutes, soit à l'allure de 150 kilomètres à l'heure. L'usine génératrice des courants polyphasés serait édifiée à mi-distance des deux villes desservies, et la ligne serait exploitée par des trains composés de deux voitures et pesant 70 tonnes, lancés à des intervalles de 10 minutes.

Tel est l'état actuel de la question de la traction électrique en France et dans le monde. Nous avons été obligé, pour ne pas allonger outre mesure ce chapitre, de résumer au strict nécessaire l'examen des différents procédés de traction, et encore nous n'avons parlé ni des applications de l'électricité au halage des bateaux, aux plateformes mobiles, dont le trottoir roulant de l'Exposition de 1900 était un spécimen fort réussi, ni de l'exploitation des mines. Mais nous reviendrons sur ces questions au cours du présent ouvrage et, après la locomotion sur terre, nous donnerons un moment d'attention à la locomotion sur ou dans l'eau, où l'électricité a montré une fois de plus ses précieuses qualités.

CHAPITRE IX

La Navigation électrique.

Premiers essais. — Jacobi. — Gustave Trouvé. — Le moteur à piles. — Bateaux à accumulateurs. Différents projets proposés. — La navigation sous-marine. — Bateaux électriques et électro-mécaniques autonomes. — La navigation aérienne et les aéronats électriques.

Nous avons dit que les premières expériences pour transformer le courant électrique en travail mécanique avaient été exécutées vers l'année 1831 par le physicien Jacobi. Il nous faut franchir un espace de près d'un demi-siècle pour retrouver un nouvel exemple de la propulsion électrique des bateaux. En 1873, M. de Molin fit évoluer sur les lacs du bois de Boulogne un canot dont le générateur était composé de soixante-douze éléments de piles à acide azotique, genre Bunsen, de forme rectangulaire, et qui avait été édifié par l'électricien Ruhmkorff, le célèbre constructeur de la bobine d'induction qui porte son nom. Le courant engendré par cette batterie traversait les spires d'une série de gros électro-aimants qui agissaient l'un après l'autre sur la périphérie d'une roue pourvue d'armature de fer doux. L'embarcation, ainsi agencée et montée par douze personnes, put circuler à une allure de cinq à six kilomètres à l'heure ; cependant la puissance développée était inférieure à un cheval-vapeur.

Quelques années plus tard, les revues scientifiques s'occupèrent des essais de l'électricien G. Trouvé avec ses deux canots de promenade l'*Eureka* et le *Téléphone* (fig. 132), dont le moteur à deux induits en forme de bobine Siemens montées entre les faces polaires de deux électro-aimants, actionnait directement à l'aide d'une chaîne Galle, l'hélice propulsive à trois branches agencée dans une échancrure du gouvernail, lequel portait ainsi toute la partie mécanique. Le courant était produit par deux batteries de piles au bichromate de potasse du même inventeur, semblables à celles dont nous avons donné la description dans notre chapitre II, et le

Fig. 132. — Premier bateau électrique de M. Trouvé.

travail atteignit 50 à 60 kilogrammètres environ. Par la suite, M. Trouvé modifia les dispositions donnés à son *gouvernail-mo-*

teur-propulseur, dont il augmenta la puissance, tout en conservant comme générateur de courant sa batterie à treuil, et il construisit un assez grand nombre de canots de promenade pourvus de ce dispositif d'une grande simplicité, mais d'entretien coûteux, en même temps qu'ennuyeux à cause des manipulations exigées par le chargement des batteries primaires.

Cependant son exemple avait été imité par divers électriciens, entre autres M. Cloris-Baudet, qui avait appliqué ses fameuses piles dites « impolarisables » à réservoirs intérieurs, à l'alimentation d'un moteur à bobines Siemens analogue à celui de Trouvé qui actionnait les roues à palettes d'un canot.

Mais là encore, les inconvénients de la pile furent tels que les plus chauds partisans de la navigation électrique se rebutèrent vite, et l'on peut dire qu'en 1884 la question n'était pas plus avancée qu'à l'époque de Jacobi.

C'est pourquoi l'on s'empressa, dès que les accumulateurs eurent fait leur apparition, de les essayer comme générateurs à bord de yachts automobiles. C'est en 1885 que la première application fut réalisée par l'*Electric power Storage C*[ie] à l'aide du bateau l'*Electricity*, qui reçut des batteries d'accumulateur Faure devant actionner un moteur-dynamo de quelques chevaux de force. Le résultat fut assez satisfaisant, malgré les défauts que l'on pouvait à juste raison reprocher à cette époque à ces premiers types d'accumulateurs au plomb, pour qu'en moins de quelques années, la Tamise et les rivières anglaises fussent sillonnées d'une véritable flottille de bateaux de plaisance ainsi équipés électriquement. En France, le développement de cette application, fut beaucoup plus lent, sans doute par suite de la difficulté que ces embarcations éprouvaient à recharger leurs batteries. L'accumulateur eut beau se perfectionner avec le temps, la grande majorité des yachtsmen demeura réfractaire à son emploi et, lorsque le moteur à pétrole se fut victorieusement affirmé par ses retentissants succès sur la route, il éclipsa complètement le canot électrique, malgré ses incontestables avantages sur tous les moteurs thermiques.

Une disposition originale qui nous est venue d'Angleterre, est le *gouvernail électrique* qui se trouve chez M. Cadiot. Dans ce système, le moteur est renfermé à l'intérieur d'une enveloppe hermétique en forme de torpille, et il actionne directement une petite hélice fixée à l'extrémité de son axe. Le moteur est du genre Ayrton et Perry ; son induit fixe et composé d'un anneau Gramme à l'intérieur duquel tourne l'inducteur mobile affectant la forme d'une bobine Siemens à double T. Autour de sa carcasse extérieure fusiforme, est fixée la plaque du gouvernail. Le tout, constituant un

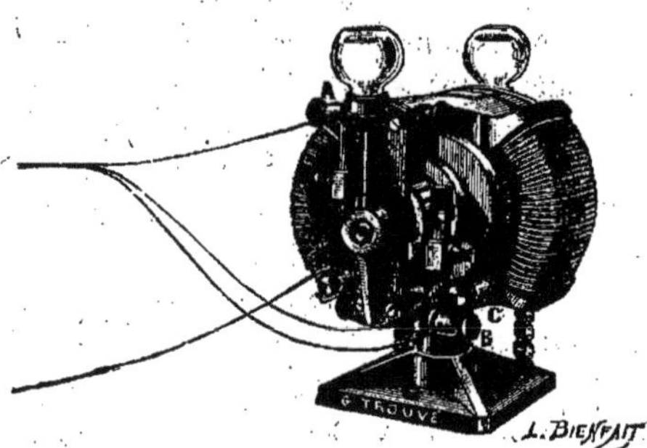

Fig. 133. — Moteur électrique, dernier système de G. Trouvé.

ensemble complet est disposé sur un châssis métallique qui peut être instantanément fixé à l'arrière d'un bateau quelconque. Le courant provenant ordinairement d'une batterie d'accumulateurs, arrive au moteur par l'intermédiaire de deux câbles souples servant en même temps à manœuvrer le gouvernail, comme dans le système Trouvé. Un commutateur où combinateur permet d'obtenir la mise en marche, l'arrêt et le réglage de la vitesse du moteur. L'hélice faisant corps avec le gouvernail tourne en même temps que lui, aussi la direction est-elle très sensible et donne-t-elle la possibilité d'exécuter des virages presque sur place.

Un autre dispositif importé d'Amérique par M. Cadiot est la *godille électrique*, qui peut s'adapter aux plus petits canots et se démonte en un instant. Le moteur, développant environ un tiers de cheval, commande, par une transmission flexible une petite hélice disposée à l'extrémité d'une sorte de godille qui forme en même temps gouvernail. Le poids de cet appareil ne dépasse pas 18 kilogrammes ; il peut cependant imprimer à un canot léger chargé de deux voyageurs, une vitesse de 5 à 8 kilomètres à l'heure avec une batterie d'accumulateurs donnant un courant de 10 à 12 ampères sous une tension d'environ 25 volts. Une simple plaque métallique portant un tourillon donne le moyen de fixer ce propulseur à l'arrière d'un canot.

La marine française a essayé en 1888 une chaloupe jaugeant 5 tonneaux que l'on avait munie d'une batterie d'accumulateurs système Commelin-Desmazures et Baillehache, à l'oxyde de cuivre et à la potasse, avec électrodes de zinc, de 132 éléments. Cette batterie pouvait développer environ 12 chevaux-vapeur pendant cinq à six heures en actionnant un moteur électrique spécialement étudié par M. le commandant Krebs. Le propulseur, une hélice en bronze de 55 centimètres, tournait à 280 tours par minute. La capacité de la batterie fut suffisante pour que la chaloupe pût effectuer un trajet de 67 kilomètres à la vitesse de 6 nœuds, ou 275 kilomètres à la vitesse de 4 nœuds 7 (près de 9 kilomètres). Lors des essais, ce bateau qui avançait à bonne allure sans aucun moteur apparent, intrigua vivement les curieux assistant à sa sortie du port.

Depuis lors, on peut dire que la navigation électrique est demeurée stationnaire, bien que différents spécimens de bateaux mus par l'électricité aient été construits un peu partout. On préfère le moteur à essence pour cet usage, en raison de son faible encombrement, comparé à celui qu'exigent les batteries d'accumulateurs, et de la facilité de ravitaillement, tandis que le bateau électrique nécessite une station de charge avec moteur thermique, soit deux installations différentes d'un prix forcément élevé. De plus, le bateau électrique demeure lié à cette station à laquelle il est toujours obligé de revenir, et, son rayon d'action étant limité par la capacité de ses batteries, il ne peut pas s'éloigner beaucoup de son port d'attache.

Le moteur électrique est cependant précieux pour une certaine catégorie de bâtiments dans lesquels son emploi est seul possible. Nous voulons parler des sous-marins dont la France est encore seule au monde à posséder une flottille devant, le cas échéant, assurer la défense mobile de ses côtes et de ses ports.

Ce n'est qu'à la suite d'études patientes et prolongées, d'expériences répétées, que l'on est enfin parvenu à réaliser des modèles de navires capables de séjourner de longues heures à une profondeur moyenne au sein des eaux en se mouvant avec une certaine vitesse pour attaquer à l'aide de torpilles automobiles

les vaisseaux ennemis. Il a fallu résoudre l'un après l'autre une foule de problèmes difficiles avant d'arriver à rendre d'usage pratique cette arme nouvelle et redoutable.

Le premier bateau sous-marin électrique appelé le *Gymnote* fut expérimenté en 1887 à Toulon sous la direction de M. Gustave-Zédé. Il avait la forme d'un fuseau très allongé et cubait 30 tonnes. Le moteur, construit d'après les plans du commandant Krebs, était alimenté par une batterie d'accumulateurs au zinc et à l'oxyde de cuivre identiques à ceux de la chaloupe électrique dont nous avons parlé plus haut. Les premiers résultats furent assez encourageants pour que, quelques années plus tard, on passât à l'édification d'un second modèle nommé le *Gustave-Zédé*, déplaçant 266 tonneaux, et qui servit à élucider les différents points sur lesquels l'attention s'était portée à la suite des essais du *Gymnote*.

Aujourd'hui, deux classes de bateaux sous-marins sont en présence : les premiers n'ayant qu'un moteur unique, fonctionnant à l'aide du courant qui leur est fourni par une batterie d'accumulateurs aussi énergique que possible par rapport à leur tonnage, les autres, dits *submersibles autonomes,* qui possèdent un moteur thermique, à vapeur où à explosion, capable d'assurer la marche en surface et de recharger en même temps la batterie secondaire ne servant que pendant les plongées. Ces derniers dérivent du type *Narval*, imaginé par M. Laubeuf en 1897.

Nous avons dit que le moteur électrique est l'unique genre de moteur dont un bateau sous-marin puisse se servir. En effet, c'est le seul qui ne change pas de poids pendant son fonctionnement, ce qui permet de maintenir l'équilibre constant du bâtiment, à un niveau quelconque entre deux eaux et, sans lui, ces types de navires n'auraient pu être réalisés.

Electrique ou submersible, le sous-marin actuel est donc muni d'une batterie d'accumulateurs au plomb dont la charge sert à actionner le moteur entretenant le mouvement de l'hélice propulsive. La force nominale de ce moteur, pour un tonnage de 106 tonnes, est de 217 chevaux et de 250 chevaux pour la série de bateaux jaugeant de 140 à 185 tonnes. La vitesse de marche est de 12 nœuds à la surface, réduite à 8 nœuds en plongée.

Dans les sous-marins autonomes type *Narval*, le moteur thermique est une chaudière multitubulaire système Seigle, chauffée au pétrole et alimentant une machine verticale à triple expansion. Les derniers modèles construits ont un moteur à essence, benzine, gazoline, etc. Ce moteur commande l'hélice propulsive pendant la marche en surface, en même temps qu'il peut faire tourner l'induit du moteur électrique, lequel devient alors générateur d'électricité en vertu du principe bien connu de la réversibilité. Le courant produit sert à recharger les accumulateurs. Lorsque l'ennemi est en vue et qu'il faut plonger, les brûleurs à pétrole sont éteints par la fermeture des robinets, l'ouverture de la cheminée est hermétiquement fermée à l'aide d'un tampon étanche, et on laisse pénétrer l'eau de la mer dans les compartiments ou water-ballast, ménagés dans la double-coque. La profondeur désirée une fois atteinte, le moteur électrique reprend son rôle, et, alimenté alors par le courant débité par les accumulateurs, c'est lui qui actionne l'hélice. Des dérivations sont prises sur la batterie pour assurer l'éclairage du bateau et actionner les pompes servant à vider les water-ballast et à faire émerger de nouveau le navire.

Le rayon d'action des submersibles autonomes est beaucoup plus étendu, on le conçoit, que celui des sous-marins à moteur électrique unique. Il peut se suffire à lui-même, et, naviguant presque toujours à la surface, il peut n'avoir qu'une batterie secondaire bien moindre que celle indispensable au sous-marin purement électrique qui ne peut s'éloigner bien loin de la station de charge, son parcours étant limité à la moitié de la capacité électrique de sa batterie. Le ravitaillement du submersible est possible par les cuirassés et par les navires de la flotte qu'il accompagne en pleine mer, tandis que l'électrique doit forcément revenir à sa station de charge. On apprécie quelle est la supériorité et l'avantage de ce procédé.

Tel est l'état actuel de la navigation sous-marine en France. La question est encore à l'étude et demeure stationnaire chez les autres nations. Les seuls systèmes de bateaux-plongeurs qui aient fait parler d'eux récemment sont ceux de Holland, adoptés par les Etats-Unis et par l'Angleterre, de Starck, et de Simon Lake, l'*Argonaute*, destiné plutôt au dragage du fond de la mer et à l'extraction des épaves de valeur, car il est pourvu de roues lui permettant de se déplacer par ses propres moyens sur le fond de l'Océan.

On a également beaucoup parlé d'un petit modèle de sous-marin créé par l'ingénieur français Goubet, mort il y a peu d'années sans avoir réussi à faire adopter son système à l'administration de la marine. Ce bateau, basé sur des principes tout différents de celui des submersibles, présentait cependant plus d'un détail intéressant, mais l'inventeur ne put se faire écouter, et son appareil, malgré des résultats incontestables, ne passa pas dans l'usage pratique.

Un problème qui se rapproche par plus d'un point de la navigation sous-marine, est celui de la navigation aérienne au moyen de ballons dirigeables ou *aéronats*. Dans un cas comme dans l'autre, la carène à mouvoir est entièrement plongée dans le milieu qui la supporte, et les conditions d'équilibre longitudinal et latéral de cette carène, de la stabilité en marche, des mouvements verticaux et enfin de la propulsion, présentent de nombreuses similitudes. La seule différence — non sans importance ! — réside dans le fait que le milieu où se meut le bateau sous-marin est huit cents fois plus dense que celui où évolue l'aéronat.

Dans un cas comme dans l'autre, il s'agissait de doter la carène — après ses moyens d'équilibre et de stabilité — d'un moteur le plus puissant possible sous le moindre poids. En 1852, l'ingénieur Henri Giffard avait employé dans ce but une machine à vapeur dont le générateur était, pour l'époque, une merveille de légèreté. Cette machine, capable de développer au plus 3 chevaux-vapeur, pesait 150 kilogrammes à vide et 400 avec sa provision de combustible et d'eau pour une marche de quelques heures. Appliqué à la propulsion d'un aéronat de 2.500 mètres cubes de capacité, ce moteur ne put lui communiquer qu'une vitesse propre de 3 mètres par seconde, ce qui était tout à fait insuffisant. Giffard recommença trois ans plus tard son expérience avec un ballon de 3.200 mètres très allongé par rapport à son diamètre, il n'obtint pas encore de meilleurs résultats.

La machine à vapeur à échappement libre présente le grave inconvénient de produire un allègement, un délestage continuel de l'aéronat qui la porte. En effet, une machine de 10 chevaux consomme environ 7 kilogrammes d'eau et 1 à 2 kilogrammes de combustible par cheval-vapeur et par heure, soit un poids total de matières de 800 kilogrammes au moins pour cette machine de

10 chevaux fonctionnant pendant 10 heures consécutives. Il faudrait donc condenser la vapeur d'échappement à bord du navire aérien, et, jusqu'à présent, on n'a pu y parvenir. Il resterait encore la perte du poids due à la disparition du combustible emporté. La question se complique, et l'on conçoit que l'on ait cherché à employer, pour ne pas aggraver encore les difficultés de l'équilibre vertical des appareils, des moteurs conservant un poids constant pendant toute la durée de leur fonctionnement. Or, le moteur électrique à piles primaires ou secondaires se trouve justement dans ces conditions et c'est pourquoi, dans l'air comme au sein des eaux, on a pu l'utiliser avec avantage et obtenir des résultats supérieurs.

MM. Tissandier frères, les aéronautes qui se sont illustrés dans les ascensions du ballon le *Zénith* sont les premiers qui aient appliqué le moteur électrique à la propulsion des aéronats, en 1883. Ils firent construire, sur leurs plans et à leurs frais, un ballon fusiforme symétrique, de 1.000 mètres cubes de volume. A l'avant d'une nacelle en forme de cage, tournait une hélice à deux branches mue par une dynamo genre Siemens recevant son courant d'une batterie de piles au bichromate à grande surface. Le travail mesuré sur l'arbre de l'hélice fut de 100 kilogrammètres, et la vitesse propre communiquée au ballon par ce propulseur, de 3^{m},50 par seconde, résultat supérieur à celui obtenu par Giffard trente ans auparavant.

Au cours de cette même année 1883, le monde entier s'émut des expériences du ballon dirigeable militaire la *France*, qui, à plusieurs reprises, avait exécuté des circuits fermés et était revenu à son point de départ. C'était un ballon à moteur électrique, étudié par les capitaines du génie Renard et Krebs, qui furent ses pilotes pendant la campagne de 1883-85 et eurent l'honneur d'être les premiers à démontrer par le fait que la direction des ballons, longtemps considérée comme une utopie, n'était qu'une question de force motrice.

L'aéronat la *France*, qui possédait une vitesse propre de 6^{m},50 en air calme, était très supérieur à tous ses devanciers, notamment au précédent dirigeable électrique Tissandier, car il possédait un générateur chimique d'électricité dont la capacité spécifique était extraordinairement élevée par rapport à son poids. C'était une pile à l'acide chlorochromique, capable de débiter

25 ampères par décimètre carré de surface d'électrode de zinc, l'électrode positive étant un tube d'argent platiné excessivement mince. Sous un poids total de 480 kilogrammes, la batterie de 280 éléments du dirigeable, pouvait fournir un travail de 10 chevaux-vapeur pendant deux heures et demie sur l'arbre de l'hélice. Le moteur était une dynamo spécialement étudiée par M. Gramme et qui ne pesait que 120 kilogrammes.

Nous avons rappelé quels sont les résultats qui furent obtenus par ce système. Depuis lors, on a abandonné le moteur électrique pour le moteur à pétrole, extraordinairement allégé par les constructeurs d'automobiles, et tout le monde a encore présents à la mémoire les exploits de Santos-Dumont, les voyages du *Jaune* et les catastrophes de Severo et de Bradsky. Mais ce serait sortir de notre sujet et nous n'insisterons pas davantage sur ces applications de l'électricité.

CHAPITRE X

L'Électrochimie.

Principes de l'électrochimie. — La décomposition de l'eau par Nicholson et Carlisle. — Invention de la galvanoplastie par Jacobi. — Ruolz et Elkington. — Les dépôts électro-métalliques. — Dorure et argenture galvaniques. — Le nickelage. — L'électrolyse de l'eau. — Fabrication électrolytique du chlore et de la soude. — Affinage du cuivre.

A peine Volta avait-il inventé, au commencement du dix-neuvième siècle, la pile électrique qui porte son nom, qu'il observa une de ses propriétés les plus remarquables : la décomposition chimique que le courant engendré par ce générateur fait subir aux substances qu'il traverse. C'est ainsi que le célèbre physicien constata, dès l'année 1800, que la dissolution d'un sel métallique que l'on soumet à l'influence du courant de la pile, se trouve aussitôt réduite en ses éléments, de telle sorte que le métal vient se déposer au pôle négatif. Ce phénomène devint bientôt l'objet d'un nombre considérable d'études et d'expériences théoriques qui agrandirent le champ des connaissances en électricité. Un peu plus tard, Brugnatelli, élève de Volta, fit les mêmes observations: en faisant passer un courant à travers une dissolution de sulfate de cuivre, il vit le cuivre se déposer sur l'électrode négative, tandis que l'oxygène se dégageait au pôle positif. Il parvint même à dorer un fil d'argent par ce procédé, qu'il ne considéra que comme un phénomène curieux, sans importance pratique, cette précipitation d'un métal sur un autre par l'effet du courant, se présentant sous l'aspect d'un dépôt noirâtre sans cohésion ni adhérence. Brugnatelli, pas plus que Volta, ne devina l'importance de la remarque, et l'avenir que présentait cette application.

En 1801, deux physiciens anglais, Carlisle et Nicholson, ayant fait passer le courant de quelques couples voltaïques associés en tension à travers de l'eau distillée et additionnée de quelques gouttes d'acide sulfurique, constatèrent que cette eau était décomposée en deux gaz produits en volumes doubles l'un de l'autre. Ces gaz étaient, l'un de l'oxygène, l'autre de l'hydrogène. En décomposant 9 grammes d'eau, on obtenait 8 grammes d'oxygène et 1 gramme d'hydrogène. Cette expérience, très simple à répéter, s'exécute dans les laboratoires, à l'aide d'un petit appareil appelé *voltamètre* (fig. 134), comportant deux lames de platine en relation avec les bornes d'arrivée du courant, et que l'on coiffe de deux éprouvettes en verre. Les gaz se dégagent par bielles successives qui remontent le long des électrodes et remplissent les éprouvettes.

En 1806, Humphry Davy utilisait pour reproduire ces expériences la grande pile de deux milles éléments à l'aide de laquelle il avait obtenu la lumière dite *voltaïque*. Il décomposa les alcalis et isola plusieurs métaux dont on ne connaissait que les sels. Mais ce n'est qu'en 1840 que Faraday, autre physicien anglais fonda réellement les bases de l'électrolyse, en soumettant ces divers phénomènes remarqués par l'un ou par l'autre, à des lois scientifiques rigoureuses. Quelques années auparavant, Jacobi, dont nous avons rappelé le nom au sujet du premier moteur et de la première tentative de navigation électrique, Jacobi avait inventé la *galvanoplastie*, qui est une des branches de l'électrolyse. Cette découverte avait fait grand bruit à l'époque. Rappelons que le physicien russe avait soumis à l'action du courant d'une pile de Daniell des plaques de cuivre sur lesquelles il avait tracé au burin des traits et des caractères. Ces lignes et ces caractères en creux se reproduisirent en relief, et Jacobi retira de la pile des plaques de cuivre formées, atome par atome, au moyen du courant électrique. Le savant obtint ensuite la reproduction, le fac-similé d'une plaque gravée qu'il présenta en 1838 à l'Académie des Sciences de Saint-Pétersbourg, et, poursuivant ses recherches, il établit qu'il était préférable de séparer le récipient

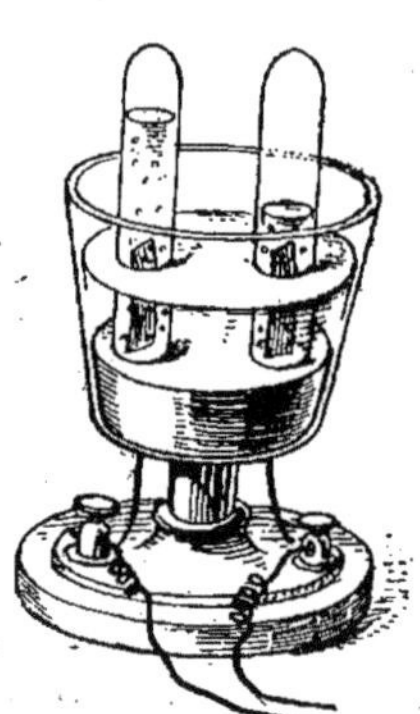

Fig. 134. — Voltamètre.

contenant les pièces à reproduire du générateur du courant, de la pile. Il arriva à recouvrir d'un dépôt de métal non seulement des objets métalliques, mais encore des moules en matière quelconque : plâtre, gutta-percha, cire, etc. Pour rendre ces substances bonnes conductrices de l'électricité, il suffisait de les recouvrir d'une couche de plombagine avant de les suspendre dans le bain.

Cette dernière invention faisait désormais passer la *galvanoplastie* dans le domaine pratique, car elle donnait le moyen de reproduire avec une fidélité scrupuleuse les objets moulés, quels qu'ils fussent. C'est à la galvanoplastie que l'on doit la reproduction d'un grand nombre de chefs-d'œuvre de différentes époques, sculptures, bas-reliefs, ciselures, exécutées par les plus grands artistes. Les dépôts galvaniques ont permis de mettre à la disposition de tout le monde, et pour un prix modéré une orfèvrerie plus légère et presque aussi belle que les pièces en métal massif. La métallisation a donné les candélabres et les fontaines en fonte cuivrée dont l'aspect se rapproche du bronze, et supprime l'emploi de la peinture qui empâte les reliefs de la ciselure. Enfin, la découverte des procédés industriels de dorure et d'argenture par le courant électrique, réalisée en 1850 par Elkington et de Ruolz, ont permis de supprimer l'emploi meurtrier du mercure dans ces opérations. On peut donc affirmer, en dernier lieu, que la vulgarisation des procédés électrochimiques a été un réel bienfait pour l'industrie car ils ont permis de réaliser facilement une foule de travaux qui, jusqu'alors, étaient ou trop coûteux ou dangereux.

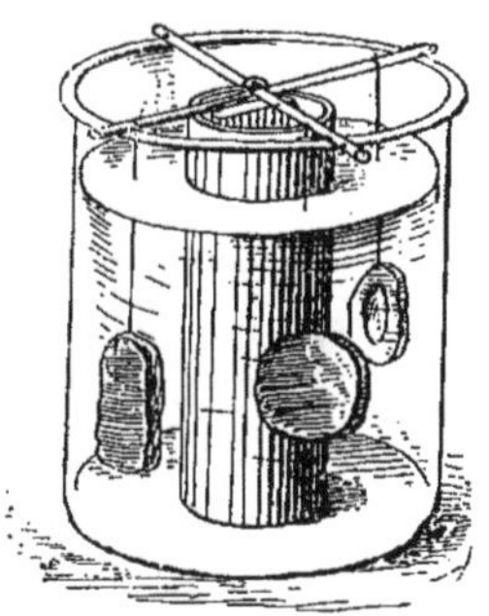

Fig. 135. — Appareil simple.

Nous examinerons tout d'abord la question des dépôts métalliques, avant de parler des procédés galvanoplastiques.

L'outillage essentiel de l'électrochimiste se compose d'une source d'électricité : piles primaires (fig. 137 et 138), accumulateurs, ou dynamo (fig. 146) donnant un courant de grande intensité sous un voltage faible, 4 volts environ par bain ; et d'une ou plusieurs cuves (fig. 135 et 139) contenant les objets sur lesquels on opère le dépôt métallique. Ces cuves sont en verre, en bois doublé de gutta-percha ou de plomb, en grès, etc. Elles contiennent, suspendues à des triangles, les *anodes* solubles, et les *cathodes* à recouvrir.

La dorure galvanique peut s'exécuter à froid ou à chaud, mais la composition des bains n'est pas la même, suivant que l'on agit à haute ou à basse température. Les objets à dorer sont d'abord soumis à une série d'opérations préliminaires ayant pour but d'éviter leur oxydation ou leur graissage. Après le polissage, les pièces sont déposées dans un baquet d'eau de chaux légère d'où on ne les retire qu'au moment de les travailler. Elles sont d'abord dégraissées soigneusement, soit sur un feu doux soit à l'essence. On les essuie et on les décape dans une solution bouillante et concentrée de potasse. Après le décapage, les pièces passent au bain de dérochage, et cette opération est suivie d'un passage dans la bouillie de chaux dont on frotte énergiquement le métal à l'aide d'une brosse en crin dur munie d'un long manche. Les pièces décapées et poncées sont rincées à l'eau claire et plongées ensuite pendant quelques

Fig. 136
Anode.

Fig. 137. — Élément au sulfate de cuivre, à ballon.

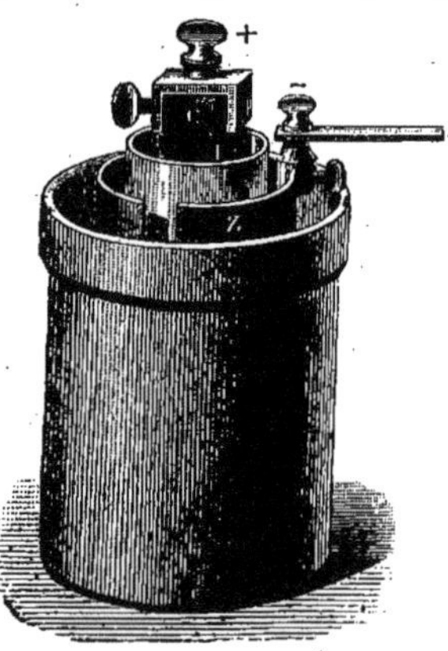

Fig. 138. — Élément Bunsen pour les usages de la galvanoplastie.

minutes dans de l'eau acidulée au dixième. On lave encore, puis on les passe dans trois bains successifs, le premier dit à l'*eau-forte vieille*, composé d'acide azotique affaibli, le second d'*eau-forte*, contenant de la suie calcinée et du chlorure de calcium dissous dans l'acide nitrique, le dernier, dit *bain à brillanter*, composé d'un mélange d'acide azotique et d'acide sulfurique additionné d'un peu de sel marin. On passe les pièces rapidement dans ce bain, sans les y laisser séjourner, puis on les lave encore une fois à grande eau. Ces diverses opérations, avec des variantes résultant de la nature des objets à recouvrir, précèdent la plupart des opérations électrochimiques.

Pour la dorure galvanique à froid, on emploie un bain formé d'une solution de chlorure d'or dans le cyanure de potassium, (100 grammes d'or et 200 grammes de cyanure pour 10 litres d'eau distillée). L'anode est une plaque d'or que l'on suspend dans la cuve par des fils de platine, et que l'on retire aussitôt qu'on arrête le fonctionnement. La couleur de la dorure indique la marche de l'opération : si elle paraît rouge ou noirâtre c'est que le courant est trop intense et il faut le réduire ; si elle est grise, c'est qu'il y a trop de cyanure, et il faut ajouter du chlorure d'or.

La dorure à chaud s'opère avec des bains que l'on maintient à une température de 50 à 80 degrés. Les solutions sont contenues dans des auges en porcelaine allant au feu ou des vases de fonte émaillée. Les objets à dorer sont suspendus à une traverse de cuivre reliée au pôle négatif (zinc) de la pile ; on peut employer une anode en platine plongeant plus ou moins dans le liquide et qui permet de régler facilement la rapidité du dépôt. Les bains sont composés de chlorure d'or et de cyanure de potassium, corps auxquels on ajoute du phosphate et du bisulfite de soude, on fait encore usage d'oxyde ou de sulfure d'or au lieu de chlorure.

Pour la dorure à chaud du zinc, de l'étain, du plomb, de l'antimoine et des alliages de ces métaux, il est bon de les recouvrir préalablement d'une mince couche de cuivre, toujours par procédé galvanoplastique.

On peut obtenir une dorure de couleur verte en ajoutant au bain d'or une solution très étendue de nitrate d'argent, une dorure rose avec un mélange de bains d'argent, d'or et de cuivre, une dorure rouge avec un bain d'or et de cuivre.

Les combinaisons que l'on peut réaliser sont nombreuses, et ces colorations, associées aux réserves ou *épargnes* ménagées sur les objets à dorer, permettent d'obtenir des effets artistiques variés et très curieux.

Pour l'argenture, il suffit de préparer un bain renfermant 10 grammes d'argent par litre, en faisant dissoudre dans 10 litres d'eau 250 grammes de cyanure de potasium. On agit jusqu'à dissolution complète et on filtre. L'argenture s'opère à froid, sauf pour les objets préalablement cuivrés. La méthode de procéder est analogue à celle usitée pour la dorure. On prend les mêmes cuves ; les anodes et les objets devant recevoir le dépôt métallique sont suspendus aux mêmes pôles. Les anodes, en argent pur, sont suspendues par des fils de platine aux tringles et plongent entière-

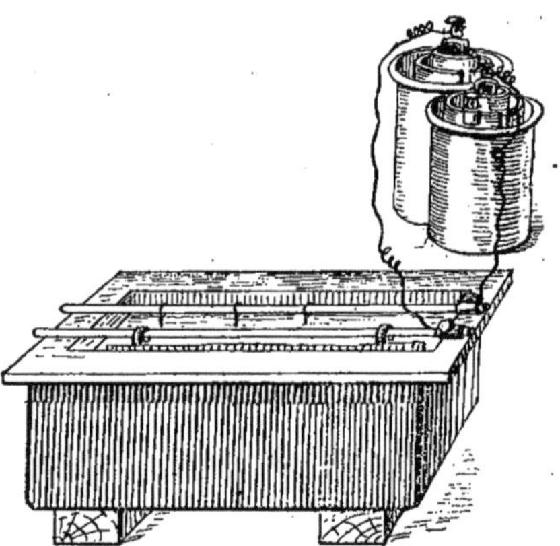

Fig. 139. — Bain galvanoplastique alimenté par piles de Bunsen.

ment dans le liquide. La distance de l'anode aux objets à argenter est de 8 à 10 centimètres et sa surface à peu près égale à celle de ces objets. Le courant doit avoir une tension de 2 à 3 volts et son intensité ne doit pas dépasser 1/2 ampère par décimètre carré. Enfin, la durée de l'opération, pour un dépôt de bonne qualité et d'épaisseur suffisante, varie entre trois et huit heures, suivant la rapidité du dépôt, qui dépend de l'intensité du courant.

Au lieu de cyanure d'argent, ou peut employer du carbonate, du chlorure, du phosphate on du borate d'argent, avec une proportion déterminée d'hyposulfite de soude, ou de ferrocyanure de potassium.

Le nickelage est une application qui a pris une grande extension, depuis que le prix du nickel a diminué au point de rendre usuel, les usages de ce métal. Aujourd'hui une foule d'objets de toutes sortes sont recouverts d'une couche de nickel déposée par voie électrolytique. La robinetterie, les pièces de mécanique en tous genres, les articles de sellerie, de coutellerie, les armes, les appareils de physique et d'électricité, sont nickelés, autant dans un but décoratif que pour la facilité avec lequelle on peut entretenir ces objets dans un état constant de propreté. Le nickelage constitue donc une branche importante de l'électricité en même temps qu'une industrie intéressante.

Les pièces à nickeler doivent subir les opérations préliminaires que nous avons indiquées. Après avoir été dégraissées, décapées, dérochées et poncées, on les passe au bain à brillanter et on les suspend à une tringle reposant sur les rebords de la cuve électrolytique de façon qu'elles baignent dans le liquide. Les bains de nickelage sont composés d'une dissolution de sulfate double de nickel et d'ammoniaque ; on a également préconisé l'emploi du chlorure ou de l'azotate de nickel en solution avec le bisulfite de soude, le chlorhydrate d'ammoniaque et l'acide benzoïque.

Pour la rapidité du dépôt, avec un bain renfermant 10 grammes de nickel par litre, la moyenne est de $1^{gr},8$ par heure et par décimètre carré de surface à nickeler. Le courant électrique ne doit pas être trop intense, sans quoi le nickel se dépose sous forme de poudre grise ou noire sans aucune adhérence avec la pièce à recouvrir. Au sortir du bain, les pièces sont soigneusement rincées dans l'eau claire et mises à sécher dans le sciure de bois chaude.

Pour les dépôts de nickel sur le fer, la fonte, l'acier, comme pour la dorure et l'argenture, il est d'usage de recouvrir au préalable les pièces d'une mince couche de cuivre qui rendra le nickel plus adhérent. Les bains de cuivrage sont les plus faciles à préparer ; ils se composent d'une solution de carbonate ou d'acétate de cuivre dans l'eau distillée ; on y ajoute en proportions variables, du cyanure de potassium, du chlorhydrate d'ammoniaque, du carbonate et du sulfite de soude, etc. Les formules de bain de cuivrage sont nombreuses.

Quand il s'agit de déposer le cuivre sous une forte épaisseur, on fait usage de bains acides au sulfate de cuivre, dont messieurs Oudry, Weil, Gauduin et Cadiat ont donné la formule. Ce dernier procédé donne même la possibilité de déposer des alliages de cuivre, le bronze et le laiton sur la fonte, le fer et l'acier, avec une adhérence parfaite. La force électromotrice du courant employé présente alors une grande importance pour obtenir un bon dépôt, surtout avec des anodes en alliage. La tension doit varier entre 0,5 et 1,2 volt, et l'intensité ne pas dépasser 1 ampère par décimètre carré : on obtient ainsi une couche de métal très uniforme et d'une densité convenable ; avec des cuves de grandes

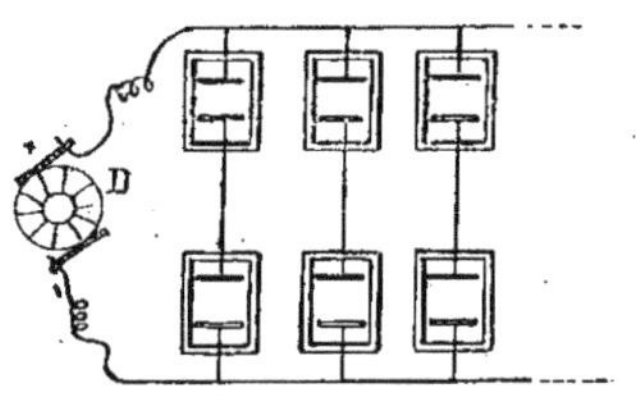

Fig. 140. — Montage de bains électrochimiques en surface.

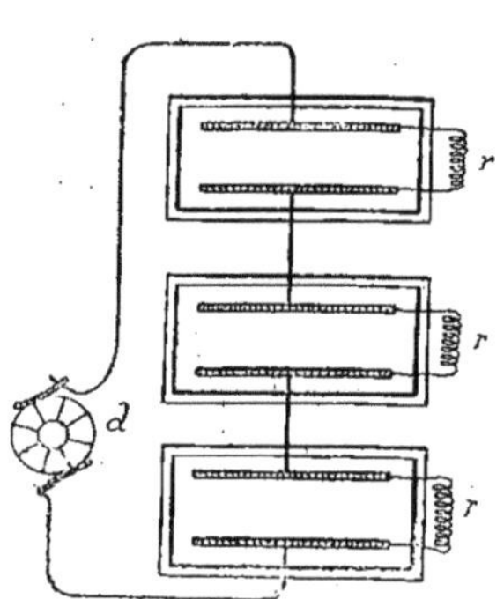

Fig. 141. — Montage de bains en tension.

dimensions, on peut recouvrir de cuivre des candélabres, des statues et même des groupes entiers en fonte, par le procédé Cadiat exploité par plusieurs maisons.

De même que l'on peut déposer du cuivre métallique à la surface d'un autre métal, on peut, avec des bains de composition particulière, déposer des alliages, tels que le laiton et le bronze, et des métaux communs, comme le zinc, le plomb, le bismuth, ou rares, comme le chrome, le palladium, le platine. Tous les traités récents d'électrochimie contiennent les formules de ces bains et les principes qu'il est nécessaire d'observer pour obtenir des résultats satisfaisants.

Si nous arrivons maintenant à la galvanoplastie proprement dite, nous verrons tout d'abord que le principe de cette application repose sur ce fait qui si la combinaison chimique d'un métal avec un autre, est maintenue en dissolution dans l'eau et que le bain ainsi constitué soit traversé par un courant électrique, ce sel est décomposé en ses deux éléments. L'acide se porte sur l'électrode en relation avec le pôle positif de la pile, le métal se rend sur l'électrode négatif. Or, si l'électrode est un simple fil, le métal se dépose à l'extrémité, s'y amasse à l'état de molécules ou de particules extrêmement petites, qui se réunissent, se soudent les unes aux autres et forment bientôt une masse compacte de métal absolument pur. Mais si, au lieu de laisser l'extrémité libre de l'électrode négative plonger dans le bain, on la termine par un objet métallique, le métal du sel chimique, rendu libre, s'amasse sur cet objet et en reproduit très fidèlement les moindres reliefs et tous les creux. Après un certain temps, quand on sépare la couche de métal déposée, on obtient une reproduction exacte et inverse de l'objet original, c'est-à-dire que les parties en creux sur ce dernier sont en relief sur l'épreuve, et *vice versa*.

Tous les métaux, quand ils sont à l'état de dissolutions salines peuvent être revivifiés par l'électricité, mais c'est principalement avec le cuivre, l'or, l'argent, le cobalt et le nickel que l'on obtient les meilleurs résultats. Avec le cuivre, on reproduit les médailles, les bas-reliefs, les statues, les bustes, les ornements métalliques, mais les trois autres métaux ne sont guère employés que pour couvrir le cuivre et le fer. De ces deux opérations distinctes dérivent deux branches de l'électro-métallurgie : la galvanoplastie qui reproduit les objets, tire plusieurs épreuves d'un seul modèle comme le fait le fondeur en bronze quand il obtient d'un moule unique plusieurs reproductions d'une œuvre sculptée ou ciselée : la seconde branche a pour objet la dorure, l'argenture, le nickelage, en un mot tous les dépôts de métaux les uns sur les autres et dont il vient d'être question plus haut.

Il existe plusieurs procédés pour reproduire les rondes-bosses par la galvanoplastie. Quand le moule ne comporte que des creux et des reliefs peu accentués, on l'entoure simplement d'un fil de cuivre formant crochet à sa partie supérieure pour pouvoir le suspendre à la tringle reliée au pôle négatif de la source de courant. Lorsque les inégalités sont très prononcées, on dispose une carcasse métallique en fils de cuivre ou de plomb épousant les creux et les reliefs du moule, et qui facilite la répartition du courant ainsi que le dépôt du métal dans les moindres recoins du moule. On connaît plusieurs moyens pratiques d'arriver à un résultat satisfaisant ; le procédé Bouilhet, adopté par la maison Christofle, est le plus usité.

L'opération la plus importante de la galvanoplastie est celle du moulage, qui consiste à prendre une empreinte de l'objet à reproduire, empreinte qui est mise ensuite au bain au lieu de l'original qui pourrait être détérioré par son séjour dans un liquide acide. Il existe de très nombreuses méthodes de moulage, suivant la nature des pièces, la délicatesse des détails, etc. On emploie donc, suivant le cas, les alliages fusibles, la cire, la gélatine, la gutta-percha, le plâtre, etc. Quand le moule est composé d'une matière non-conductrice de l'électricité, on est obligé, avant de le mettre au bain, de le *métalliser*, en le recouvrant d'une couche homogène de platine que l'on étend à sa surface à l'aide d'une brosse douce d'horloger. Les moules en plâtre sont rendus au préalable, imperméables en les plongeant dans de la stéarine ou de la paraffine bouillante.

On est parvenu à reproduire par la galvanoplastie des objets naturels : fleurs, fruits, feuilles, branchettes que l'on dispose isolément ou en groupes pour constituer des motifs d'ornementation ou de décoration intérieure. Le secret de l'obtention de ces objets, dont on admire la surprenante délicatesse, réside dans la métallisation parfaite de l'objet original. La méthode par voie humide (solution de nitrate d'argent étendue à deux ou trois reprises sur l'objet et réduite par la vapeur d'une solution concentrée de phosphate dans le sulfure de carbone), convient particulièrement aux pièces délicates, telles que dentelles, mousses, feuillage, insectes, etc. La métallisation une fois opérée, la pièce à recouvrir est plongée dans le bain galvanoplastique et se recouvre d'une couche de cuivre mince et uniforme qui reproduit, surmoule pour ainsi dire, ses moindres détails. L'objet ainsi cuivré reste enfermé dans sa gaine métallique s'il n'y a pas d'inconvénient à l'y laisser, ou bien on l'extrait par combustion ou au moyen des acides, et on remplit le vide par un métal fusible. Dans ces opérations, la science intervient peu ; c'est surtout matière à tours de main, et la réussite dépend surtout de l'adresse et de l'intelligence de l'ouvrier.

On a appliqué encore la galvanoplastie à la reproduction des gravures, au recouvrement des objets en bois découpé, au damasquinage et à la ciselure, et les résultats ont été satisfaisants dans toutes ces circonstances.

L'épreuve galvanoplastique démoulée est rouge sale, recouverte de bavures du moule et d'impuretés. Pour lui donner son aspect définitif, il faut la *mettre en couleur,* suivant le terme consacré. On la recuit donc sur un feu doux, on la soumet à l'effet d'une lessive bouillante de potasse, ou d'huile de colza.

On la nettoie avec de l'alcool, de la benzine, de l'essence de térébenthine et enfin avec une bouillie claire de blanc d'Espagne et d'eau. On laisse sécher et on plonge la pièce dans une solution légère d'acide chlorhydrique. Le blanc ayant complètement disparu, on lave à l'eau claire et on sèche dans la sciure de bois. On peut enfin donner une teinte de bronze en badigeonnant la pièce avec une bouillie de rouge d'Angleterre, sanguine et plombagine. On chauffe lentement l'épreuve pendant qu'on passe la bouillie, puis on la frotte, après refroidissement, avec une brosse enduite d'encaustique.

Les méthodes électrolytiques ont encore été employées pour obtenir l'affinage des métaux que l'on débarrasse de leurs impuretés et qui se déposent avec une grande pureté. C'est d'abord du raffinage du cuivre natif que l'on s'est occupé. M. Gramme, d'abord, MM. Marchèse, Elmore et Thofern ensuite, ont indiqué des procédés économiques de préparation du cuivre électrolytique chimiquement pur. On a reconnu que la meilleure disposition à donner aux bains consistait à les monter en tension et non en dérivation. On obtient un dépôt de 1 gramme de cuivre par ampère-heure dépensé avec un voltage de 0,4 volt par cuve ; la densité de courant peut être portée jusqu'à 180 ampères par mètre carré. Le traitement des minerais de cuivre par ces procédés n'est pas très coûteux.

Dans le but d'affiner les plombs argentifères et obtenir le plomb chimiquement pur nécessaire à la fabrication des plaques d'accumulateurs, M. D. Tommasi, le savant électrochimiste, a imaginé un électrolyseur, dont le rendement est très élevé. La dépense de l'affinage par le passage du métal dans l'appareil, se trouve amplement couverte par la plus value de la poudre de plomb pur recueillie et le prix de l'argent retiré des plombs même de faible teneur argentifère. Il y a, dans l'utilisation rationnelle de l'électrolyseur Tommasi, un procédé électro-métallurgique plein d'avenir et fécond en résultats pratiques de première utilité [1].

(1) Cet électrolyseur se compose d'une cuve rectangulaire dans laquelle on verse une solution d'acétate double de plomb et de sodium additionnée de cer-

L'argent et l'or peuvent être extraits par procédés électrolytiques. Dans le système dû à Mœbius, on sépare l'or de l'argent aurifère. Les anodes sont en argent, entourées de toiles filtrantes, le liquide est une solution faible de nitrate d'argent. L'or peut être retiré des détritus appelés *slimes* ou *tailings* en ajoutant à ces boues une faible proportion de cyanure de potassium. On électrolyse le mélange par un courant faible (0,6 ampère par mètre

Fig. 142. — Electrolyseur de Tommasi.

carré sous une tension de 4 volts) et l'or se dépose sur des cathodes de plomb, tandis que les anodes, en tôle, enfermées dans des toiles, retiennent le précipité de bleu de Prusse qui s'y dépose.

Il est également possible de traiter directement par l'électrolyse certains minerais pour en retirer le métal qu'ils contiennent. Ainsi pour l'aluminium, on applique les procédés de Héroult et de

tains produits qui ont pour but de diminuer la résistance électrolytique du bain et d'empêcher la formation du peroxyde de plomb.

Les anodes sont en plomb; entre elles se trouve la cathode, constituée par un disque métallique pouvant être animé d'un mouvement de rotation. Un segment seulement de ce disque plonge dans le liquide; cette partie du disque est ainsi alternativement dans l'air et dans l'électrolyte. La partie qui émerge passe entre deux frotteurs qui enlèvent le plomb spongieux au fur et à mesure de sa production et provoquent la dépolarisation de cette cathode. Le métal détaché tombe dans des rigoles où on le recueille.

Avec ce procédé, la formation d'une tonne de plomb spongieux revient à 10 francs.

Hall. L'alumine en solution dans la cryolithe fondue est décomposée électrolytiquement dans un récipient en charbon contenant une anode de même matière.

Depuis que l'électricité a pris le développement que l'on connaît, c'est surtout dans le domaine des transformations chimiques qu'elle a donné les résultats les plus avantageux et quel-

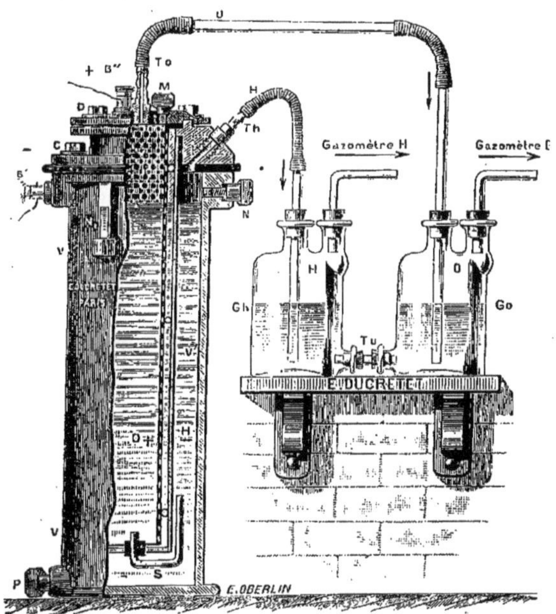

Fig. 143. — Voltamètre industriel de Renard (construit par Ducretet.

quefois les plus inattendus. La première expérience de Carlisle et Nicholson sur la décomposition électrolytique de l'eau a été reprise et aujourd'hui l'on dispose de plusieurs systèmes de voltamètres, tels que ceux de Garuti, Latchinov, Schmit, Renard, permettant d'obtenir soit les deux gaz mélangés, soit séparément l'oxygène et l'hydrogène. Mais il est indispensable de disposer pour cette fabrication, d'énergie électrique d'un prix très modéré, comme c'est le cas avec les chutes d'eau, car un mètre cube de gaz mélangés (2/3 hydrogène, 1/3 oxygène) exige une quantité d'énergie égale à 4,2 kilowatts-heure aux bornes des appareils. Suivant le prix du kilowatt-heure, il est facile de déterminer le coût du mètre cube de gaz. Cependant, cette méthode, de fabrication a reçu plusieurs applications, car elle permet d'obtenir de l'hydrogène et de l'oxygène absolument purs, et dont les usages industriels vont se multipliant de jour en jour.

Le chlore et les hypochlorites peuvent être préparées par l'électrolyse du chlorure de sodium (sel marin). Pour séparer le chlore et la soude, on emploie des diaphragmes en parchemin végétal ou en porcelaine d'amiante et des cathodes en mercure qui absorbent le sodium à mesure qu'il se produit. Dans le procédé Lyte on utilise le chlorure de calcium ou de magnésium, résidus de certaines industries, en les transformant d'abord en chlorure de plomb que l'on électrolyse ensuite. L'acide azotique recueilli sert à former le nitrate de plomb avec lequel on produit le chlorure. Pour rendre les anodes inattaquables par le chlore dégagé, on les fait en platine recouvert de mousse de platine ou en charbon graphitique moins coûteux d'achat.

Pour l'obtention des hypochlorites, on électrolyse des solutions faibles de chlorure de sodium à la température ordinaire. Le liquide circule rapidement dans les cuves et il doit être ensuite utilisé sur place pour le blanchiment, la désinfection des eaux industrielles ou d'égout, etc. On utilise toujours les mêmes solutions en compensant les pertes de sel entraînées par les matières traitées. Des appareils spéciaux pour cette opération ont été combinés par MM. Kellner, Corbin, Hermite, Schuckert, Wolfgesang, etc. La production varie entre 2 et 3 kilogrammes de chlore par kilowatt-heure et le prix oscille entre 30 et 75 centimes par kilogramme de chlore produit.

La soude caustique, le chlore et la soude peuvent encore être obtenus par les procédés Castner et Hulin. Dans le premier, on traite une solution concentrée de lessive de soude et on retire 00 p. 100 de soude caustique pure. La force électromotrice du courant est de 4 volts. Dans la méthode de Hulin, on opère par voie humide, les sels étant dissous, et par voie sèche, les sels étant fondus. L'électrolyse est faite à chaud en traitant un mélange de chlorure de plomb et de chlorure de sodium. La concentration s'opère peu à peu sans évaporation et on obtient de 750 à 800 grammes d'alcali monohydraté par litre, soit 40 degrés. Il reste peu à faire pour arriver à 60 degrés, et la soude ne contient aucune trace de plomb.

On peut encore fabriquer par des procédés électrolytiques spéciaux, le chore et le chlorate de potassium, le sodium et le carbonate de sodium. Avec les méthodes perfectionnées actuellement en vigueur on a recueilli des chiffres d'exploitation définitifs. On sait que 1 ampère-heure produit 1gr,2 de soude caustique et 1gr,05 de chlore. La fabrication de un kilogramme de soude caustique engage 1.400 grammes de chlorure de sodium, et exige une quantité d'énergie de 3 kilowatts-heure avec une tension de courant de 3,5 volts aux bornes des bains. La quantité de chlore dégagée correspondante est de 880 grammes.

La production de 1 kilogramme de chlorure de chaux nécessite 350 grammes de chlore et 600 de chaux ; la fabrication de 1 kilogramme de soude correspond à 2kil,5 de chlorure de chaux.

La fabrication des couleurs à base métallique a trouvé dans l'électrolyse un moyen précieux de préparer rapidement et plus économiquement ces produits, parmi lesquels nous citerons le jaune de cadmium, le vermillon d'antimoine, le vermillon, le vert de Scheele, le vert mitis, le rouge japonais, le bleu de Prusse, le blanc de céruse, etc. Les bains sont composés d'une solution acide de l'un ou de l'autre de ces métaux, et le passage du courant amène le dépôt de la matière colorante métallique que l'on recueille pour broyer à l'huile et former la couleur.

L'électrolyse produit sur les composés organiques les actions les plus variées, entre autres, les phénomènes d'oxydation par dégagement d'oxygène, de réduction par dégagement d'hydrogène, de substitution, en donnant naissance au brome, au chlore, à l'iode par l'effet du courant, en fin de transformation, en produisant un corps nouveau qui réagit et modifie la composition de la substance traitée. En conséquence, cette méthode judicieusement appliquée permet de purifier économiquement les eaux potables en détruisant les matières organiques tenues en suspension, d'améliorer les jus sucrés traités dans les sucreries et de préparer économiquement de nombreuses matières colorantes. Pour cette dernière application, l'électrolyseur est divisé en deux parties par une cloison poreuse ; le produit à traiter est emmagasiné du côté de l'anode si l'on veut obtenir son oxydation, et du côté de la cathode si l'on veut produire sa réduction.

Certains alcools pharmaceutiques, tels que le chloroforme, le bromoforme et l'iodoforme peuvent être fabriqués économiquement par l'électrolyse de solutions de sel marin et d'acétone chauffées à 100°, pour les premiers de ces corps, de solution de bromure ou d'iodure de potassium pour les deux derniers.

L'électrolyse a encore été utilisée, dans ces dernières années, pour la rectification, la synthèse, le vieillissement artificiel des vins, alcools et hydromels, pour le tannage rapide des peaux, à la récupération de la glycérine et de la soude caustique des lessives de savon, etc. Mais la plupart de ces applications ne sont encore qu'à la période expérimentale, et n'auront leur plein développement qu'au cours de ce siècle. Quoi qu'il en soit, cette énumération succincte permet de se rendre compte de l'infinie variété de circonstances dans lesquelles le courant électrique peut apporter son utile concours aux manipulations chimiques, qui ont reçu, du fait de l'invention de ces nouvelles méthodes, une impulsion extraordinaire et qui ne fera encore que se développer avec le temps.

CHAPITRE XI

L'Électro-métallurgie.

Electrochimie, électrothermie, électro-thermochimie. — La chaleur de l'arc voltaïque. — Le four électrique. — Fabrication industrielle du carbure de calcium et des carbures métalliques. — Le ferro-silicium, le carborundum. — Fabrication de l'aluminium du four électrique. — Electro-métallurgie du fer et de l'acier, procédés divers.

L'électricité peut agir de plusieurs manières différentes dans les opérations chimiques. L'*électrochimie* embrasse toutes les manipulations dans lesquelles l'énergie du courant intervient pour séparer, dissocier, dans des solutions métalliques, le métal de l'oxygène. Elle diffère de l'*électrothermie*, où l'énergie électrique, sans modifier les propriétés chimiques des corps ni leur composition, a pour but de produire une élévation de température considérable permettant de séparer un métal de son minerai. L'ensemble des applications dans lesquelles la chaleur développée par le passage du courant dans la substance traitée produit des séparations ou des combinaisons chimiques s'appelle *électro-thermochimie*. Ce sont ces deux dernières méthodes que nous étudierons dans le présent chapitre.

Les appareils employés pour produire ces réactions peuvent être rangés dans deux catégories. Dans les uns, la substance à chauffer n'a aucun contact direct avec les électrodes entre lesquelles on fait jaillir un arc voltaïque, tandis que, dans les autres, c'est le passage du courant à travers la matière elle-même qui amène son échauffement. Le premier moyen est mis en usage quand on a besoin de températures extrêmement élevées, la chaleur de l'arc étant évaluée à 3500 degrés. Le second fournit un chauffage plus régulier et la température dépend de la différence de potentiel entre les électrodes, différence qui est liée à l'intensité du courant et à la résistance électrique des matières traitées. On conçoit qu'il est facile, par conséquent, de faire varier la température entre des limites assez étendues.

Le *four électrique* combiné par M. Moissan, membre de l'Institut, était composé de deux briques de chaux vive superposées et contenant, dans une cavité creusée dans leur milieu, des élec-

Fig. 144. — Four électrique de laboratoire modèle Ducretet (avec aimant directeur).

trodes en charbon dont l'écartement pouvait être réglé à volonté. Les échantillons à traiter étaient déposés dans la cavité inférieure formant creuset. C'est avec ce modèle primitif, et en employant un courant puissant, que ce savant put préparer et affiner des métaux difficiles à préparer dans les fours ordinaires, tels que le chrome, l'uranium, et obtenir toute une série de carbures métalliques dont le plus connu est le *carbure de calcium*, qui dégage du gaz acétylène par le contact de l'eau, et constitue un procédé très simple d'obtention d'une lumière très intense.

Le four électrique a été perfectionné, en passant du laboratoire à l'usine par les industriels qui l'ont appliqué à la métallurgie de divers métaux tels que l'aluminium, le silicium, et même de l'acier et du fer. Les types dus à Bullier, Minet, Héroult, Cowles, Keller, Stassano et Harmet, Menges, Kjellin, etc., ont fourni d'excellents résultats et sont très appréciés.

La fabrication du carbure de calcium constitue aujourd'hui une importante industrie, et l'énergie électrique produite par la « houille blanche », a trouvé là un débouché sérieux car il est indispensable, pour cette opération, comme d'ailleurs pour presque toutes celles du domaine de l'électrochimie, de disposer de quantités considérables d'énergie, à un prix aussi bas que possible. On fait usage, dans les usines des Alpes françaises, de courants alternatifs de basse fréquence (15 à 25 périodes par seconde) monophasés ou triphasés, produits par des alternateurs homopolaires, situés près des fours, et accouplés directement aux turbines motrices. Les fours à arc voltaïque demandent un courant de 45 à 50 volts de tension, ceux à incandescence de 30 à 35 volts; l'intensité peut être portée jusqu'à 10.000 ampères. On peut alimenter plusieurs fours en dérivation sur un seul alternateur pour régulariser le fonctionnement; M. Bertolus a établi en 1897 des fours à courants triphasés à triple arc. Avec ce système, on peut utiliser jusqu'à 1.000 kilowatts par four, ce qui est la limite actuellement atteinte en cet ordre d'idées.

La production qui était de 3 kilogrammes de carbure par kilowatt-jour électrique en 1891 dépasse aujourd'hui 6 kilogrammes pour la même dépense d'énergie. La fabrication s'opère en tassant dans le four un mélange de chaux vive en poudre (protoxyde de calcium) et de coke finement pulvérisé, dans la proportion de 87,5 parties de chaux pour 56,2 de carbone. Ce mélange est disposé entre les deux électrodes de charbon aggloméré artificiel servant à amorcer la formation de l'arc voltaïque. On fait passer le courant et, la réduction achevée, on extrait du four un carbure que l'analyse montre être composé de 60 p. 100 de calcium et 27 de carbone. Il se dégage, pendant la réaction, 47 parties d'oxyde de carbone, gaz qui s'échappe dans l'atmosphère.

Non seulement le carbure de calcium est utilisé pour la préparation du gaz acétylène, mais, en raison de son pouvoir réducteur élevé, il sert à fabriquer certains métaux ou alliages en partant des chlorures ou des sulfures correspondants. C'est ainsi que l'on obtient les ferro-manganèse, ferro-chrome, ferro-tungstène, ferro-bore, le nickel-chrome, le nickel-molybdène, le cuivre-chrome, etc.

Le four électrique a permis à M. Acheson d'obtenir un corindon artificiel très dur, carbure de silicium ou siliciure de carbone, qu'il a appelé le *carborundum*. Ce corps est composé d'un mélange de coke pulvérisé, de sable, de sel marin et de sciure de bois, que l'on dispose dans un four de grandes dimensions revêtu

Fig. 145. — Modèle de dynamo de la Société « Eclairage électrique » pour l'électrolyse.

d'électrodes de charbon entre lesquelles jaillit l'arc. La dépense d'énergie électrique est d'environ 18 kilowatts-heure par kilogramme de carborundum. Une usine montée près des chutes du Niagara produit annuellement 1000 tonnes de cet espèce d'émeri, qui sert au polissage des métaux et au garnissage des fours métallurgiques, car ce corps est insoluble dans le fer en fusion.

On a enfin obtenu, toujours en partant des mêmes principes, du ferro-silicium et du phosphore, mais ces procédés ne sont pas encore sortis de la période expérimentale et d'essais. Nous ne ferons que les mentionner en passant.

C'est surtout pour la métallurgie, par électrolyse des produits fondus, que l'usage des nouvelles méthodes présente d'incontestables avantages sur toutes les autres. L'électro-thermochimie, ou extraction par voie sèche, a été appliquée à plusieurs métaux, notamment à l'aluminium. Nous devons donc en parler ici en détail.

Le procédé Héroult, suivi à Neuhausen et à Froges depuis 1886 consiste dans l'électrolyse de l'alumine dissoute dans la cryolithe. L'alumine traitée doit être exempte de silice, car le silicium s'allierait à l'aluminium pendant la fabrication et on aurait un produit impur. On choisit donc la bauxite rouge, que l'on purifie d'abord chimiquement, avant de la mettre au creuset.

L'électrolyseur est en tôle d'acier et ses parois sont brasquées. Le bain lui-même sert de cathode et les anodes sont des baguettes de charbon, que l'on peut déplacer à volonté, faire descendre dans le bain et remonter. Le métal provenant de la décomposition se porte à l'électrode négative. Au début de l'opération, on dispose dans le creuset les quantités voulues de cryolithe et de bauxite et on en provoque la fusion par le passage du courant; l'électrolyse se produit ensuite aux dépens de l'alumine, de sorte qu'il faut alimenter le bain d'oxyde, mais en même temps on ajoute peu à peu du fondant, c'est-à-dire de la cryolithe pour réparer les pertes. L'opération exige un courant de 7 volts entre les deux électrodes ; on peut donc disposer un voltmètre entre ces électrodes et régler l'addition des produits suivant les indications de cet appareil de mesure. Le plus souvent, au lieu de voltmètre, on emploie une lampe à incandescence de 10 volts ; en marche normale, le filament, sous la tension de 7 volts, rougit légèrement ; si, au contraire, le four demande de l'alumine, le voltage s'élève par le fait de l'augmentation de la résistance du bain ; on voit alors la lampe devenir plus lumineuse. Pour éviter une usure trop rapide des électrodes positives, on maintient à la surface du bain une couche de poussier de charbon. Suivant l'importance du four, la coulée a lieu toutes les 24 ou toutes les 12 heures ou même plus fréquemment si besoin est.

Dans le système Hall, mis en pratique aux Etats-Unis dans une usine de 5000 chevaux recevant son courant des stations hydro-électriques du Niagara, au lieu de cryolithe, on emploie comme fondant du fluorure de calcium (spath fluor), qui augmente la fluidité du bain pour l'alumine : L'opération s'exécute dans une série de creusets en fer, revêtus intérieurement de charbon ; ces creusets servent de cathodes et on y fait plonger une série de charbons formant les anodes. Une tension de 5 volts suffit, mais, suivant la teneur des bains en alumine, la résistance peut varier du simple au quadruple. Une lampe-témoin sert d'indicateur pour le chargement de l'alumine. Chaque creuset fournit environ 50 kilogrammes de métal à 98 p. 100 de pureté en vingt-quatre heures.

Des chimistes allemands, MM. Haber et Geipert ont fait connaître récemment des méthodes perfectionnées de préparation de l'aluminium basées sur les principes que nous venons d'exposer. Leur four consiste en un bloc de charbon aggloméré dans lequel est creusée une cavité pour recevoir les matières à traiter. La consommation d'énergie ressort à 63 chevaux-heure par kilogramme d'aluminium fabriqué. Il a été reconnu qu'il était avantageux de choisir des matières premières aussi pures que possible; les fluorures doubles d'aluminium se prêtent particulièrement bien à l'électrolyse et fournissent un métal excellent.

Les applications de l'aluminium se sont multipliées depuis que l'électrolyse a permis de livrer ce métal à un prix que l'on n'eût osé espérer lorsque Wöhler et Sainte-Claire Deville l'obtinrent au four ordinaire.

Dans toutes les circonstances où la légèreté constitue une condition essentielle, ce métal rend les plus grands services; quand il est nécessaire de lui donner une plus grande ténacité que celle qu'il possède naturellement on l'associe à d'autres métaux qui lui communiquent leurs qualités, et l'on connaît de nombreux alliages, tels que le bronze d'aluminium, qui sont d'usage courant dans une foule d'industries.

On a été longtemps embarrassé par la difficulté de souder l'aluminium à lui-même, mais le problème est maintenant résolu. Le moyen qui paraît le plus simple consiste à chauffer au chalumeau les pièces à réunir; quand elles commencent à se ramollir par l'effet de la chaleur, on les martèle, et la soudure s'opère sans interposition d'aucune brasure, avec une parfaite solidité.

Les métaux alcalino-terreux de la catégorie de l'aluminium sont maintenant obtenus par voie électrolytique comme celui-ci; leur prix, jusqu'alors prohibitif s'est, par suite de l'adoption des nouvelles méthodes électro-métallurgiques, abaissé dans une proportion énorme. De 150 à 200 francs le kilogramme en 1850, il s'est abaissé à moins de 3 francs dans ces derniers temps, et si ce prix ne s'abaisse pas indéfiniment, c'est en raison de l'entente établie entre les producteurs pour maintenir des prix rémunérateurs. Les matières premières, à moins d'être amenées de loin et grevées de lourds frais de transport, sont peu coûteuses, la main-d'œuvre est peu importante, et l'énergie électrique produite par les chutes d'eau, la « houille blanche » est obtenue à un tarif très modéré.

Parmi ces métaux, citons entre autres le magnésium, utilisé pur ou allié à l'aluminium, au cuivre, au manganèse, etc. Il est extrait de la carnallite traitée au four électrique, de la même façon qu'on extrait l'aluminium de la bauxite. L'électrode positive est simplement entourée d'une gaine de porcelaine pour recueillir le chlore.

Une application indirecte de l'aluminium et que son bon marché a permis de réaliser, est ce que l'on a appelé l'*aluminothermie*, procédé qui permet d'obtenir simplement et rapidement des températures élevées, de réduire et fondre les matières les plus réfractaires, simplement en mettant à profit les propriétés réductrices de l'aluminium et l'énorme quantité de chaleur dégagée par sa combustion.

Les moyens opératoires indiqués par M. Goldschmidt sont des plus simples : on dispose dans un creuset brasqué ou en plombagine, un mélange de l'oxyde de métal à réduire et d'aluminium dans des proportions définies par les réactions chimiques à produire. On provoque l'allumage de ce mélange en un point, soit par une flamme de chalumeau, soit à l'aide de petites cartouches renfermant de la poudre d'aluminium et du peroxyde de sodium et de baryum que l'on enflamme avec une allumette-tison. La réaction ainsi amorcée en un point se poursuit et en moins de quelques minutes, le creuset renferme une masse incandescente formée par une scorie de corindon nageant à la surface du métal fondu et réduit. On continue indéfiniment l'opération en ajoutant au fur et à mesure des matières pulvérisées et mêlées dans les proportions voulues. On peut ainsi obtenir directement un grand nombre des métaux dits *réfractaires*, au moyen de la *thermite*, entre autres le chrome, le manganèse, le tungstène, le titane, le bore, le vanadium et leurs alliages avec le fer, tels que le ferro-titane, le ferro-chrome, le ferro-bore, le ferro-tungstène, etc. Ces métaux et alliages sont ainsi obtenus sans carbone, et, par suite, à un haut degré de pureté. Le fait présente un très sérieux intérêt, en particulier pour la fabrication des fers et des aciers alliés au chrome pur et au manganèse.

Après l'aluminium, le magnésium, le sodium, le calcium, on a entrepris la réduction des minerais de fer, dans le but d'obtenir, plus économiquement qu'avec les hauts-fourneaux chauffés à la houille ou au coke, des métaux plus purs, et, dans un ordre d'idées voisin, on annonçait il y a peu de temps, l'installation d'une verrerie outillée de creusets dans lesquels la fusion du verre est obtenue par l'intervention d'un courant électrique de grande intensité.

La métallurgie du fer et de l'acier, à l'aide de l'énergie électrique, est encore à ses débuts ; cependant les premiers résultats obtenus laissent espérer que, là encore, un vaste champ est encore à exploiter et que la récolte sera abondante. Déjà le défrichement est commencé, et la voie qui mènera au succès définitif est tracée. Le four électrique prendra bientôt la place de l'antique haut-fourneau à charbon.

Bien que, vers 1879, Siemens eût décrit un système de four électrique pour la fusion du fer, ce n'est qu'en 1900 que l'étude de la question prit une forme plus concrète. MM. Gin et Leleux d'abord, le Dr Héroult ensuite produisirent du fer et de l'acier dans des fours analogues à ceux que nous avons décrits pour la fabrication du carbure de calcium et d'aluminium. L'usine de la Praz, outillée d'après les procédés Héroult, produit 6 tonnes d'acier par jour, en deux charges. Elle emploie du courant alternatif à la tension de 120 volts ; l'intensité atteignant 4000 ampères. La consommation d'énergie est de 150 kilowatts par tonne de métal.

M. Stassano a organisé en Italie une fonderie basée sur des principes analogues : il utilise la chaleur de l'arc voltaïque, jaillissant entre deux électrodes de charbon, pour réduire les oxydes et fondre des minerais de fer de teneur assez pauvre. Ces minerais sont préalablement purifiés et pulvérisés, puis agglomérés en briquettes ; ou bien on peut fondre, au lieu de minerai, de la fonte brute ou des déchets de fer. Avec les fours de ce système installés à la fonderie royale de Turin, on obtient journellement de 2.000 à 2.700 kilogrammes d'acier pour une consommation de 120 à 140 kilowatts. Le réglage du courant est opéré en rapprochant ou en écartant les électrodes, suivant les indications du voltmètre et de l'ampèremètre. Le fond du four, qui sert de creuset, est revêtu de magnésie pour éviter la carburation du métal fondu. Au début de l'opération, la tension du courant est modérée et on l'augmente progressivement pour l'abaisser de nouveau. Pendant les vingt dernières minutes, elle est portée au maximum. Le traitement d'une charge de 70 kilogrammes donnant 30 kilogrammes de fer dure deux heures.

Fig. 146. — Dynamo à courant de grande intensité pour électrochimie et électro-métallurgie de la Société Gramme.

Un autre procédé, imaginé par MM. Keller, Leleu et Cie est exploité dans une usine hydro-électrique montée à Kerrousse dans le Morbihan. L'installation se compose de deux fours : le premier servant à la fabrication de la fonte brute, l'autre à l'affinage pour la préparation de l'acier. Le premier four rappelle l'aspect d'un haut-fourneau ordinaire, légèrement renflé vers la base pour faciliter la descente des charges. Les électrodes sont disposées en carré au-dessus du creuset ; la fusion et la réduction s'opèrent dans l'espace compris entre les arcs. La sole du four est légèrement inclinée et pourvue de deux ouvertures pour l'écoulement du métal fondu et des scories. La charge du four avec le minerai, le charbon et le fondant s'opère par le gueulard comme dans un haut fourneau ordinaire.

Dans le deuxième four servant à l'affinage, l'excès d'oxyde de carbone produit brûle les impuretés et sépare la scorie du minerai. Il permet de raffiner de 15 à 20 tonnes de métal en une seule opération. D'après M. Keller, il est nécessaire de dépenser 2.600 kilowatts d'énergie par tonne d'acier. Ce chiffre est sans doute élevé, cependant ce procédé n'est pas sans présenter certains avantages, car il est le seul qui puisse s'appliquer à la métallurgie de l'acier dans les pays pauvres en combustible mais où l'on peut capter des chutes d'eau et les transformer en énergie électrique.

Divers autres systèmes de fours ont été proposés et essayés au cours de ces dernières années, notamment par MM. Neuburger et Minet, Cowley, Girod, Harmet, Ruthenburg et Kjellin, ce dernier, en usage à l'usine de Gysinge en Norvège.

L'usine de Froges emploie maintenant, pour cette fabrication, un four spécial dit *à électrode coulante*, différant de ceux que nous avons décrits jusqu'à présent dans ce chapitre, et dont nous ne pouvons nous dispenser de dire un mot. Cet appareil rappelle la forme d'un four à sac, avec creuset en graphite, parois en maçonnerie réfractaire avec deux ouvertures pour l'écoulement de la scorie et du métal fondu. La cathode est constituée par le creuset lui-même: l'autre électrode est disposée verticalement à la partie supérieure de l'appareil. Entre ces électrodes se trouve une masse de graphite en court-circuit avec chacune d'elles. Cette disposition nécessite la présence d'un autre four ordinaire pour amener le minerai à un état pâteux suffisant pour qu'il descende peu à peu dans le four électrique. Ce minerai arrive sur la masse de graphite, fond complètement et tombe dans le four, où il se trouve en contact avec la colonne de coke incandescent qu'il est obligé de traverser. La réduction est complète quand le mélange arrive sur la sole. Les gaz combustibles dégagés pendant la réaction s'échappent par une cheminée spéciale et peuvent être brûlés par le premier four. On obtient, par cette méthode, du fer, de l'acier, des alliages au chrome et au silicium de haute qualité.

La chaleur dégagée par le passage du courant peut encore recevoir des applications toutes différentes de celles étudiées jusqu'à présent et qui ont pour but la réduction des minerais divers et l'extraction des métaux de leur gangue. En dirigeant l'action d'un arc voltaïque sur deux pièces métalliques rapprochées, on peut les ramollir jusqu'à leur point de fusion et les réunir l'une à l'autre par une soudure autogène parfaite. Tel est le principe de la *soudure électrique*, inventée par Elihu Thomson, qui emploie les courants alternatifs et un transformateur, de façon à ce qu'au point d'application de la chaleur, le courant ait une intensité considérable avec une tension très faible, quelques volts seulement. Ce procédé a permis de souder des pièces dont la surface de section atteignait 150 centimètres carrés. Les opérations sont facilitées par ce fait que l'on peut régler facilement la quantité d'énergie dépensée en manœuvrant des bobines de self-induction.

Dans le procédé Bénardos, dérivant du précédent, la source d'énergie est transportable : c'est une batterie d'accumulateurs dont le courant est transmis par des câbles souples, le négatif a une plaque de fonte recevant la pièce à souder, le positif a un charbon maintenu dans un manche isolant et que l'ouvrier appuie sur la pièce reposant sur le marbre. Un arc voltaïque se forme, le métal fond, et la soudure est obtenue. On peut fabriquer ainsi des tuyaux, et même des rivures d'une grande résistance.

La soudure autogène du plomb peut être effectuée de la même manière et avec le même outillage; le résultat est le même qu'avec le chalumeau oxyhydrique.

On a encore utilisé cette source de calorique pour obtenir le recuit local des plaques de blindage de navires, et adoucir les endroits de ces plaques qui doivent être ensuite percés. Le courant arrive aux points voulus de la plaque par des pinces formées de blocs de cuivre refroidis par une circulation d'eau. Quand la température reconnue nécessaire a été obtenue, on diminue progressivement le courant de manière à obtenir un refroidissement très lent de ces parties de la plaque.

Nous devons encore signaler, avant de clore ce chapitre un nouveau procédé de travail électrique des métaux, encore à la période expérimentale, mais qui semble cependant susceptible de nombreuses applications. Nous voulons parler du système *hydrothermique*, basé sur le phénomène qui se produit quand on intercale un liquide composé dans le circuit d'une source à haut potentiel.

Le liquide est enfermé dans une cuve à revêtement intérieur en plomb, constituant une électrode positive de grande surface. Le pôle négatif est formé par le corps qu'il s'agit de chauffer : barre de métal, par exemple, que l'on enfonce dans le liquide. La solution est un liquide alcalin à 20 p. 100. L'électrolyse se produit immédiatement, et l'on obtient autour de la barre un fort dégagement d'hydrogène qui entoure le métal comme d'une gaine très résistante à l'électricité; il en résulte une concentration de chaleur en cet endroit, et le métal est rapidement porté à l'incandescence. La source d'énergie peut être une batterie d'accumulateurs de 50 à 100 éléments; plus le voltage est élevé, plus les phénomènes sont accusés. L'intensité du courant doit être de 4 à 5 ampères par centimètre carré de la surface à chauffer.

Parmi les applications de ce système, on peut citer le sondage, la forge, la trempe, la fabrication des boulons et des rivets, etc. Pour obtenir une trempe parfaite, il suffit de maintenir la pièce à tremper pendant quelques instants dans le bain; quand on juge suffisante la température atteinte, on coupe le circuit, l'action électrolytique cesse, et le métal, très fortement chauffé se trouve instantanément en contact avec un liquide froid; la trempe est ainsi obtenue sans aucun déplacement de l'objet. Pour effectuer le recuit, on chauffe la pièce par la même méthode, mais on la sort du bain, au lieu de la laisser séjourner dans le liquide froid. Cette manière d'agir peut présenter des avantages sur les autres méthodes, parce que le métal est bien préservé de l'oxydation pendant ces diverses manipulations; la zone chauffée peut être limitée exactement, et l'on peut donner le degré de dureté que l'on désire à telle ou telle partie d'une pièce quelconque, qui peut être ensuite travaillée suivant le besoin, percée, tournée, etc.

Telles sont les principales opérations électro-métallurgiques actuellement réalisées, mais cette voie présente encore plus d'une surprise et le dernier mot n'a pas encore été dit dans cette branche de l'électricité.

CHAPITRE XII

Les Télégraphes.

Principes de la télégraphie. — Appareils à signaux visuels. — Appareils imprimeurs. — La télégraphie sous-marine. — Les récepteurs. — Les câbles. — La télégraphie sans fil par ondes hertziennes. — Expériences de Marconi, Popoff, Rochefort, etc.

L'art des signaux est aussi ancien que l'humanité. Dès que l'homme préhistorique eut quitté sa caverne pour se lancer à la chasse des animaux sauvages (ou de ses congénères bipèdes), il imagina des cris convenus pour annoncer son retour à sa famille ou à sa sauvage tribu. Plus tard, quand la civilisation fut assez avancée pour que l'art de la guerre fût à peu près inventé, des bûchers élevant leurs flammes sanglantes vers le ciel servirent à transmettre au loin une nouvelle ou un ordre aux amis ou alliés. De là à l'invention des phares, il n'y a qu'un pas, qui fut franchi 285 ans avant notre ère par un roi d'Egypte, Ptolémée, qui fit élever une tour portant un feu signal dans l'île de Pharos.

De siècle en siècle, ces moyens primitifs de communication furent améliorés, mais il faut en arriver au XVIIIe siècle pour rencontrer le premier système de télégraphe par signaux optiques, capable de rendre de réels services. Ce système fut inventé, on ne l'a pas oublié, par le Français Claude Chappe, et il resta en vigueur jusqu'à ce que la télégraphie électrique l'eût supplanté en raison de son incontestable supériorité.

C'est l'année 1837 qui vit paraître le premier appareil de télégraphe, et ce fut le savant anglais Wheatstone qui le combina. Il était basé sur l'emploi de plusieurs galvanomètres; le transmetteur était composé de boutons d'ivoire poussant des ressorts métalliques destinés à faire passer ou à interrompre le courant dans le circuit de l'un ou de l'autre de ces galvanomètres. C'était compliqué et incertain. Steinheil, autre physicien, simplifia ce dispositif en n'employant qu'un unique galvanomètre et en utilisant la terre comme fil de retour, mais la réception des signaux restait difficile et incomplète. Il fallut qu'un troisième chercheur, de nationalité américaine celui-là, le peintre Samuel Morse, s'appropriant ce qu'il pouvait y avoir de bon dans les idées émises avant lui et élaguant ce qu'il compliquait inutilement le problème, établit enfin les bases rationnelles de la télégraphie électrique, que ses successeurs n'ont fait que de développer et de perfectionner.

En principe, toute transmission télégraphique comporte quatre parties essentielles qui sont : 1° la source d'électricité; 2° la ligne de transport ; 3° l'appareil transmetteur ; 4° l'appareil récepteur.

Dans la plupart des cas, la source de courant que l'on utilise dans cette application de l'énergie électrique est une batterie de piles primaires à décharge lente, telles que les Leclanché, les piles au sulfate de cuivre Daniell, Collaud, Meidinger, et les piles à l'oxyde de cuivre de Lalande et Chaperon. Lorsque les bureaux sont très chargés, on a quelquefois recours aux batteries d'accumulateurs et même, comme à Chicago, par exemple, à des dynamos à courant continu, commandées par des moteurs thermiques, exactement comme dans les stations génératrices pour lumière ou force par l'électricité. L'intensité du courant nécessaire pour la transmission des signaux n'est pas très considérable; *le courant d'action*, celui que l'on peut mesurer à la sortie du transmetteur est de 10 à 20 milliampères, et la fraction qui traverse le récepteur n'est que la moitié de ce courant d'action.

Quand il s'agit de communications entre les postes d'un continent, la canalisation, la ligne transportant le courant peut être aérienne ou souterraine. Dans le premier cas, on fait ordinairement usage de fils de fer galvanisés de 4 millimètres de diamètre supportés par des poteaux, par l'intermédiaire de cloches ou isolateurs en porcelaine ayant pour but d'éviter les dérivations du courant dans le sol par l'humidité. Le fil de bronze phosphoreux ou siliceux, qui permet des portées plus longues a également été utilisé. Lorsque la ligne est souterraine, on se sert de fils de cuivre recouverts d'une épaisse couche de gutta-percha et d'un guipage de jute et de coton. Ces conducteurs, pour plus de sécurité ou de solidité sont encore réunis plusieurs ensemble dans l'intérieur d'un tube de plomb, ou entourés d'un fil de fer roulé en hélice (câbles armés). A part leur diamètre plus faible, ces câbles sont analogues à ceux dont il est fait usage pour les distributions d'électricité, de lumière et de force.

Comme nous avons dit, le fil de retour du courant, du récepteur à la pile peut être supprimé, la terre servant de conducteur, ce qui permet de réaliser ainsi une sérieuse économie, mais, lorsque la ligne présente un grand développement, elle agit comme une capacité électrostatique dont il est nécessaire de tenir compte. Il en résulte que la réception du courant, à la station d'arrivée, n'est pas instantanée, aux premiers instants de l'émission, l'intensité n'est pas perceptible, le câble se charge comme un condensateur, puis elle augmente et atteint sa valeur normale. Cet effet est d'autant plus marqué que la capacité de la ligne est plus grande; il dépend aussi de la résistance des fils, et ces deux facteurs, capacité et résistance, augmentent comme les longueurs, de sorte que le retard à la réception varie comme le carré de la longueur de la ligne. Ce retard, insignifiant sur les lignes courtes. n'est donc pas négligeable sur les grands parcours, tels que ceux des câbles transatlantiques pour lesquels il a fallu combiner des moyens spéciaux afin de combattre cet effet fâcheux.

Les appareils télégraphiques peuvent être classés en deux catégories distinctes : ceux qui ne donnent que des indications visuelles fugitives, et ceux qui enregistrent les signaux envoyés, dont ils gardent la trace permanente. Le type des premiers est le *télégraphe à cadran*, de Bréguet, les seconds ont pour type l'appareil Morse.

Le transmetteur du télégraphe à cadran, encore employé de nos jours pour le service intérieur des gares de chemins de fer, est un *manipulateur*, cadran à encoches fixé horizontalement sur un socle de bois et pourvu d'une manette mobile. Ce cadran porte, gravées à sa surface, les lettres de l'alphabet, et à chaque lettre correspond une encoche dans la circonférence du cadran. La manette est pourvue d'une dent qui peut pénétrer dans ces encoches et sert à assurer sa position en face de chaque signe. L'appareil est complété par un commutateur qui permet d'envoyer le courant de la pile du poste soit dans la sonnerie d'appel du poste correspondant, soit dans le manipulateur. Le récepteur, à la station d'arrivée est un cadran portant les mêmes signes que le premier, mais dressé verticalement sur sa planchette. Une aiguille est mobile devant ce cadran dont elle peut parcourir toute la circonférence. Sous l'influence d'un électro-aimant, dont l'armature actionne un encliquetage très simple, lorsque l'expéditeur, au poste de départ, fait tourner sa manette sur son manipulateur, et l'arrête successivement devant telle ou telle lettre, en revenant après chacune au point de départ (une croix), l'aiguille indicatrice du récepteur suit exactement le même mouvement et s'arrête sur chaque lettre transmise. En suivant du regard les indications de l'aiguille devant le cadran, l'employé épèle les différentes lettres dont la suite constitue les mots et les phrases de la dé-

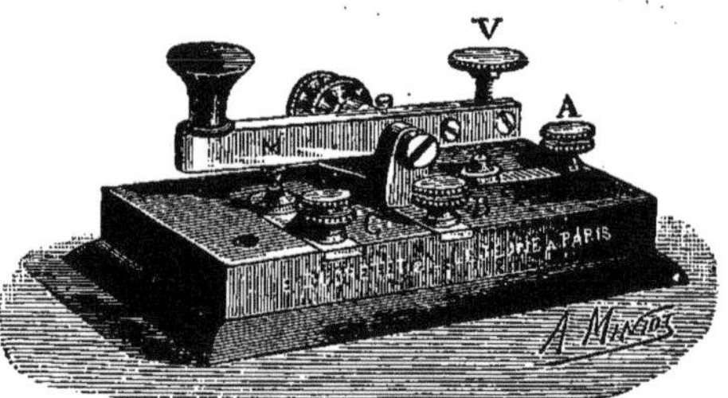

Fig. 147. — Transmetteur ou manipulateur de Morse.

pêche. La réception achevée, il peut répondre à son tour à son correspondant en manœuvrant son manipulateur, chaque poste étant muni d'un transmetteur et d'un récepteur.

Ce système a l'inconvénient de ne laisser subsister aucune trace des dépêches échangées ; il n'en est pas de même avec le système Morse qui les enregistre, au fur et à mesure de leur réception, sur une étroite bande de papier qu'un mouvement d'horlogerie déroule automatiquement.

Le transmetteur, ou *clé de Morse* (fig. 147), est un simple interrupteur à poignée, qu'un ressort, à l'état de repos maintient ouvert. En appuyant sur le bouton, on établit un contact, et le courant de la pile est envoyé dans la ligne. La combinaison des signaux est basée sur la durée plus ou moins longue du contact et la durée de la fermeture du circuit. Si le contact a été brusque et court, il sera interprété, à l'arrivée, comme un point ; s'il a été prolongé une fraction de seconde, ce sera un trait. De cette combinaison de traits et de points, on a fait l'*alphabet Morse*, universellement employé en télégraphie (1).

Le récepteur est encore un électro-aimant rendu actif par la succession des courants qui le traversent. Lorsque son armature se trouve attirée, elle force à venir au contact de la bande de papier qui se déroule, une petite molette enduite d'encre grasse qui marque une trace sur le papier, et suivant que son contact est plus ou moins prolongé, inscrit un trait ou un simple point. Les signaux composant l'ensemble d'un mot sont séparés de ceux composant le mot suivant par un espace vide. La transmission de la dépêche achevée, l'employé lit, collationne, et après le signal conventionnel signifiant « *compris* », remet son commutateur sur la sonnerie pour attendre un autre appel.

Les chocs de l'armature sur la molette permettent à une oreille exercée de distinguer une émission brève de courant d'une émission longue, et par suite de saisir la dépêche au son. On a imaginé de mettre à profit ce mode de réception et construit des appareils dits *sounders* ou *parleurs*, comportant des armatures plus pesantes que les autres et disposées à proximité d'une boîte de résonance ou abat-son, renforçant le bruit. Un employé traduit la dépêche et la dicte à un aide, et la lecture s'opère plus rapidement que par la méthode ordinaire.

(1) Voici la combinaison des signaux Morse les plus usuels :

- —	a	- - - -	h	- — -	r
- — - —	à	- -	i	- - -	s
— - - -	b	- — — —	j	—	t
— - — -	c	— - —	k	- - —	u
— — — —	ch	- — - -	l	- - - —	v
— - -	d	— —	m	- — —	w
-	e	— -	n	— - - —	x
- - — - -	é	— — —	o	— — —	y
- - — -	f	- — — -	p	— — - -	z
— — -	g	— — - —	q		

PONCTUATION

- - - - - -	point
— - — - — -	point-virgule
- — - — - —	virgule
- — — - — -	deux points
- - — — - -	point d'interrogation
- — — — — -	apostrophe
- - — — - —	souligné

CHIFFRES

- — — — —	1
- - — — —	2
- - - — —	3
- - - - —	4
- - - - -	5
— - - - -	6
— — - - -	7
— — — - -	8
— — — — -	9
— — — — —	0

Le télégraphe Morse reste le plus employé, mais il exige, pour sa manœuvre rapide, des employés très familiarisés avec son usage, aussi bien pour la transmission et l'expédition des signaux que pour leur traduction. On a pensé à imprimer, au poste de réception, les signaux envoyés en caractères lisibles, et plusieurs dispositifs ont été combinés dans ce but, tel le *pantélégraphe* de Caselli et l'appareil de Hughes, encore en usage sur plusieurs lignes. Dans ce dernier système, le manipulateur est un clavier composé de vingt-huit touches différentes, correspondant aux lettres de l'alphabet. A l'arrivée, un mouvement d'horlogerie, actionné par un poids, commande un mécanisme, fonctionnant synchroniquement avec ce transmetteur, et qui imprime directement, en caractères d'imprimerie, les lettres composant les mots de la dépêche.

Malgré que l'on obtienne un peu plus de vitesse dans la trans-

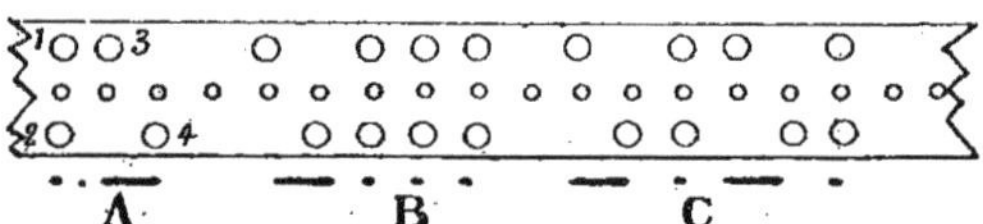

Fig. 148. — Bande perforée du Jacquard électrique Wheatstone.

mission, au prix d'une plus grande complication, les lignes télégraphiques ne peuvent toujours suffire au trafic qui leur est imposé, et il a fallu chercher divers moyens d'accélérer les communications, car, en raison de la vitesse de propagation des courants envoyés, on a reconnu, qu'avec un appareil Hughes et un employé habile, le fil n'était réellement utilisé que pendant un dixième du temps. On pourrait donc envoyer, dans le même espace de durée, dix fois plus de signaux, s'il était possible de manœuvrer le manipulateur assez vite pour que le fil fût constamment en travail et parcouru par des émissions successives de courant. Tout d'abord, on a songé à mettre en pratique un procédé imaginé par Wheatstone, consistant à faire préparer à part les dépêches, pendant que le fil est occupé, par des employés qui perforent une bande de papier et y inscrivent en langage Morse les lettres composant les mots d'un message. Lorsque ces bandes (fig. 148), sont prêtes, on les fait passer avec une grande vitesse dans un transmetteur particulier, le courant ne se trouve envoyé dans le fil qu'aux moments où le circuit se trouve fermé à travers les trous perforés dans le papier. On peut ainsi gagner du temps, d'abord par la plus grande rapidité d'expédition des signaux, ensuite parce que la plus grande partie du travail (préparation du papier gaufré) est exécutée pendant que le fil fonctionne continuellement.

Mais on a trouvé que l'on n'allait pas encore assez vite. Déjà pour obtenir un meilleur rendement, on avait créé la *télégraphie duplex*, permettant de faire servir un même fil aux communications simultanées dans les deux sens, puis on est parvenu à créer la télégraphie multiple par la combinaison d'appareils distributeurs, dont le télégraphe Baudot est le type, et qui donnent la possibilité d'envoyer six dépêches à la fois dans le même fil et dans les deux sens, sans que les signaux puissent se confondre.

Les distributeurs comportent, aux deux extrémités de la ligne, deux appareils semblables, sortes de commutateurs à 4, 5 ou 6 directions, sur les plots desquels passe un bras tournant avec une vitesse uniforme et relié à la ligne. Chacun de ces plots est en rapport avec un transmetteur. Au poste d'arrivée, les divers secteurs sont réunis aux récepteurs, et le mouvement du bras tournant est rigoureusement synchrone de celui du poste de départ. Pendant que ce bras parcourt toute l'étendue des plots, un manipulateur donné se trouve une fois en communication avec un même récepteur. La relation entre les deux mêmes appareils transmetteur et récepteur peut donc être établie sans gêner aucunement les appareils voisins. Ce système ingénieux permet de transmettre et de recevoir plus de dix mille signaux par heure avec un fil unique, soit 300 dépêches de 20 mots avec un personnel de six employés à chaque poste, et ce résultat a quelque chose de fantastique pour le rendement prodigieux qu'il donne avec un seul fil télégraphique.

La place nous manque pour décrire en détail l'installation des grands bureaux de télégraphie électrique moderne qui comportent, avec les appareils transmetteurs et récepteurs, les piles et sonneries d'appel que nous avons décrites, des *relais*, permettant de substituer au courant de ligne, trop faible pour actionner les mécanismes récepteurs, le courant plus énergique d'une pile locale, des *indicateurs de passage de courant*, sortes de galvanomètres avertissant un poste intermédiaire si la ligne est libre ou non, des *tableaux*, à annonciateurs et conjoncteurs, répartissant le travail d'émission et de réception sur les divers appareils, des *commutateurs universels* à grilles, enfin des *parafoudres* permettant aux décharges d'électricité atmosphérique de s'écouler dans le sol sans danger pour le personnel et pour les appareils. Un volume spécial serait nécessaire pour décrire en détail tous

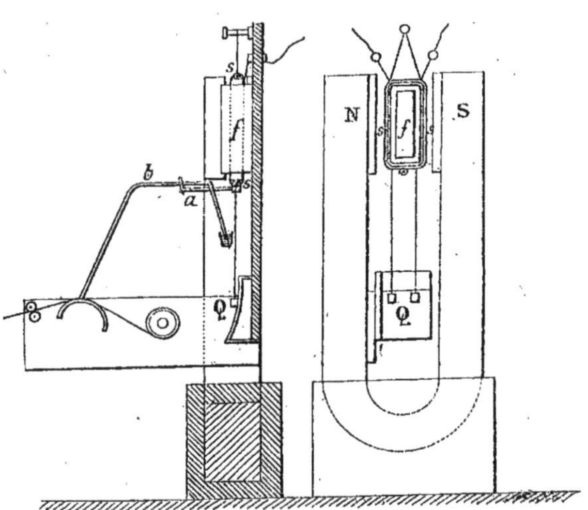

Fig. 149 et 150. — Siphon-recorder pour la réception des signaux de la télégraphie sous-marine.

ces mécanismes perfectionnés constituant l'outillage de la télégraphie électrique moderne.

Arrivons-en à la télégraphie à grande distance au moyen de câbles, ordinairement noyés au fond des océans et qui mettent les continents éloignés en rapport constant. La principale difficulté qu'il a fallu surmonter pour ces communications à des milliers de kilomères de distance, a été la capacité électro-statique du câble, constitué par un ou plusieurs fils de cuivre noyés dans de la gutta-percha et entourés d'une solide armature en fil de fer, et d'où résulte une très grande lenteur dans la transmission des signaux. Les *courants telluriques* qui parcourent l'écorce terrestre sont encore une cause importante de perturbations, mais on est parvenu à annuler leur influence fâcheuse par l'interposition de condenseurs électriques imaginés par M. Varley, et, grâce aux dispositions indiquées par lord Kelvin, on est parvenu à expédier une vingtaine de mots à la minute sur les longs câbles, ce qui constitue déjà un rendement assez satisfaisant. La réception des signaux envoyés à travers les câbles sous-marins s'opère, soit au moyen du galvanomètre de W. Thomson, soit à l'aide du *siphon-recorder* (fig. 149 et 150), du même savant. Dans le galvanomètre, les mouvements de l'aiguille sont considérablement amplifiés, de façon à être plus distincts. Cette aiguille est munie d'un petit miroir métallique sur lequel vient tomber la lumière d'une lampe placée dans une chambre noire. Les espèces d'éclairs produits par les déplacements de ce miroir vont se répercuter, considérablement agrandis, sur un écran où l'on peut les déchiffrer d'après ce principe que toute déviation de l'aiguille *à droite*

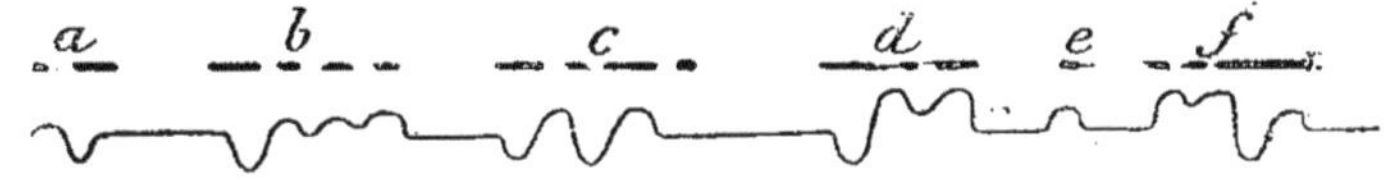

Fig. 151. — Reproduction des signaux du siphon-recorder.

de la ligne neutre représente un point de l'alphabet Morse, et les déviations *à gauche* indiquent un trait. Mais la lecture est pénible, la transmission lente, et il ne reste aucune trace des dépêches échangées. Le *siphon-recorder* obvie à ces inconvénients, car il inscrit sur une bande de papier sans fin les signaux reçus. En principe, cet appareil récepteur se compose d'un siphon léger, plongeant par une de ses extrémités dans un godet plein d'encre, tandis que l'autre bout, effilé, débouche à proximité d'une bande de papier se déroulant d'une façon continue. Ce siphon est rendu mobile, à droite et à gauche, par un cadre galvanométrique. En l'absence de courant, le siphon (qui agit comme une plume à écrire, mais sans aucun frottement), inscrit un trait rectiligne sur la bande de papier, mais si une dépêche parvient au poste, ce trait devient sinueux. Toutes les inflexions descendant au-dessous de la ligne du milieu du papier correspondent à des traits, les inflexions supérieures à des points. On peut donc traduire aisément ces inflexions en signaux Morse et ensuite en lettres. Les mouvements du siphon sont obtenus par le passage des courants dans le cadre galvanométrique auquel il est relié et qui est soumis à l'influence d'un fort aimant permanent.

Le siphon-recorder ne donne toutefois des signaux parfaitement nets que pour une vitesse donnée de transmission, et cette vitesse n'est pas toujours jugée suffisante. C'est pourquoi M. Ader a imaginé un autre enregistreur, composé comme suit : Entre les branches d'un électro-aimant est disposé un fil conducteur mesurant un 200e de millimètre de diamètre, parcouru par le courant de la ligne et tendu à l'une de ses extrémités par un petit dynamomètre. Le fil ainsi maintenu, tend à se déplacer en avant ou en arrière, selon le sens du courant reçu. On enregistre les mouvements de ce fil par la photographie, et la bande impressionnée est révélée, développée et fixée avant d'être traduite et recopiée.

Tels sont les procédés perfectionnés qui ont été successivement imaginés pour obtenir, avec le plus haut rendement possible des lignes réunissant les postes d'expédition, des communications écrites permanentes entre les villes, et même entre les continents, d'une rive de l'Océan à l'autre. Si admirables que paraissent et que soient en réalité ces moyens de transmission de la pensée, on a cependant trouvé mieux encore dans ces derniers temps ; on est parvenu à supprimer tout lien de réunion, tout conducteur entre les postes, avec l'invention de la télégraphie sans fil par les ondes hertziennes.

Les premières expériences tentées dans ce nouvel ordre d'idées fécond en résultats, sont dues à un jeune savant italien nommé Marconi et ne remontent qu'à l'année 1896. Le principe de ce système de télégraphie est simple à comprendre.

Lorsqu'on fait éclater, entre les boules d'un excitateur relié à une source d'électricité puissante, une étincelle électrique, il en résulte un ébranlement de l'éther qui se propage sous forme d'ondes sphériques et concentriques, jusqu'à une distance telle que ces oscillations s'éteignent et s'annulent. Le problème consistait à intercaler sur le trajet de ces ondes, dans la sphère d'influence de l'excitateur (ou résonateur), un récepteur sensible à cette catégorie d'ondes et pouvant indiquer, ou mieux encore, enregistrer leur passage. Or ce récepteur, Marconi le trouva dans la propriété des limailles métalliques de devenir conductrices sous l'effet de ces ondes électriques. Cette propriété avait été découverte par le professeur français Branly, et Marconi sut l'utiliser pour son télégraphe.

Parallèlement au savant italien, d'autres chercheurs expéri-

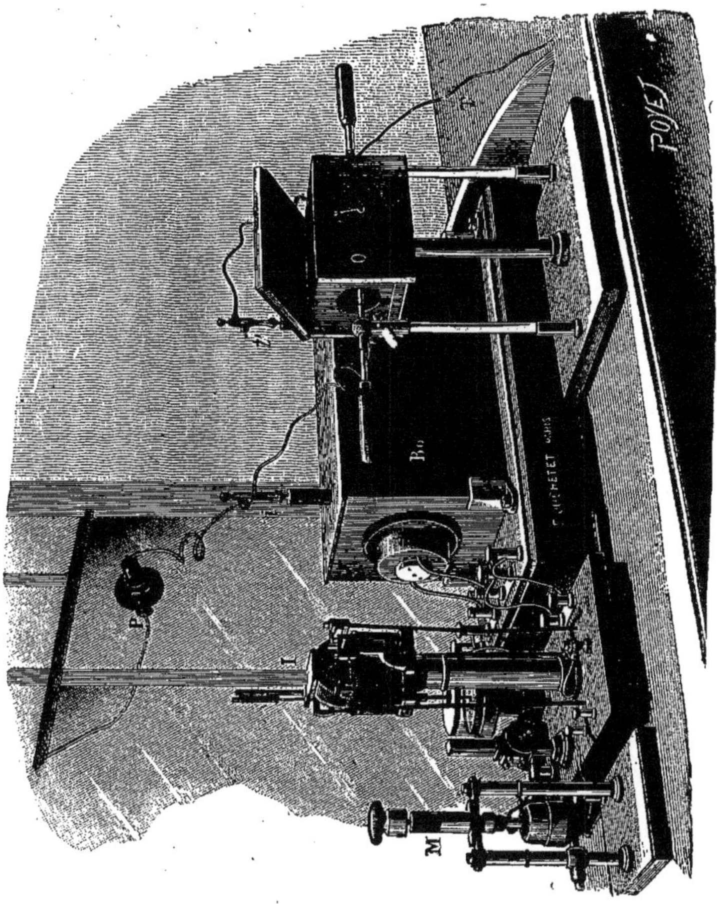

Fig. 152. — Poste complet de télégraphie sans fil de M. Ducretet (bobine, oscillateur et interrupteur mécanique).

mentaient, travaillaient, et nous devons particulièrement citer MM. Popoff et Ducretet qui, en 1898 et 1899 combinèrent et essayèrent des appareils de télégraphie sans fil qui fournirent les résultats les plus concluants, comme netteté de réception, à des distances de 10 et 12 kilomètres, puis MM. Lodge, Octave Rochefort et Slaby.

Les postes de télégraphie sans fil se composent d'un *transmet-*

Fig. 153. — Récepteur de télégraphie sans fil de Ducretet.

teur et d'un *récepteur*. Le transmetteur (fig. 152), est un oscillateur de Hertz ou de Rigi, entre les boules duquel on fait jaillir, suivant le rythme voulu, par la manœuvre d'une clé de Morse, une série d'étincelles fournies par une source d'électricité à haute tension et de grande fréquence, par exemple une bobine d'induction de Ruhmkorff, reliée à des condensateurs et actionnée par une batterie d'accumulateurs de 6 ou 8 éléments. L'une des boules de l'oscillateur est reliée à la terre, l'autre à un fil métallique isolé, tendu verticalement et supporté par un mât, un cerf-volant ou un ballon. Ce fil est appelé l'*antenne*. Le poste récepteur (fig. 153), est un tube contenant de la limaille de fer ou de nickel, et que l'on appelle *radioconducteur* ou *cohéreur*. Ce tube est intercalé dans le circuit d'un relais actionné par la pile du poste. A l'état ordinaire, la résistance électrique de cette limaille est telle qu'elle s'oppose au passage du courant de la pile

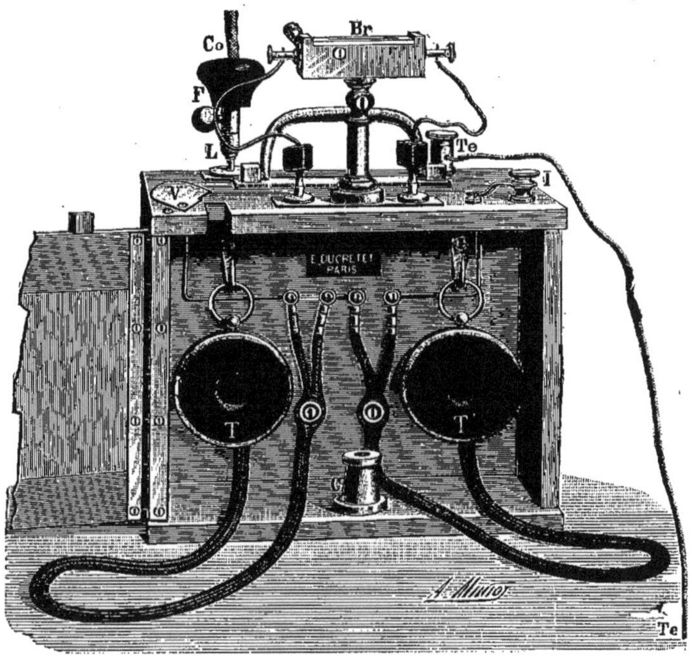

Fig. 184. — Récepteur Ducretet pour la lecture des signaux au son, (téléphonie sans fil).

qui actionnerait l'appareil Morse enregistreur. Lorsque l'espace est traversé par un de ces ébranlements appelés *ondes hertziennes* et produits par l'étincelle de l'oscillateur de la station de départ, le radioconducteur perd instantanément sa résistance et il laisse passer le courant du relais qui inscrit le signal sur la bande de papier, et agit en même temps sur le levier d'un marteau qui frappe légèrement sur le tube contenant la limaille. Sous l'effet de ce choc, la limaille reprend aussitôt sa résistance primitive, tout s'arrête et l'appareil redevient sensible et prêt à enregistrer un nouveau signal. On conçoit donc, en fin de compte, qu'en produisant, au poste de départ, des ondes réglées à volonté au moyen d'un manipulateur à levier, le récepteur du poste d'arrivée inscrira sur la bande de papier se déroulant sous la molette imprimeuse, les traits et les points constituant le langage télégraphique Morse.

Il est possible de lire les dépêches au son, en employant, comme *détecteur d'ondes*, au lieu d'un radioconducteur, un téléphone (fig. 154). Ce dispositif est encore plus sensible et permet de recevoir des messages à des distances extraordinaires.

De très grands progrès ont été réalisés en très peu de temps par les promoteurs de ce procédé nouveau et si original d'intercommunication. M. Marconi est parvenu à transmettre des signaux à des distances incroyables, du Poldhuc (Angleterre), à Terre-Neuve, distant de 5.000 kilomètres notamment, en employant une source d'électricité demandant plus de 50 chevaux-vapeur, au poste d'expédition, et une pyramide de fils métalliques comme antennes réceptrices. Dans une zone plus modeste, la télégraphie hertzienne a pénétré dans la pratique pour les communications sur mer, de navires à navires, ou entre la côte et les bâtiments naviguant hors de la vue, à 100, 200 et 500 kilomètres de distance.

M. Branly, inventeur du radioconducteur, a perfectionné sa découverte. Le choix de cet appareil pour cette application, s'expliquait par la facilité de sa construction ; mais la multiplicité des contacts, les modifications que la frappe apporte aux surfaces en présence, en rendent parfois le jeu variable. Ayant eu l'occasion de rencontrer de l'inconstance dans les meilleurs tubes à limaille, quelle que fût leur origine, M. E. Branly a cherché un radioconducteur plus régulier.

En faisant usage du contact métal oxydé métal poli, il a obtenu un radioconducteur joignant à la régularité une sensibilité supérieure à celle des tubes à limailles utilisables avec le Morse. Chemin faisant, il a supprimé le frappeur indépendant, augmentant la vitesse d'inscription et établi un récepteur simple plus avantageux que les récepteurs en usage.

Le radioconducteur est un trépied formé d'un disque circulaire sur lequel sont implantés trois tiges verticales à pointes mousse-oxydées. Ces pointes, qui sont en acier trempé, bien poli, puis oxydé à une température fixe, reposent librement sur un disque en acier poli. Le degré d'oxydation des pointes et le poli du disque jouent le rôle essentiel. En séparant du disque deux pointes à la fois du papier, on peut s'assurer que les trois contacts sont identiques. La légère couche d'oxyde se conserve intacte pendant plusieurs mois.

Premier circuit. — Un élément d'un demi-volt est relié par l'un de ses pôles à la vis supérieure du butoir du Morse ; le courant traverse cette vis, passe par une lamelle de platine soudée à la palette mobile, se rend au relais (relais Claude), puis à une résistance variable et au disque d'acier. Le courant traverse les contacts métal poli-métal oxydé et retourne à la pile.

Second circuit. — C'est le circuit dont le courant est déclanché par le relais. Il comprend un élément de pile ou un accumulateur, les contacts fermés par le jeu du relais et les bobines du Morse.

Une étincelle ayant éclaté au poste transmetteur, le premier circuit se ferme par le contact métal oxydé-métal poli, qui devient conducteur ; le second circuit se ferme par le jeu du relais. La palette du Morse étant attirée, le circuit s'ouvre entre la vis supérieure du butoir et le platine soudé sur la palette ; la palette continue son mouvement par sa vitesse acquise, frappe la vis inférieure du butoir et par ce choc (qui peut être très faible) opère le retour du trépied. Quand le ressort antagoniste du Morse a réappliqué la palette contre la vis supérieure du butoir, une nouvelle étincelle peut agir. La faiblesse du choc permet de réduire la course de la palette du Morse en rapprochant les deux vis du butoir et d'augmenter la vitesse de transmission.

Le radioconducteur est soustrait à l'influence des étincelles du transmetteur de son propre poste par l'attraction d'un électro-aimant auxiliaire qui sert à soulever très légèrement le trépied pendant que le poste effectue à son tour des transmissions.

Un autre savant, M. Tommasina, a récemment présenté à l'Académie des Sciences, un électro-radiophone à sons très intenses pouvant être entendus très distinctement de tous les points d'une grande salle. Sa sensibilité est un peu moindre que celle des autres, à cohéreurs décohérents à charbon, mais elle est encore suffisante, car l'appareil répond, par un son fort et net, à chaque étincelle de 1 millimètre qui éclate à l'autre extrémité de la salle entre une petite sphère isolée et l'un des pôles d'une bobine d'induction. Aucun relais n'est utilisé et l'appareil est simplement en circuit avec une pile et un téléphone.

Dans les cohéreurs à charbons ou à limailles, les grains doi-

Fig 155. — Poste de télégraphie sans fil entre un phare et les navires passant au large.

vent être autant que possible libres de se mouvoir et ne subissent que la pression due à leur poids tandis que dans ce radioconducteur la limaille se trouve dans un mélange isolant pâteux, et, suivant le système Branly, sous une pression réglée de façon à permettre le passage d'un courant d'une certaine intensité.

Le courant induit par chaque décharge oscillante dans le circuit de ce récepteur produit, dans le mélange, une action qui sépare momentanément un ou plusieurs des petits contacts. L'aiguille du galvanomètre descend vers le zéro, mais elle reprend un instant après sa position initiale, s'arrêtant parfois dans des positions intermédiaires. Mais, quelle que soit la position de l'aiguille à l'instant où l'étincelle éclate, on observe toujours une déviation indiquant un accroissement de résistance. Si l'on augmente l'intensité du courant primaire qui traverse l'électro-radiophone, les sons deviennent toujours plus intenses, mais l'aiguille du galvanomètre se fixe au point plus élevé de tension critique, et si le réglage est parfait elle devient presque immobile. Dans ce cas, les interruptions doivent être instantanées et complètes, car l'appareil donne les mêmes sons qu'on aperçoit en interrompant le circuit. Les radio-conducteurs constituent donc de vrais interrupteurs actionnés directement par les ondes hertziennes.

C'est le diélectrique liquide remplaçant l'air qui est la cause de ce phénomène, car, si on l'ajoute dans un cohéreur à limaille, à charbon, ou à mélange de limaille et de poudre isolante, l'accroissement de l'intensité des sons, dans un téléphone inséré dans le circuit, a lieu immédiatement.

On ne saurait se figurer, devant les résultats couramment obtenus maintenant, de quelle petitesse sont les quantités d'énergie réellement utilisées dans cet ordre d'applications. Or, un savant, M. Abbott, a fixé les idées sur l'ordre de grandeur des fréquences et des puissances mises en jeu dans ce mode de transmission, et les renseignements qu'il a fournis sont particulièrement suggestifs, car ils réduisent à néant, si cela était nécessaire, les espérances chimériques de quelques inventeurs enthousiastes voyant déjà, dans les ondes à grande fréquence, ou, plus exactement, à courte période, le moyen de transmettre, *économiquement et sans fil*, l'énergie à toutes distances.

Au point de vue de la fréquence, les radiations lumineuses sont de l'ordre de $500,10^{12}$ par seconde, soit :

Pour le rouge		$433,10^{12}$
— l'orange		$500,10^{12}$
— le bleu		$634,10^{12}$
— le violet		$740,10^{12}$
— l'ultra-violet	$870,10^{12}$	$1.500,10^{12}$

Les rayons Rœntgen sont à l'ordre des $300,15^{15}$ par seconde, c'est-à-dire 5.000 fois plus rapides que ceux de lumière bleue. Par contre, les oscillateurs employés pour la production des hertziennes appliquées à la télégraphie sans fil ont une fréquence qui varie entre $100,10^6$ $500,10^6$ périodes par seconde, c'est-à-dire qu'elles sont au moins un million de fois moins fréquentes que les ondulations lumineuses.

En calculant la puissance et le rendement d'un cohéreur dans les conditions les plus favorables à l'appareil en supposant que la puissance disponible au transmetteur, soit de 100 watts, la distance de transmission de 35 milles (56 kilomètres), et la surface des antennes de 100 pieds carrés (9,3 m²), l'auteur trouve que la puissance arrivant aux antennes n'est que de :

$$\frac{1}{42,000,000}$$

soit un cinquante-millionième de watt, et le rendement correspondant ne dépasse pas $\frac{1}{5,000,000,000}$, soit 1 cinq milliardième.

L'esprit a peine à concevoir des grandeurs de cet ordre et reste stupéfait devant la sensibilité d'un appareil mis en action par des puissances d'une si prodigieuse petitesse.

Mais la médaille a de terribles revers que M. Abbott a bien su mettre en relief, en montrant que la télégraphie sans fil, à moins de nouvelles découvertes, ne pouvait recevoir d'applications vraiment utiles que dans des cas très spéciaux, tels qu'une communication entre deux phares ou un phare et la côte, chaque fois qu'un câble serait trop coûteux à établir ou à entretenir, ou entre deux corps d'armée *absolument maîtres du terrain qui les sépare*. Il ne faut pas perdre de vue, en effet, que, jusqu'à ce jour, la télégraphie sans fil n'a pu être rendue secrète, et qu'il est facile de la perturber et de la rendre illusoire et incohérente en mettant en jeu, d'une façon irrégulière et fantaisiste, un oscillateur puissant dont on peut faire varier à la fois la fréquence, l'intensité d'action et la rapidité des émissions. La télégraphie sans fil n'est donc possible, en résumé, dans un rayon très étendu, que pour une seule transmission à la fois. Si la découverte peut être classée, avec raison, parmi les plus merveilleuses du siècle, il ne semble pas, jusqu'ici, qu'elle puisse figurer parmi celles appelées à recevoir de nombreuses applications.

Il n'empêche cependant, que l'attention du monde savant continue à se porter sur les applications de la télégraphie sans fil. On connait les résultats déjà obtenus, les phares désormais reliés entre eux, toutes les flottes des diverses nations, munies des appareils spéciaux, grâce auxquels elles peuvent communiquer avec la terre ou les navires à des distances qui ont atteint 600 kilomètres, qui, régulièrement n'en dépassent pas 120.

Les principes de la télégraphie sans fil ne peuvent-ils servir de point de départ à d'autres essais, d'importance plus grande ? Ne peut-on pas utiliser les ondes électriques à transmettre à distance l'énergie proprement dite? Un ingénieur anglais très connu faisait annoncer récemment qu'il donnait à ces questions une réponse affirmative et que ses expériences avaient eu des résultats concluants. Il a alimenté, en se servant du sol comme transmetteur, une lampe située à quatre ou cinq milles de la source d'électricité ; il a aussi dirigé, avec succès, des torpilles sans aucun fil électrique.

Il faut remarquer, tout d'abord, que l'alimentation de lampes à distance par les ondes de Hertz, n'est pas une chose nouvelle ; des essais du même genre ont été faits plusieurs fois, et tel de nos grands constructeurs d'appareils électriques les considère comme chose simple et courante. Confier au sol la transmission des ondes est une idée déjà ancienne, réalisée par le colonel Pilsoudsky, au Vésinet ; il est vrai que la distance entre l'appareil transmetteur et l'appareil récepteur n'était que de 500 mètres, et non de 7 à 8 kilomètres. Mais l'inventeur poursuit ses essais en Russie, et aux dernières nouvelles, il aurait obtenu d'excellents résultats sur un parcours de 20 kilomètres.

Reste la question des torpilles. Rappelons d'abord que les ondes de Hertz ne traversent pas l'eau et que la torpille devra, premier inconvénient, avoir hors de l'eau, un viseur qui recevra l'impulsion. S'il s'agit de le faire éclater, cela devient très dangereux, car les ondes atmosphériques produites par l'orage agiront comme celles de Hertz ; et, en temps de guerre, l'ennemi muni de ses appareils, pourra, lui aussi, faire éclater les torpilles. Il pourra, de même, les diriger dans un sens que son adversaire ne prévoyait pas.

L'ingénieur anglais a donc pu exagérer la portée des résultats qu'il a pu obtenir, mais ces recherches, non encore parvenues à maturité, nous laissent à penser qu'il reste encore beaucoup à faire dans le domaine de la transmission de l'énergie à distance, et l'avenir nous réserve peut-être à cet égard encore de bien nombreuses surprises.

On aurait pu croire qu'après les appareils de télégraphie de Hugues, de Wheastone, de Baudot, etc., le dernier mot avait été dit pour la transmission rapide de la pensée humaine à grande distance. Il n'en était rien et le nouvel appareil allemand de Siemens et Halske paraît laisser bien loin derrière lui toutes les combinaisons pourtant si intéressantes des duplex et multiplex.

Cet étonnant télégraphe est basé sur des principes tout à fait nouveaux : la photographie et l'emploi de courants électriques à haute tension. Quant à sa rapidité, elle est prodigieuse : 2.000 lettres à la minute, soit environ 20.000 mots à l'heure !

Nous allons essayer de faire comprendre son fonctionnement, en éliminant de la description tous les détails techniques assurément fort curieux, mais qui ne sauraient trouver place ici.

Au poste de départ, un instrument assez semblable à une machine à écrire, permet de traduire la dépêche écrite par l'expéditeur en une série de points formant des caractères spéciaux que des poinçons perforent sur une bande de papier. La bande perforée contenant la suite des dépêches à envoyer est placée dans un appareil de contact muni d'un disque de transmission qui tourne à 2.000 tours par minute, et qui envoie à chaque tour, dans la ligne, un signal correspondant à l'un des caractères perforés sur la bande, comme dans le « Jacquard électrique » de Wheatstone, mais avec une rapidité incomparablement plus grande.

Au poste d'arrivée, une roue portant à sa périphérie, groupés dans un ordre voulu, les 45 lettres, chiffres et signes de ponctuation, tourne également à 2.000 tours à la minute.

Devant cette roue, se meut, d'un mouvement continu, une bande de papier photographique sensible. A chaque tour, quand la lettre correspondant au signal transmis du poste expéditeur, passe devant une bande, une étincelle électrique jaillit et photographie cette lettre sur la bande. Bien entendu, cette partie de l'appareil récepteur est renfermée dans une chambre noire.

L'impression photographique une fois obtenue, il s'agit de la rendre visible ; pour cela, la bande impressionnée se déroule dans un prolongement de la chambre noire, où elle arrive en contact avec un premier frottoir à éponge imbibé d'un liquide révélateur, puis avec un second frottoir alimenté par un fixateur, enfin un troisième, garni de caout-

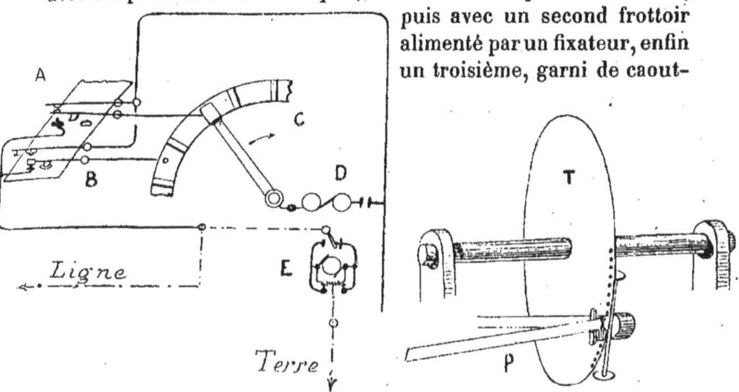

Fig. 156. Fig. 157.

Le **Photolégraphe**.

Schéma du poste transmetteur. — A. transmetteur automatique. — B. Bande perforée portant en caractères spéciaux la suite des dépêches à transmettre. — C. Disque de transmission tournant à 2.000 tours à la minute et envoyant dans la ligne un caractère (lettre, chiffre ou signe) à chaque tour. — D. Relais. — E. Générateur d'électricité. *Schéma des organes essentiels du poste de réception.* — T. Disque tournant à 2.000 tours à la minute et portant à la périphérie les lettres, chiffres et signes de ponctuation. — P. Bande de papier sensible se déroulant devant le disque et sur laquelle est photographié, à chaque tour, la lettre, le chiffre ou le signe, télégraphié du poste récepteur. Cette photographie s'obtient au moyen de l'étincelle électrique produite, au moment voulu, par l'appareil qu'on aperçoit derrière le disque.

chouc, qui la sèche. Elle sort alors de l'appareil et il n'y a plus qu'à la coller sur les « formules » à remettre au destinataire. Toute cette partie photographique de l'opération dure à peine neuf secondes !

Comme les appareils expéditeurs et destinataires tournent à 2.000 tours à la minute, et qu'une lettre est transmise à chaque tour, c'est bien 2.000 lettres à la minute, soit 20.000 mots à l'heure, qui représentent la puissance de transmission du nouveau phototélégraphe.

Cette puissance pourrait être encore plus considérable ; en effet, la durée de l'éclair photographique étant seulement de un millionième de seconde, on conçoit qu'on pourrait faire tourner les roues et dévider les bandes à une vitesse excessivement grande. Mais la concordance absolue ou, comme l'on dit, le « synchronisme » parfait qui doit exister entre les appareils d'expédition et de réception a fixé cette limite pratique de 2.000 tours par minute.

Il n'est pas exagéré de dire que la mise en service de ce nouveau système automatique extra-rapide, amènerait une véritable révolution dans les procédés modernes de télégraphie.

CHAPITRE XIII

Le Téléphone.

Le téléphone à ficelle. — Histoire du téléphone. — Appareils électro-magnétiques. — Le microphone. — Appareils à piles. — Les distributions téléphoniques. — Bureau central. — Installation des lignes téléphoniques. — Applications diverses du téléphone. — Téléphonie sans fil.

Si l'on veut rattacher le téléphone à la télégraphie par ondes acoustiques, il faut remonter à l'année 1783, où le bénédictin dom Gauthey, ayant remarqué la rapide propagation des sons dans les tuyaux métalliques, fit des essais de transmissions de signaux en se servant comme conducteur du son, de la tuyauterie de la pompe à feu de Chaillot qui avait une longueur de plusieurs kilomètres. Si l'on ne veut pas s'attarder à des observations sans grande importance, se rattachant au même ordre d'idées, on peut franchir trois quarts de siècle pour retrouver trace de ce moyen de porter le son d'un point à un autre.

C'est, paraît-il, vers 1855 que fut inventé le *téléphone à ficelle*, jouet dans lequel deux diaphragmes de parchemin, reliés par une ficelle ou un fil tendu, vibraient à l'unisson. On n'attacha aucune attention à ce jouet, dont on ne tira aucune application pratique, pas plus d'ailleurs que la remarque faite à la même époque par M. du Moncel de la variation de résistance électrique que présentaient les contacts imparfaits sous l'influence de la pression. Il fallait que le temps passât pour que des esprits déliés et avisés, tels qu'Edison, parvinssent à reconnaître le parti que l'on pouvait tirer de ces phénomènes.

La téléphonie, comme la plupart des applications de l'électricité, est donc, en réalité, de création absolument moderne, car si la première tentative d'enregistrement de la parole remonte à l'année 1851, époque à laquelle un chercheur, à qui justice a été rendue depuis, en ce qui concerne la priorité des résultats obtenus, M. Charles Bourseul, faisait les premières expériences de transport électrique du son, il faut constater que le premier téléphone reproduisant nettement l'articulation de la voix humaine n'a fait son apparition qu'en 1876, sous le parrainage de M. Graham Bell.

Le principe du téléphone est aisé à saisir ; il est analogue à celui des machines basées sur les phénomènes de l'électro-magnétisme et de l'induction. La seule différence consiste en ce fait que la quantité d'énergie mise en jeu est extrêmement faible et se borne à produire un simple mouvement moléculaire. Dans le téléphone électro-magnétique, on parle devant une rondelle de fer doux disposé à une très faible distance des pôles d'un électro-aimant. Les oscillations, infinitésimales comme amplitude, de la rondelle donnent naissance, dans le fil entourant les bobines de cet

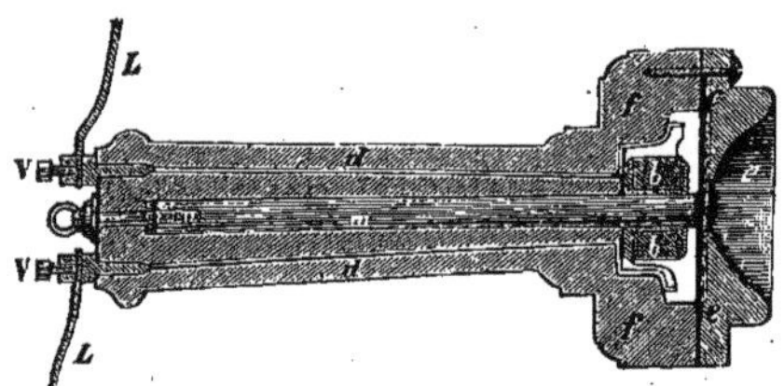

Fig. 158. — Coupe du téléphone électro-magnétique de Graham Bell.

électro, à des courants induits dont le sens varie, suivant que la rondelle s'éloigne ou s'approche, et dont l'intensité dépend de la rapidité et de l'amplitude des vibrations de ce diaphragme. Si, maintenant, ces courants traversent les spires d'une autre bobine, exactement disposée comme la première, c'est-à-dire roulée autour d'un barreau de fer doux et placée devant une plaque vibrante, cette plaque reproduira docilement toutes les vibrations de l'autre : les sons seront répétés. En disposant un appareil à la station de départ et l'autre au bureau d'arrivée, on aura la réception et la transmission, comme sur une ligne télégraphique. Toutefois, dans la réalité, les choses ne sont pas aussi simples et cette théorie n'est qu'approchée, mais elle est suffisante pour se rendre compte du mode de fonctionnement du téléphone.

A son début, l'appareil de Graham Bell ne se prêtait qu'à des transmissions à peu de distance ; le son reçu était imperceptible, et il fallait une oreille exercée pour entendre clairement les diverses inflexions de la voix humaine. Mais il ne resta pas longtemps dans ce état primitif ; les électriciens s'efforcèrent de l'améliorer de façon à ce qu'il pût se plier à toutes les exigences, et il faut reconnaître que ce programme a été rempli d'une façon satisfaisante, et qu'aujourd'hui, le téléphone est entré dans l'usage courant, comme le plus vulgaire appareil de chauffage, et que l'on ne saurait plus s'en passer, quelque difficulté que l'on éprouve quelquefois à obtenir la communication avec un correspondant.

On peut dire que, même les plus chauds admirateurs de cette invention, ceux qui la prônèrent ardemment dès son apparition, n'auraient pas supposé l'extraordinaire développement qu'elle a pris en peu de temps dans le monde entier. Les plus optimistes pensaient que le téléphone se substituerait petit à petit au télégraphe électrique ; on ne songeait pas qu'il pourrait vivre à côté, faire mieux que lui et autrement. On ne supposait pas qu'il serait capable d'établir une communication permanente, non seulement entre les bureaux publics, mais encore entre toutes les demeures particulières. On est obligé d'aller chercher le télégraphe : on a le téléphone sous la main. Pour se servir du télégraphe, il faut recourir à l'intervention d'un tiers : le téléphone supprime tout intermédiaire. Telles sont les causes premières de la prodigieuse fortune de cet appareil. Télégraphe et téléphone ne sont pas des rivaux qui doivent se gêner l'un l'autre ; chacun, dans sa sphère d'action contribue à satisfaire le besoin,

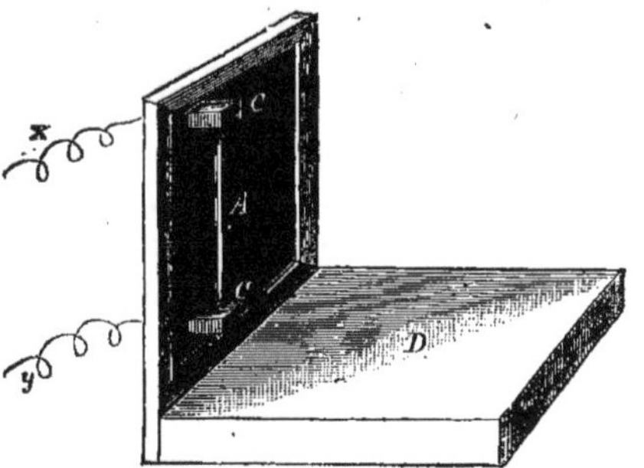

Fig. 159. — Microphone Hughes.

chaque jour plus impérieux, de communiquer rapidement par conversations verbales comme par messages transcrits en langage vulgaire.

Dans le téléphone électro-magnétique de Bell, comme dans tous ceux dérivant du même principe, les ondes sonores de la voix produisent le courant ondulatoire qui vient agir sur le récepteur. Dans une seconde catégorie d'appareils, il est fait usage d'une source d'énergie étrangère, fournie le plus souvent par quelques éléments de piles au sel ammoniac ; les ondes sonores modifient alors la nature du courant, il en résulte que l'intensité du son et la portée sont notablement augmentées, aussi ce genre d'appareils a-t-il supplanté rapidement le premier, et n'emploie-t-on plus maintenant, pour les transmisions téléphoniques, que des appareils à piles, dont le transmetteur est ordinairement un microphone.

Le microphone, inventé en 1878 par l'électricien anglais Hughes, créateur du télégraphe imprimant qui porte son nom et que nous avons décrit, dérive de l'observation faite par le comte du Moncel en 1856 sur la variation de conductibilité des contacts imparfaits.

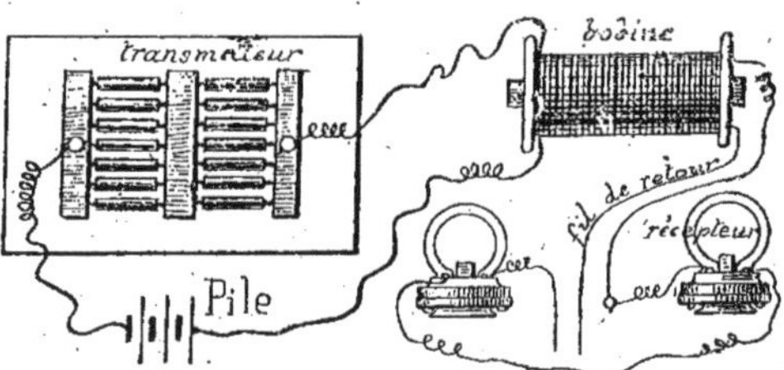

Fig. 160. — Schéma de l'accouplement des divers appareils composant une ligne téléphonique avec pile, microphone et bobine d'induction.

Ces effets sont particulièrement sensibles avec le charbon de cornue, aussi est-ce cette matière qui est restée en usage. Tous les transmetteurs à microphone l'utilisent, et les modèles d'appareils ne diffèrent guère les uns des autres que par le nombre des contacts, leur disposition et leur mode de groupement.

La forme élémentaire du microphone consiste en un crayon de charbon artificiel taillé en pointe à ses deux extrémités, et reposant par ces pointes dans des cavités pratiquées dans de petits dés de même matière fixés à une planchette verticale au-dessus d'une boite de résonance. L'appareil est intercalé dans le circuit d'un téléphone ; il sert de transmetteur et il est surtout remarquable

Fig. 161, 162 et 163. — Différentes formes de postes téléphoniques de Mildé et Cie.

par son extrême sensibilité qui permet de transmettre sur la ligne les bruits les plus faibles.

On fait usage de ce dispositif de deux manières, soit en circuit direct, pour les communications à peu de distance, soit en intercalant une petite bobine d'induction. Dans ce dernier cas, le courant ondulatoire traverse le fil primaire de la bobine et c'est le circuit secondaire qui est relié à la ligne et au récepteur, lequel est influencé par les courants induits ; c'est cette dernière méthode qui est exclusivement employée pour les réseaux étendus et les très longues lignes.

Les modèles de postes téléphoniques basés sur les principes qui viement d'être exposés, sont très nombreux. Parmi ceux qui sont depuis le plus longtemps en service et fournissent les meilleurs résultats, il faut citer ceux de la Société des Téléphones, à transmetteur microphonique à baguettes de charbon d Ader, de Mildé, de Ducousso, d'Ochorowickz (fig. 164), construits par la maison Chateau père et fils, de Gower, d'Edison, de Berthon, de Maiche, de Berliner, d'Edison, etc., ces derniers contenant, au lieu de baguettes de charbon formant le contact microphonique, des matières pulvérulentes, charbon granulé ou grenaille moulée.

Fig. 164. — Téléphone-récepteur Ochorowickz.

Dans les postes pour usages domestiques construits depuis l'année 1879 par M. Radiguet fils, (Radiguet et Massiot successeurs), le microphone est composé de deux pastilles de charbon serties dans les deux moitiés d'une petite boite anéroïde métallique, et chaque pastille est isolée du contact du métal au moyen d'une rondelle de papier gris. La boîte est remplie aux 5/6 de sa capacité de grenaille de coke tamisé. L'une des pastilles est fixée à la planchette de sapin formant le dessus de l'appareil, et une gorge pratiquée sur chaque charbon sert à l'attache des fils destinés à amener le courant, enfin les faces des pastilles qui reposent sur le coke sont striées pour assurer leur adhérence avec la grenaille.

Le fonctionnement de l'appareil se comprend comme suit :

Lorsqu'on enlève le récepteur du crochet auquel il est suspendu et qu'on le porte à l'oreille pour écouter, l'appareil se trouve mis automatiquement en circuit par le ressort de rappel dont est muni le crochet et qui établit un contact entre deux plots. Lorsqu'on parle devant la planchette, les vibrations de la voix sont transmises à la pastille de charbon fixée à cette planchette, ainsi qu'à la paroi métallique dans laquelle la pastille est sertie. Par suite de l'inertie, la paroi postérieure de la boîte vibrera avec moins

Fig. 165. — Appareil téléphonique poste complet transmetteur et récepteur Radiguet.

d'intensité que la partie antérieure ; il en résulte un aplatissement microscopique de la boîte microphonique, une compression de la grenaille de charbon, et par cela même, une augmentation des surfaces de contact ; le courant passant dans la ligne acquiert plus d'intensité et il agit d'autant plus énergiquement sur la rondelle vibrante du récepteur que la parole aura été plus sonore, la vibration plus rapide et la compression plus accentuée.

Fig. 166. — Poste mural.

Ce genre de construction a acquis une légitime faveur en raison des bons résultats qu'elle fournit, et elle tend à se substituer de plus en plus aux récepteurs à baguettes de charbon moulé.

Quant à la forme extérieure donnée aux postes téléphoniques, elle en très variable. La tablette du transmetteur est tantôt verticale, tantôt horizontale ou oblique. Sa forme est rectangulaire, circulaire, carrée, et elle est montée soit sur un cadre, un pied, un support coudé ou droit.

La fantaisie des constructeurs s'est donnée libre carrière dans cet agencement, pour arriver à la plus grande commodité possible pour déplacer aisément l'appareil.

Le récepteur, ordinairement suspendu à un crochet mobile sous la tablette du transmetteur, présente le plus souvent la forme d'une montre; on le munit quelquefois d'une poignée droite pour le maintenir aisément. Dans le système Ader, on peut le tenir par l'aimant circulaire dont les

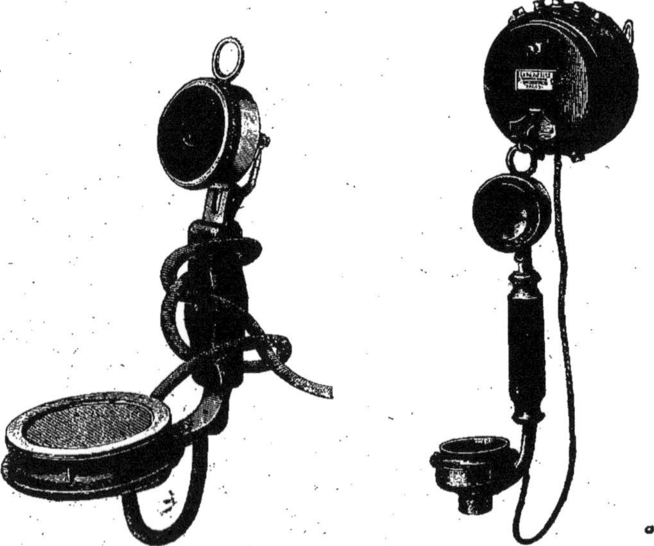

Fig. 167, 168 et 169. — Transmetteur et récepteur sur poignée unique.

pôles s'appliquent sur la culasse de l'éléctro intérieur agissant sur la rondelle vibrante. Enfin, certains modèles portent, sur une poignée unique, le transmetteur et le récepteur, de telle façon que l'on peut écouter tout en causant, et sans avoir à se déranger (fig. 167, 168 et 169.

Fig. 170. — Poste téléphonique forme pupitre de Radiguet-Massiot.

Chaque poste est complété par les éléments de pile et la bobine d'induction indispensable. Pour appeler le correspondant et le prévenir que l'on désire entrer en communication, on appuie sur un bouton-interrupteur qui ferme le circuit et envoie le courant de la pile dans la sonnerie d'appel de son poste, ou bien on actionne par

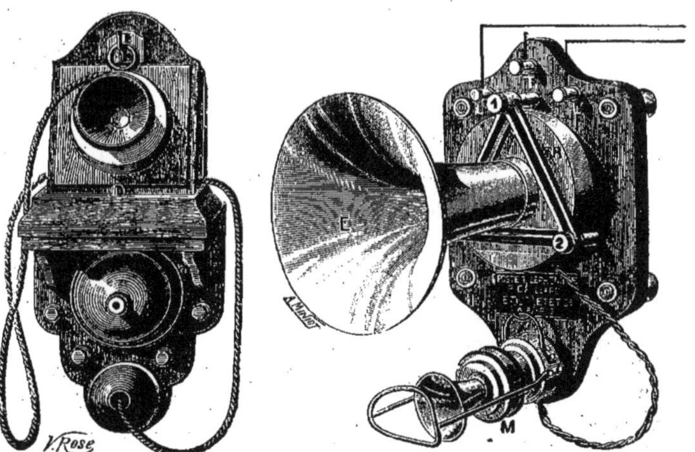

Fig. 171. — Poste téléphonique Mildé. Fig. 172. — Téléphone haut-parleur de Gaillard.

une petite manivelle une machine tournante d'induction qui produit le même effet. En décrochant ensuite le récepteur de son support, la sonnette est mise automatiquement hors circuit et les téléphones sont en communication l'un avec l'autre.

Ajoutons, pour en terminer avec les appareils téléphoniques, que l'on est parvenu à établir des récepteurs donnant un son assez fort pour être perçu dans toute une grande salle. Tels sont les modèles de *haut-parleurs* de Boisselot (fig. 173), de Gaillard (fig. 172) (construit par Ducretet), et le *thermo-microphone* d'Ochorovickz. Ce renforcement du son est ordinairement obtenu en intercalant une pile à grand débit ou une batterie d'accumulateurs capable de développer un courant de grande intensité dans la bobine induite du récepteur.

Fig. 173. — Récepteur téléphonique Boisselot.

On s'est beaucoup occupé dans ces derniers temps d'un autre procédé original d'émission de sons puissants, et qui consiste à utiliser une lampe électrique à arc voltaïque en guise de récepteur. Les variations d'intensité du courant alimentant cet arc lui permettent de reproduire avec force, sinon avec beaucoup de netteté, les paroles prononcées devant un transmetteur microphonique branché dans le circuit alimentant la lampe. Nous n'avons pas besoin d'ajouter que ce mode de transmission de la parole ne s'est pas encore beaucoup répandu, en raison sans doute de la complication de matériel qu'il exige pour son obtention.

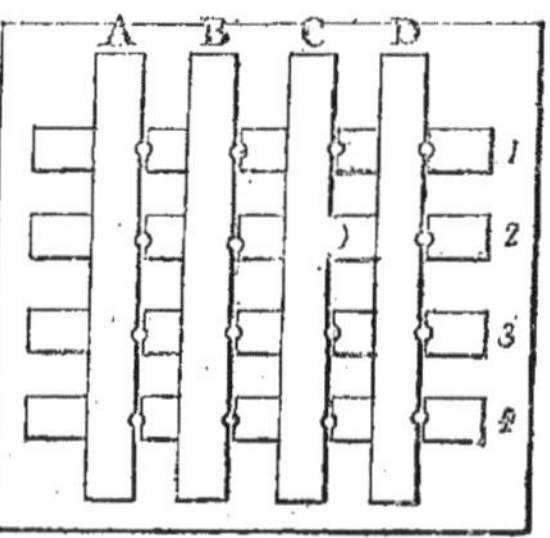

Fig. 174. — Commutateur suisse.

Quand une agglomération compte un grand nombre d'abonnés disséminés dans les divers quartiers de la ville, pour que chacun d'eux puisse correspondre avec tous les autres, il est nécesaire que tous les postes soient reliés à un bureau central chargé de donner les communications demandées en établissant la connexion entre les lignes de deux abonnés désirant entrer en conversation. Dans les bureaux de peu d'importance, ces connexions peuvent s'effectuer à l'aide d'un *commutateur suisse* (fig. 174), formé de barres conductrices superposées et s'entrecroisant perpendiculairement. En reliant ces barres par des chevilles mobiles, on peut mettre en rapport un abonné avec un autre. Mais quand les postes sont très nombreux, comme c'est le cas dans les grandes villes, on fait usage de grandes tableaux, appelés *multiples*, qui permettent de réaliser toutes les combinaisons voulues, de bureau à bureau, ou d'abonné à abonné en passant par plusieurs bureaux centraux.

Les faisceaux de fils arrivant par les égouts de tous les points de la ville, et qui alimentent deux par deux chaque appareil d'abonné, en arrivant du bureau central s'épanouissent en rosace et viennent aboutir à un *tableau annonciateur* comportant autant d'indicateurs à numéros qu'il y a d'abonnés. Si ce nombre est très considérable, le tableau est divisé en plusieurs panneaux comportant ordinairement 100 numéros et surveillés chacun par un employé. L'annonciateur de chaque abonné est formé d'un électro-aimant que traverse le courant de la ligne, et dont l'armature, mobile autour d'un axe, est maintenue, à la position de repos, écartée des pôles; un petit ressort antagoniste règle cette distance. L'armature est munie d'un crochet qui maintient relevée verticalement une petite plaque à charnière qui, à l'état ordinaire, masque le numéro de l'abonné. Lorsqu'un appel est envoyé au bureau central, en même temps que résonne la sonnerie d'appel, l'armature est attirée par l'électro, le crochet dégage la petite plaque qui s'abat et découvre le numéro de l'abonné qui a envoyé le signal.

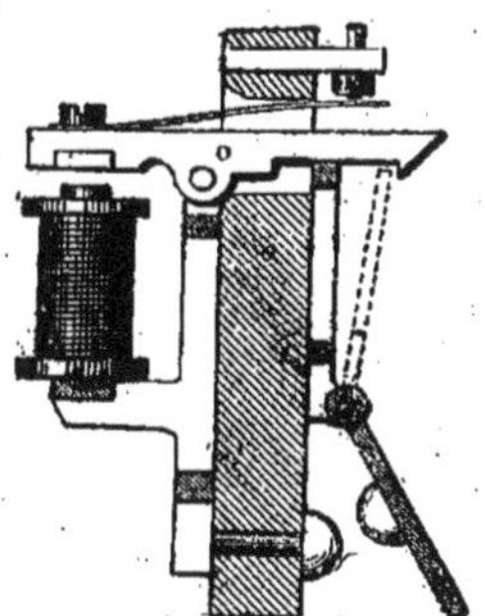

Fig. 175. — Mécanisme de l'annonciateur.

Un tableau annonciateur comprend 100 indicateurs semblables ; au-dessous de chaque numéro se trouve une prise de contact servant à relier le circuit de l'abonné avec l'un ou l'autre des circuits locaux ou généraux qui aboutissent au bureau central. Le système de connexion le plus usité est celui connu sous le nom de *jack-knife*. Deux plots de cuivre juxtaposés, mais séparés l'un de l'autre par une matière isolante, sont intercalés sur les fils de ligne et jouent le rôle d'interrupteurs. Ces plots étant percés de trous peuvent recevoir des chevilles métalliques servant à opérer le contact entre leurs deux parties, et à réaliser les connexions. Ces chevilles ou fiches, sont disposées à l'extrémité de cordons souples renfermant deux fils conducteurs composés de brins de cuivre très fins tordus ensemble ; elles comportent deux parties métalliques isolées l'une de l'autre et reliées respectivement à chacun des fils. On comprend donc que, si l'on enfonce une cheville dans la double plaque de laiton du jack-knife, la partie centrale communique avec la plaque du fond, et l'autre avec la pla-

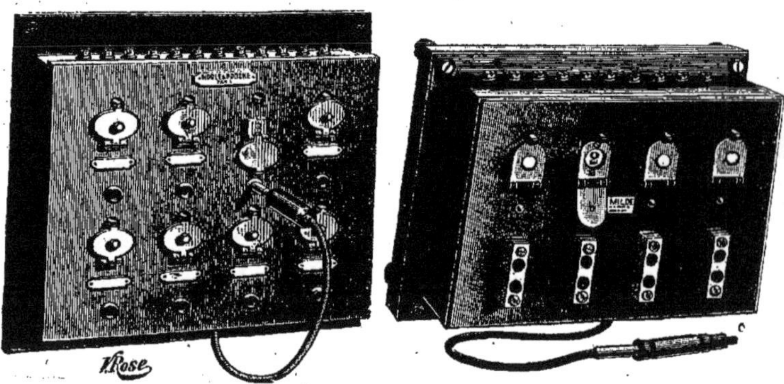

Fig. 176 et 177. — Tableaux annonciateurs téléphoniques.

que disposée la première. Ce dispositif très simple permet de relier ainsi les fils de ligne venant du poste qui a appelé, soit à un appareil téléphonique portatif pour que l'employé du bureau central puisse correspondre avec l'abonné et lui demander ses ordres, soit au jack-knife d'un autre abonné, pour que le demandeur puisse entrer en rapport téléphonique avec la personne qu'il demande.

Il est indispensable, cela se conçoit, que le bureau central soit prévenu de la fin des conversations et puisse rompre les connexions des deux jack-knifes. Dans ce but, on laisse en dérivation sur la ligne l'un des indicateurs des deux abonnés en communication. Le premier qui a terminé prévient le bureau en pressant le bouton d'appel de son poste; le courant que passe alors possède une intensité suffisante pour faire marcher l'indicateur demeuré en dérivation. Pour obtenir ce résultat, la plaque de commutation porte à sa partie inférieure un ressort qui appuie, au repos, sur une vis métallique reliée à l'indicateur. Le courant de la ligne passant par ce ressort va à l'indicateur et revient à la plaque d'où il retourne à la ligne : c'est le circuit d'appel. Une fois la communication établie entre les deux postes, on supprime, ainsi que nous venons de le dire, un des indicateurs, et on laisse l'autre en dérivation. Le ressort porte, dans ce but, une goupille en ivoire engagée dans le trou, et disposée de façon à ce que son extrémité dépasse quelque peu le niveau de la plaque. Quand on veut mettre l'indicateur hors circuit, on enfonce la cheville dans le trou, le ressort se trouve comprimé et le circuit est interrompu. Si, au contraire, on veut laisser l'indicateur en dérivation, il suffit de placer la cheville dans l'autre trou de la plaque. La communication entre deux abonnés s'établit donc, en fin de compte, en reliant chacun des jacks-knifes où aboutissent leurs fils, par un cordon souple, pourvu à ses deux extrémités d'une fiche à double contact. La première cheville est enfoncée dans le trou de droite du premier jack-knife, et la seconde dans le trou de gauche de l'autre.

Lorsque les annonciateurs de deux abonnés qui désirent entrer en communication se trouvent faire partie du même tableau, on les relie directement à l'aide du cordon à deux chevilles que nous avons décrit. Quand, au contraire, ils appartiennent à des panneaux différents assez éloignés l'un de l'autre, on les réunit à des commutateurs auxiliaires qui n'ont qu'un trou, sans ressort, et qu'on appelle *jacks généraux*. Ces jacks sont numérotés suivant la place qu'ils occupent dans le panneau, et tous ceux de même numéro communiquent entre eux par des fils disposés derrière les tableaux. Cette disposition permet de réunir, sans l'inextricable embarras qui résulterait de l'usage de longs cordons à double cheville de contact, deux annonciateurs éloignés. Lorsque deux abonnés n'appartenant pas au même bureau central veulent être reliés, on réunit leurs lignes par le moyen des lignes *auxiliaires* qui unissent les bureaux centraux les uns avec les autres, et dont le nombre est (ou devrait être) en rapport avec l'importance du trafic du réseau.

Les installations téléphoniques de postes privés ou domestiques présentent, cela se conçoit, une bien plus grande simplicité que les distributions urbaines à réseau étendu avec bureau central chargé de donner les communications. Elles peuvent rendre les plus grands services, aussi se sont-elles répandues dans toutes les usines, manufactures, maisons de commerce, ateliers, dans les usines, les entrepôts, les ministères, les chantiers de construction dont les ateliers sont souvent très éloignés des bureaux.

Quand, dans une semblable installation, il n'existe que deux postes, on rattache simplement les fils de ligne aux bornes des appareils. Si l'on veut éviter la dépense du fil de retour, on peut prendre la terre comme conducteur, ainsi que cela se pratique couramment pour la télégraphie électrique, mais les communications seront moins nettes, les sons plus sourds, plus confus, et, en résumé, il est préférable d'avoir un double fil de ligne.

Si le nombre des postes téléphoniques est un peu élevé, six, huit ou davantage, on peut choisir entre deux méthodes d'installations. La première nécessite un poste central desservant les postes secondaires qui ne peuvent communiquer entre eux que par son intermédiaire ; dans l'autre, les postes sont *embrochés,* reliés ensemble par un seul fil et pouvant communiquer à volonté et directement entre eux. Chaque méthode a ses avantages et ses inconvénients et le choix est déterminé par les circonstances dans lesquelles se présente l'installation.

Un poste simple comporte, comme matériel :

Une batterie de piles Leclanché, de 2, 4 ou 6 éléments en tension ;

Un transmetteur microphonique à bobine d'induction ;

Deux récepteurs téléphoniques ;

Une sonnerie d'appel ;

Et un parafoudre.

Le poste central comporte, en plus un tableau annonciateur à numéros, réduction du tableau multiple de bureau central, dont nous avons donné plus haut la description, et dont le rôle est exactement le même. L'appel d'un poste quelconque fait vibrer la sonnerie et déclanche en même temps le numéro. L'employé du poste central demande au correspondant qui le sonne, avec quel poste il veut être mis en relation. En possession de cette indication, il relie par un cordon souple à double fiche le poste appelant à celui qui est appelé. Ce procédé nécessite donc la présence continuelle d'un employé auprès du tableau annonciateur, ce qui ne se conçoit qu'au cas où les postes à desservir sont nombreux. Le système par postes embrochés a pour but de permettre l'appel direct d'un poste quelconque, en exigeant seulement deux fils. Il permet donc de réaliser une certaine économie.

Si nous voulons maintenant dire un mot des lignes et des conducteurs servant à transmettre les courants téléphoniques, dont nous avons dit la faible intensité, nous rappellerons qu'on fait usage de lignes souterraines dans les grandes villes, et de lignes aériennes pour les communications de ville à ville, à grande distance, ainsi que pour les réseaux privés. Les fils de lignes souterraines sont en cuivre pur de haute conductibilité recouvert d'un isolant à la gutta et d'un guipage de coton ; leur diamètre est de 7 ou 9 dixièmes de millimètre, et les deux fils d'aller et retour desservant un poste sont tordus ensemble de manière à ce qu'ils soient tous deux exactement dans les mêmes conditions au point de vue des phénomènes d'induction. On réunit en un câble un paquet de 25 à 100 conducteurs doubles, et ces câbles sont placés dans des caniveaux ou descendus dans les égouts dont ils suivent les ramifications.

Fig. 178. — Commutateur à trois directions pour téléphones.

Pour les lignes téléphoniques aériennes on utilise le fil d'acier galvanisé de 2 millimètres de diamètre, présentant une résistance à la rupture de 350 kilogrammes, et pesant 25 kilogrammes par kilomètre. Le fil de bronze siliceux ou phosphoreux de $1^{mm},2$ de diamètre permet des portées plus longues, car, pour la même résistance, il ne pèse que de 9 à 11 kilogrammes par kilomètre. Outre que le bourdonnement des fils est moins désagréable, et l'induction moins sensible, il faut moins de poteaux et la dépense totale est moins élevée.

C'est au moyen de lignes aériennes que sont reliées aujourd'hui les cités très éloignées. En France, la plupart des grandes villes sont maintenant réunies à la capitale par des lignes téléphoniques, dont les plus longues sont celles de Lille, Bordeaux, Toulouse, le Havre et Marseille. Des communications internationales ont même pu être organisées entre les capitales de l'Europe. De Paris, on peut téléphoner à Rome et Milan, à Bruxelles, à Londres, par des lignes spéciales tantôt aériennes, tantôt souterraines et même sous-marines lorsque la chose est nécessaire. Et on peut envisager le moment où ces transmissions seront poussées jusqu'à Berlin, Copenhague, Saint-Pétersbourg, et peut-être plus loin, quand on saura débarrasser les longues lignes de l'insupportable bruit de *friture* qui résulte de l'induction produite sur les circuits téléphoniques par le passage des courants télégraphiques voisins.

Pourquoi faut-il, quand on constate le magnifique développement pris en si peu d'années par cette application si utile de l'électricité, reconnaître que la France et Paris, la Ville-Lumière, est celle où le téléphone a encore le moins d'adhérents et d'abonnés ! Et cependant les statistiques le prouvent tandis que Stockholm possède 1 poste téléphonique par 23 habitants, Christiania 1 pour 30, Berne 1 pour 40, Boston 1 pour 60, et New-York 1 pour 120 habitants, Paris ne compte qu'un abonné par 180 habitants, et l'on peut dire que ce nombre restreint dépend surtout de l'organisation défectueuse, absolument insuffisante du réseau, et du prix élevé de l'abonnement exigé par l'Etat français qui a le monopole de ce service public, qu'il exerce si mal tout en se faisant payer si cher.

On a cherché à perfectionner le téléphone, et au premier rang des améliorations que l'on s'est efforcé de lui apporter, il faut placer l'inscription des communications échangées et dont il ne restait aucune trace. Plusieurs solutions ont été proposées ; l'une des plus intelligemment conçues, est le *télégraphone*, sorte de phonographe électro-magnétique qui figurait à l'Exposition Universelle de 1900 et avait été inventé par l'ingénieur Poulsen.

Dans cet appareil, l'enregistrement de la parole s'opère sur un fil ou un ruban d'acier, grâce à une modification de son aimantation, par le passage du courant dans les spires d'un électro-aimant relié à un transmetteur microphonique. Le message téléphoné s'enregistre ainsi automatiquement, au lieu d'être reçu par un employé ; si l'on a des messages confidentiels, il suffit de placer pendant son absence, l'appareil dans un coffre fermant à clé. Lorsqu'on rentre, on prend la bande enregistrée, et le phénomène étant réversible, pour reproduire la parole, on replace le téléphone en série avec l'électro-aimant, devant les pôles duquel repasse le fil ou ruban d'acier sur lequel se trouvent les empreintes.

Les courants ondulatoires induits par les variations d'aimantation au passage de la bande, reproduisent la parole dans le récepteur téléphonique. Pour effacer l'enregistrement, on fait passer un courant continu dans les spires de l'électro, qui sert alternativement d'enregistreur et de répétiteur; la bande d'acier redevient prête à recevoir une nouvelle empreinte.

Ce système incontestablement très ingénieux a encore été perfectionné depuis son apparition par M. Pedersen qui est parvenu à enregistrer deux conversations simultanées sur le même fil et à les trier ensuite.

Un autre perfectionnement auquel on s'est attelé, surtout depuis que Marconi, Popoff et leurs émules ont montré que la chose était réalisable en télégraphie, consiste dans la transmission téléphonique de la voix, des sons, à travers l'espace, sans aucun fil conducteur, en un mot la téléphonie sans fil.

On a remarqué qu'une lampe à arc à courant continu faisait entendre un bruissement particulier assez intense quand, dans le voisinage des fils lui amenant le courant, et parallèlement à ceux-ci, circulait un courant faible et intermittent, tel que celui d'une ligne téléphonique. En parlant dans un téléphone placé dans ces conditions la voix se trouvait reproduite par la lampe, qui devient ainsi, comme nous l'avons dit plus haut, un véritable récepteur haut-parleur. En réalité, les vibrations de l'arc correspondent à des variations de chaleur et d'intensité lumineuse de la lampe. C'est de cette constatation qu'a découlé l'idée du téléphone sans fil.

Dans le procédé préconisé par M. Ruhmer, le poste d'émission est combiné à un réflecteur qui dirige les rayons émis par l'arc sur un poste récepteur placé à une grande distance et composé d'un miroir parabolique, d'une plaque de sélénium, placée en son centre, sur le trajet d'un circuit téléphonique avec batterie, et d'un microphone placé derrière le miroir parabolique.

Le sélénium a pour propriété de varier de conductibilité électrique sous l'influence des variations de lumière. Les ondes lumineuses d'intensité diverse qui viennent frapper le miroir récepteur, quand on parle devant le microphone, ont, dès lors, pour effet de faire changer à tout instant la conductibilité de la plaque de sélénium et par suite influencent le courant du récépteur téléphonique, qui reproduit ainsi les sons émis. Un téléphone sans fil est dès ce moment réalisé.

Ce dispositif peut également être utilisé pour la réception de dépêches et leur reproduction indéfinie, à la manière d'un phonographe. Il suffit, tout d'abord, pour enregistrer la dépêche, de faire déplacer à grande vitesse, devant la source lumineuse ou devant le miroir récepteur, une pellicule photographique sensibilisée sur laquelle s'inscrivent les intensités lumineuses variables. Pour reproduire les sons correspondant à ceux de l'émission, il suffit de faire repasser la pellicule impressionnée, à la même vitesse, entre les rayons concentrés d'une source lumineuse et la plaque de sélénium; les parties plus ou moins claires ou obscures de la pellicule absorbent une quantité de lumière variable, déterminant des variations de conductibilité du sélénium et, par suite, l'émission d'un son au microphone.

M. Ruhmer, qui a donné le nom de photographone à son appareil, est parvenu à recevoir des messages à 7 kilomètres de distance, le jour aussi bien que la nuit, la seule précaution nécessaire pendant le jour consistant à protéger le réflecteur par un auvent contre les rayons solaires.

L'intensité du courant nécessaire pour ces transmissions est de 4 à 5 ampères pour 1 à 2 kilomètres, 12 à 16 ampères pour 7 kilomètres. Le faisceau lumineux émis par le transmetteur détermine des variations de résistance concordant aux courants microphoniques du transmetteur dans la pile au sélénium disposée en série avec les téléphones et la batterie. Il en résulte des variations similaires dans le récepteur, et par suite la reproduction des sons.

Ce procédé semble présenter un certain avenir pour les communications verbales entre stations peu éloignées, par exemple entre des navires et la côte. C'est, en somme, le pendant de la télégraphie électrique sans fil, et une application utile, susceptible de recevoir encore plus d'un perfectionnement.

Il ne nous reste plus maintenant, pour compléter cette étude sommaire de la téléphonie qu'à rappeler les emplois qui ont été faits dans des circonstances particulières. Citons la transmission des ordres aux différentes fractions d'une armée en campagne à l'aide de postes volants dont le matériel est porté à dos d'hommes ou traîné dans des voitures légères, comme l'application en a été réalisée lors de la conquête de Madagascar; l'observation de l'approche des navires et des torpilles, dans la marine, à l'aide de microphones suspendus entre deux eaux et reliés à un récepteur placé à bord d'un cuirassé ; la surveillance de la bonne marche de la ventilation, dans les galeries de mines, au moyen d'un récepteur placé dans le bureau de l'ingénieur; les recherches physiologiques, etc. La liste n'est pas close.

Si du passé on peut déduire l'avenir, on en conclura que le téléphone a encore devant lui un vaste champ d'action, et que ses usages continueront à se développer avec le temps, pour le plus grand bénéfice de l'industrie et de la civilisation.

CHAPITRE XIV

L'Électrothérapie.

Effets physiologiques de l'électricité. — Forme de l'énergie et nature des courants employés en électro-thérapeutique. — Outillage et matériel. — Appareils statiques, à piles, d'induction. — Les courants de haute fréquence. — Instruments chirurgicaux. — Appareils lumineux pour l'exploration. — Les rayons X, la radioscopie et la radiographie. — La photothérapie. — L'ozone.

Les applications de l'électricité à la médecine et à la chirurgie se sont multipliées surtout depuis quelques années et on peut dire que les savants ont créé un arsenal complet d'instruments devant lequel toutes les maladies qui affligent le genre humain sont obligées de céder. On pourrait même dire que l'on a abusé de la puissance reconnue de la fée des temps modernes, et que des charlatans sans scrupules l'ont exploitée en la présentant comme la panacée universelle, le préservatif de tous les maux qui accablent notre espèce. Mais, à côté de ces exagérations, de ces affirmations basées sur des théories absurdes, il n'en est pas moins vrai que l'électricité, sagement dosée par les mains expertes de savants praticiens, a donné dans bien des cas, des résultats incontestables, et c'est pour montrer ce qui a été obtenu dans cet ordre d'idées que nous écrivons ce chapitre.

Les effets physiologiques de l'électricité sont connus depuis l'époque de l'invention des premières machines électrostatiques, et ce sont, peut-on dire, les premiers qui aient frappé l'imagination des expérimentateurs du début. Nous n'avons qu'à rappeler l'histoire de la purgation électrique, du transport des médicaments à travers le corps humain, que l'abbé Nollet dut réfuter en 1788, et les expériences galvaniques exécutées sur des corps de pendus, par plusieurs médecins anglais en 1805. La preuve fut surabondamment donnée à plusieurs reprises dès cette époque de l'influence du courant sur le système nerveux. De là à en tirer parti pour le soulagement de certaines maladies il n'y avait qu'un pas, et ce pas fut vite franchi. Mais on en resta aux tâtonnements aveugles de l'empirisme jusqu'à ce que la science fût assez avancée

Fig. 179. — Machine Wimshurst pour applications médicales, actionnée par un moteur électrique à courant continu de G. Trouvé.

pour donner une base solide à ce qui n'était jusque là qu'hypothèse et supposition.

Aujourd'hui, le matériel de l'électricien thérapeute est fort complexe, et son maniement raisonné demande une science complète des modes d'action de l'énergie, suivant le résultat que l'on désire atteindre. Nous passerons donc en revue, dans le présent chapitre, les nombreux appareils employés en électricité médicale et qui font partie de l'outillage thérapeutique moderne.

Toutes les formes sous lesquelles on connaît l'énergie électrique ont été utilisées : les charges de haut potentiel, les courants continus, interrompus, d'induction, alternatifs à faible ou grande intensité, haute ou basse tension, de moyenne ou haute fréquence ; les radiations lumineuses, extra-violettes, celles émanant de la cathode d'un tube de Crookes ou du mystérieux radium ont été mis successivement à contribution, et souvent le succès a répondu à l'attente des chercheurs qui espéraient en tirer un bienfaisant effet. Les expériences des physiologistes ont mis en lumière les effets produits sur l'organisme par telle ou telle forme de courant, et indiqué clairement qu'il était indispensable de varier, dans chaque cas particulier, le mode de traitement et la nature des courants. Aussi, est-ce surtout dans cette détermination de la forme sous laquelle l'électricité doit être employée, et dans le mode d'application à adopter pour un cas donné, que se trouve le point délicat de l'électrothérapie.

L'électricité à haut potentiel est obtenue au moyen de machines électrostatiques, dont les modèles Wimshurst, Bonetti, Holtz, décrits dans notre chapitre II demeurent les plus usités. L'application au corps humain s'effectue à l'aide d'instruments spéciaux, appelés *excitateurs*, dont la forme est très variable, que l'on relie aux conducteurs de la machine et que l'opérateur approche de la partie du corps du patient qu'il s'agit de traiter.

Les courants continus de faible intensité, s'élevant au plus à 200 milliampères sont employés en médecine par leur action directe sur les nerfs et les muscles de l'organisme en traversant une partie du corps et par leur action électrolytique sur la matière organique. Dans la première action, on prend des précautions spéciales pour éviter l'action chimique aux points d'application des électrodes, action qui produit une modification de l'épiderme provoquant une sensation de brûlure ; dans la seconde action, que l'on appelle électrolyse ou galvanocaustique chimique, ce sont au contraire ces actions chimiques, cette décomposition électrolytique des tissus, qui sont utilisées. Il y a donc là deux actions très nettement différentes et qu'il ne faut pas confondre.

Pour régler l'intensité du courant traversant la partie du corps soumise à son action, on se sert ordinairement d'un collecteur qui groupe diversement les éléments de la pile et fait varier la force électromotrice, et conséquemment l'intensité du courant traver-

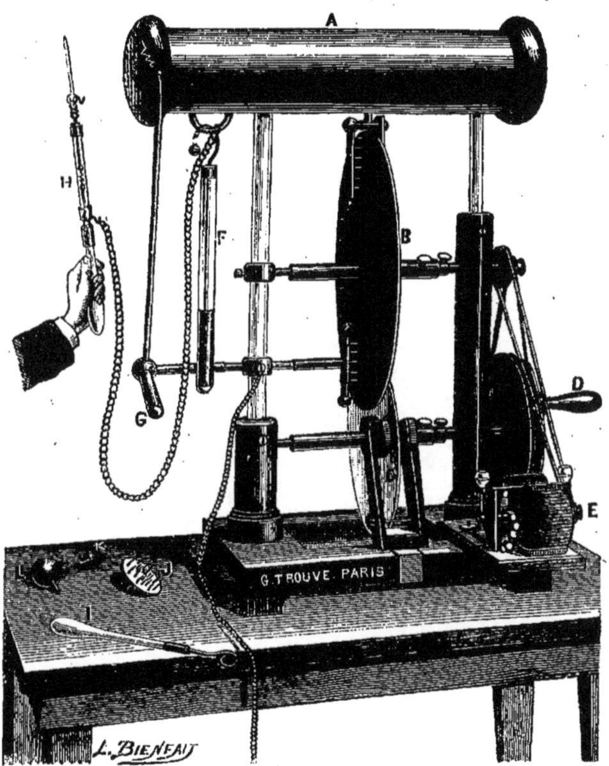

Fig. 180. — Machine électrostatique de Carré pour usages médicaux avec ses excitateurs.

sant un circuit dont la résistance est connue. On peut aussi, sans modifier le couplage des éléments, faire varier l'intensité en introduisant des résistances en fils de ferro-nickel dans le circuit ou en éloignant plus ou moins les électrodes du corps par des linges ou des éponges humides.

Les piles primaires spécialement établies pour ces usages, sont la pile au bisulfate de mercure de Chardin, à électrodes de zinc et de charbon plongeant dans un vase de verre cylindrique contenant la solution excitatrice ; la pile de Trouvé, également au sulfate de mercure mais à auges mobiles sur une tige à crémaillère ; la pile au bioxyde de manganèse et chlorure de zinc, de M. Gaiffe, et les piles au chlorure d'argent. Tous ces systèmes comportent

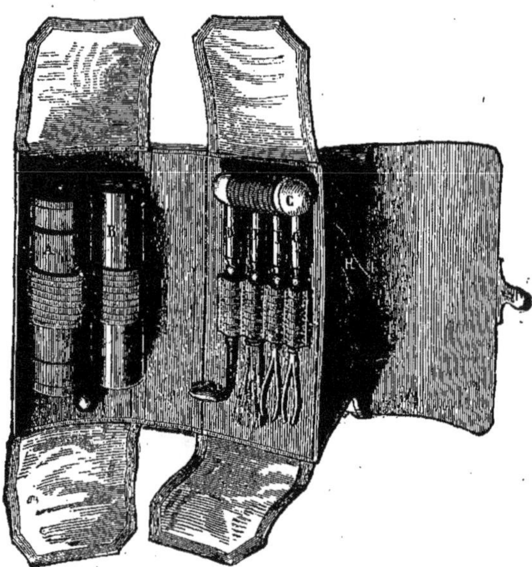

Fig. 181. — Trousse électro-médicale de Trouvé.

un nombre assez grand d'éléments (jusqu'à soixante), montés dans une boite unique, dont le couvercle porte, avec les appareils de mesure, les manettes des collecteurs permettant de régler exactement et suivant les besoins, l'intensité du courant à appliquer.

La forme des excitateurs pour courants continus est également très variée, suivant l'emplacement de l'organe à traiter ; les plus usités sont le révulseur à action localisée et l'excitateur double révulseur du Dr Tripier ; l'excitateur à bouton de charbon, l'excitateur double rectal du Dr Bergonié, l'excitateur vaginal du

Dr Apostoli, enfin les dispositifs du Dr Redard et du Dr Gauthier.

Les courants d'induction sont encore très en faveur en électro-

Fig. 182. — Autre modèle d'électro-médical.

thérapie, et les spécialistes, Gaiffe, Chardin, Trouvé, Ducretet, ont établi des appareils de toute grandeur, depuis la trousse de

Fig. 183. — Electro-médical à pile au bichromate, avec ses excitateurs.

poche jusqu'au meuble en forme de secrétaire contenant tout le matériel pour la production de ces courants.

Dans les modèles portatifs, la pile est ordinairement au sulfate de mercure ou au chlorure d'argent, tandis que, pour les grands modèles à poste fixe, on préfère une pile à grand débit, réglable suivant les besoins, tel qu'une pile au bichromate de potasse dont les électrodes sont rendues mobiles et peuvent plonger plus ou moins dans le liquide à l'aide d'un treuil. Le courant de la pile est envoyé dans le circuit primaire d'une bobine d'induction dérivant du système construit au début par Ruhmkorff; la fréquence est réglée par le jeu du marteau trembleur dont les oscillations plus ou moins rapides ouvrent et ferment le circuit et donnent naissance, dans l'enroulement secondaire de la bobine, aux courants induits dont il est fait usage. Le réglage de l'intensité de ces courants s'effectue par le déplacement de l'enroulement secondaire qui peut glisser sur le fil inducteur enroulé autour de l'axe de la bobine, occupé par un faisceau de fils de fer doux soigneusement recuits.

Pour obtenir le maximum de commodité dans l'usage médical

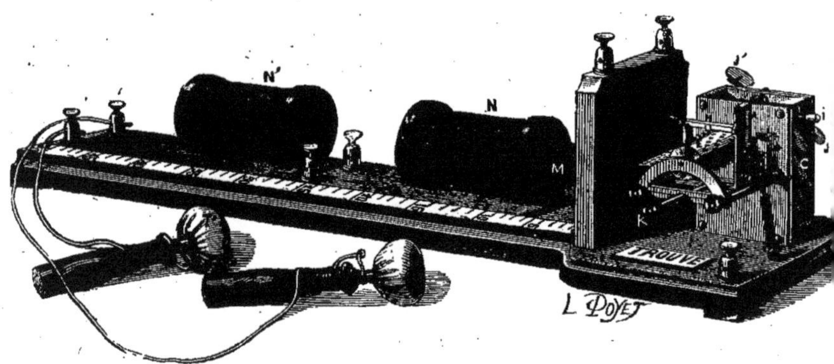

Fig. 184. — Appareil d'induction perfectionné, de G. Trouvé.

des courants, les constructeurs que nous avons nommés ont pensé à réunir tous les appareils nécessaires dans un seul meuble disposé à cet effet. Ce meuble contient donc les piles pour l'application des courants continus, et le transformateur pour les courants d'induction. Mais comme les piles demandent des manipulations de produits chimiques et un entretien journalier, on a songé à leur substituer le courant électrique distribué par les secteurs d'éclairage. L'utilisation de ces courants nécessite toutefois l'interposition de résistances ayant pour but de ramener au voltage voulu la tension du courant du secteur, qui est ordinairement de 110 volts. On a donc combiné des tableaux portant avec le réducteur de tension ou rhéostat, un coupe-circuit et un parafoudre. Pour éviter le gaspillage d'électricité qui résulte de la présence du rhéostat absorbant inutilement la majeure partie du courant, il est préférable, avec les courants continus de se servir d'un petit transformateur rotatif à deux induits, moteur-générateur absorbant le courant à 110 volts et débitant un courant de 8 ou 10 volts à la sortie. C'est la solution incontestablement la plus économique. Avec les secteurs distribuant du courant alternatif, on peut recourir à un petit transformateur statique, avec réglage à volonté pour donner juste la tension désirée M. Gaiffe et M. Chardin construisent des appareils de ce genre.

Encore pour éviter l'emploi des piles primaires, on peut faire usage de machines magnéto-électriques, composées d'une double bobine tournant devant les pôles d'un aimant permanent en fer à cheval, et qu'on actionne au moyen d'une manivelle. Le patient qui se soumet à l'action plutôt désagréable de ce genre de courants alternatifs tient dans chaque main un cylindre creux de laiton relié au commutateur de la machine. Dans le but d'obtenir de meilleurs résultats qu'avec ce dispositif un peu primitif, M. Gaiffe a construit, d'après les indications de M. le Dr d'Arsonval, une magnéto donnant des courants alternatifs de forme sinusoïdale qui comporte quatre bobines tournant devant un aimant circulaire. Ce modèle est appliqué notamment dans plusieurs établissements de bains pour remplacer la bobine d'induction dans les bains hydro-électriques; il peut donner jusqu'à 10.000 interruptions de courant par minute.

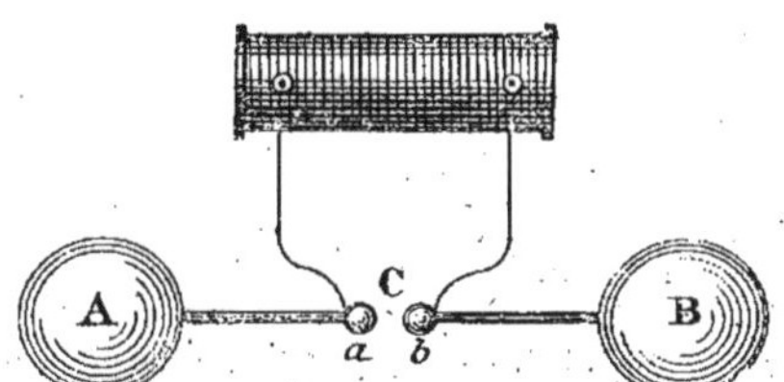

Fig. 185. — Schéma de la production des courants de haute fréquence.

Nous en arrivons maintenant à la principale innovation qui a été apportée au cours de ces dernières années dans la technique électro-médicale. Nous voulons parler des courants de haute fréquence et de grande tension, dont nous avons déjà parlé à l'occasion de la télégraphie sans fil par ondes hertziennes.

C'est M. Tesla, savant électricien américain qui a, le premier, étudié les effets curieux produits par ce genre de courants. Après lui, M. d'Arsonval, M. Bose, de Calcutta, M. Ducretet, constructeur, M. Breton, ingénieur, se sont occupés de créer des appareils pratiques pour la production de ces courants et leur application à la thérapeutique. M. Tesla se servait d'un alternateur de basse fréquence actionnant un transformateur dont l'induit travaillait à charger les capacités d'un condensateur électrique. Il se

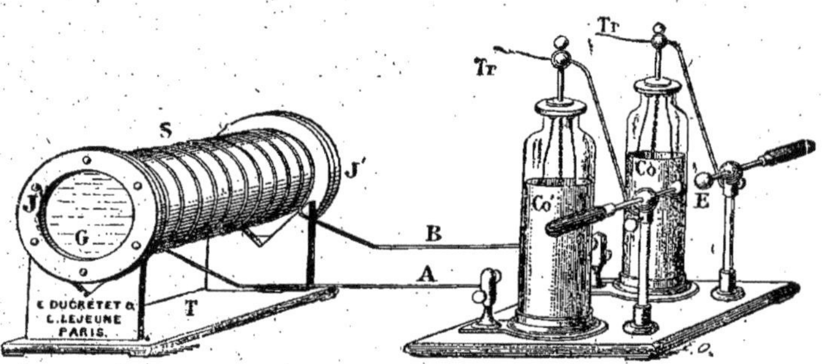

Fig. 186. — Dispositif de Ducretet pour la production des courants de haute fréquence.

produisait une série d'oscillations électriques de grande fréquence, traversant le circuit primaire d'un second transformateur, dont le circuit secondaire devenait à son tour le siège de courants induits de très haute tension et de grande fréquence, courants que l'on pouvait recueillir aux bornes.

M. d'Arsonval, et après lui M. Ducretet ont amélioré et simplifié ces dispositions. Ce dernier procède comme suit (fig. 187) :

Une bobine Rhumkorff, actionnée par le courant continu d'une petite dynamo de laboratoire ou par celui distribué par une canalisation à 110 volts, comme c'est le cas dans bien des villes possédant des secteurs d'éclairage, est munie d'un trembleur-interrupteur indépendant, actionné par une batterie d'accumulateurs, et son courant est réglé entre 3 et 8 ampères par un rhéostat à curseur contrôlé par un ampèremètre.

Le courant induit, développé dans les spires de la bobine, sert à charger un condenseur composé d'une batterie de bouteilles de Leyde, condensateur qui se décharge constamment par une série d'étincelles jaillissant entre les deux boules d'un excitateur et sont soufflées au fur et à mesure par un jet d'air comprimé provenant d'une soufflerie, ou par l'effet d'un puissant champ magnétique produit entre les pôles d'un électro-aimant de Faraday.

Les courants de haute tension et de grande fréquence sont captés aux deux extrémités d'un solénoïde relié aux bornes du condenseur.

Ces dispositions, avec quelques variantes, ont été reproduites par MM. Gaiffe, et Chardin. M. Gaiffe emploie un interrupteur combiné par M. d'Arsonval et dont le but est de régler la production des courants induits dans la bobine. Celle-ci peut être remplacée, pour obtenir des effets plus puissants, par un transformateur à courant alternatif actionné, soit par un alternateur spécial, soit par un courant alternatif provenant d'un réseau de distribution.

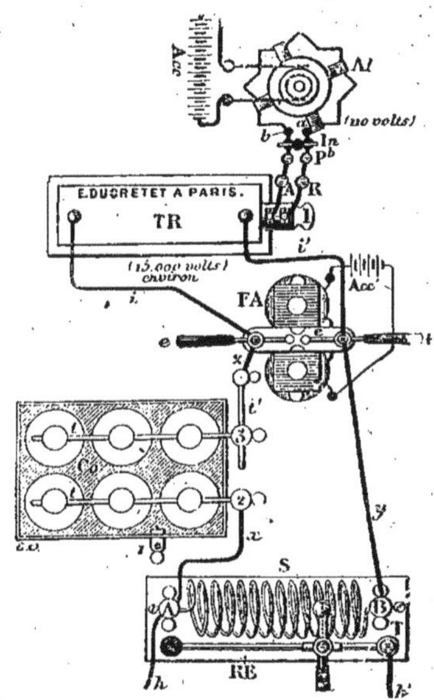

Fig. 187. — Appareillage de Ducretet pour la production des courants de haute fréquence.

M. le Dr Oudin a fait connaître un transformateur particulier qu'il a qualifié de *résonateur*, et dont le type construit par M. Ducretet, est incontestablement le plus pratique. C'est (fig. 188) un grand solénoïde en fil de cuivre, de 3 millimètres de diamètre et 60 mètres de long, enroulé sur un cylindre fileté de bois paraffiné; les spires sont écartées de un centimètre. La partie inférieure de ce solénoïde forme le circuit primaire du transformateur et est parcourue par les courants de grande fréquence mais de faible tension; ces courants développent par induction des courants de très haute tension dans les spires supérieures du solénoïde qui constituent, par conséquent, le circuit secondaire.

En faisant tourner le cylindre sur son axe, le fil vient au contact d'un galet appuyant sur fil et divise le solénoïde en deux

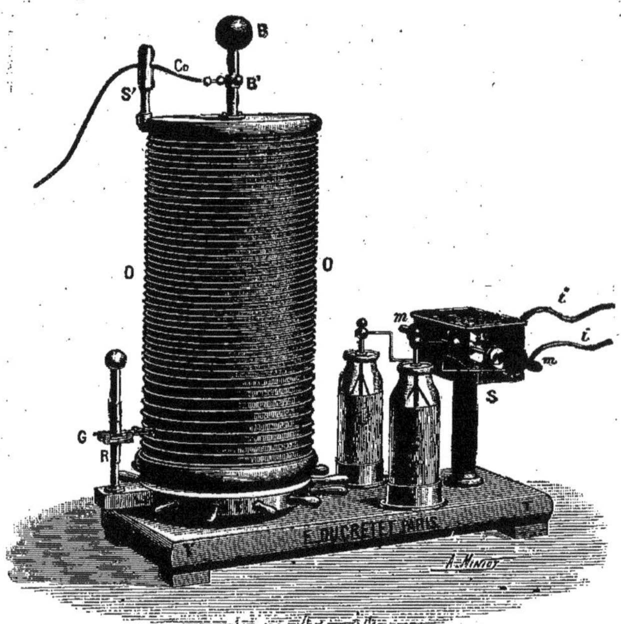

Fig. 188. — Résonateur du Dr Oudin, avec l'oscillateur et les capacités.

parties inégales, l'une inductrice, l'autre induite. Le galet est relié à l'une des armatures du condensateur, l'autre armature étant réunie à l'axe même du cylindre de bois portant le fil.

M. Breton se basant sur les résultats obtenus à l'aide de cette disposition a établi un appareil analogue, mais de plus grandes dimensions, formé d'une carcasse de bois quadrangulaire sur laquelle se trouve enroulé un fil de 350 mètres de longueur formant 128 spires superposées. Il a pu obtenir ainsi des effets très remarquables.

Ajoutons encore qu'en faisant usage d'un interrupteur électrolytique Wehnelt, au lieu d'un interrupteur mécanique, pour actionner le trembleur d'une bobine, on obtient un bien meilleur rendement, les courants induits ayant une intensité très supérieure, à ceux développés par tout autre procédé. MM. Radiguet et Massiot préconisent cet interrupteur pour les expériences que l'on peut réaliser avec les courants de grande fréquence.

Lorsqu'on emploie des condensateurs de grande surface, les

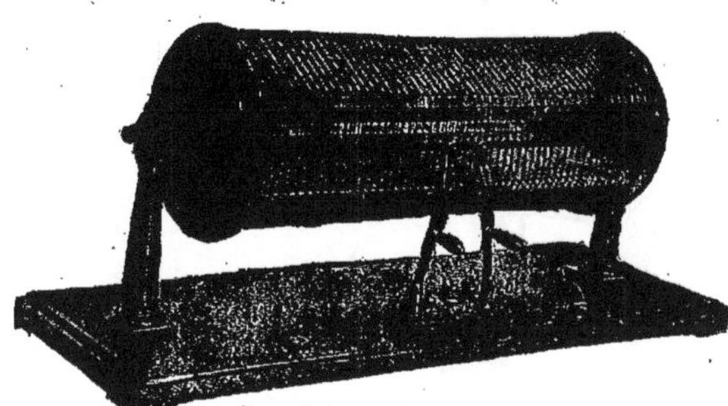

Fig. 189. — Autre forme de résonateur.

étincelles que l'on peut tirer en approchant un objet métallique des spires du résonateur sont extrêmement vives et brillantes ; et elles atteignent 30 et 35 centimètres de longueur et se divisent en nombreux traits de feu dont la forme rappelle celle des éclairs. Les courants de grande fréquence créent autour de leurs conducteurs un champ électrostatique très intense quand on en approche des tubes de Tesla, où le vide est un peu plus grand que dans les tubes bien connus de Geisler, et qui n'ont pas d'électrodes, ceux-ci s'illuminent immédiatement. La self-induction est également très considérable ; en mettant en relation avec le solénoïde un chapelet de lampes à incandescence ordinaires, ces lampes s'allument aussitôt.

Les effets physiologiques de ces courants ne sont pas moins curieux, et l'on a constaté que, dès que la fréquence dépasse 6000 périodes par seconde, ils deviennent absolument inoffensifs et sans effet sur le corps humain. Ainsi, l'on peut, comme l'a

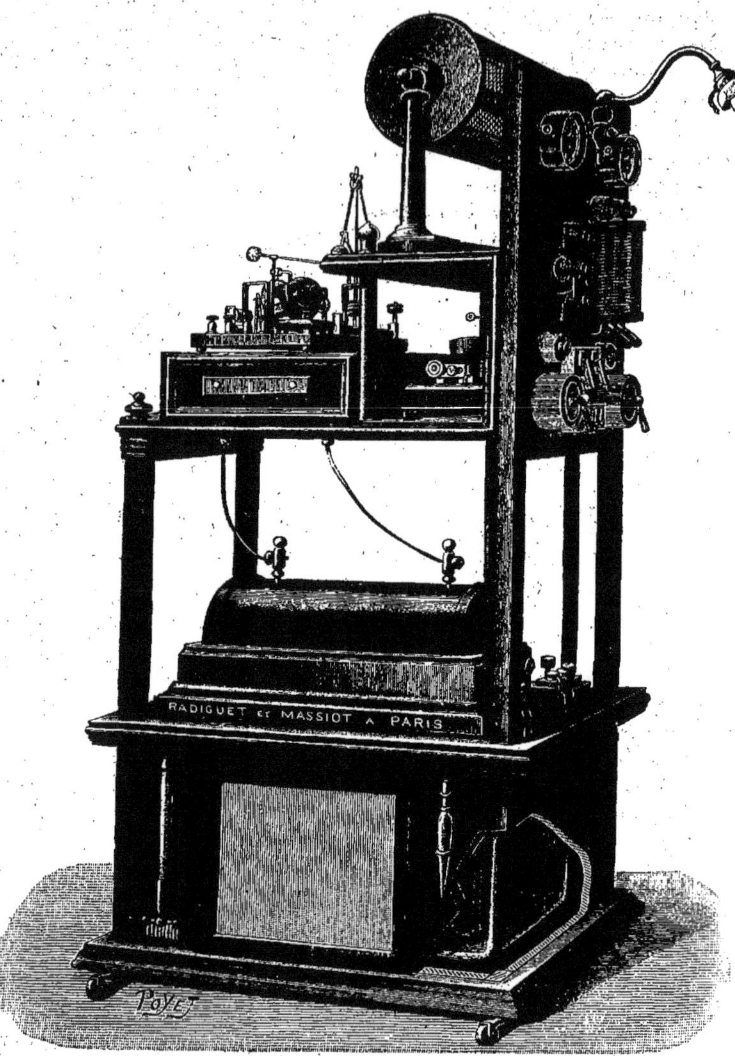

Fig. 190. — Appareillage électrique de Radiguet et Massiot pour la production des courants de haute tension et grande fréquence.

montré le Dr d'Arsonval, faire traverser impunément l'organisme par des courants et des décharges formidables, capables d'illuminer plusieurs lampes à incandescence tenues à la main sans ressentir la moindre commotion; la seule précaution à prendre est de ne pas faire jaillir l'étincelle directement sur la peau, mais d'interposer un objet métallique pour éviter une brûlure et une piqûre désagréable. Cette propriété des courants de grande fréquence a même été utilisée pour obtenir certains effets thérapeutiques très avantageux pour le traitement des diverses maladies.

Ce champ d'investigation est à peine ouvert et déjà on peut entrevoir le moment où les applications de ces courants seront d'ordre usuel pour le traitement des affections nerveuses.

De même que les courants de haute fréquence, les radiations auxquelles, dans l'ignorance où l'on était de leur nature, on a donné le nom de rayons X, ont causé, lors de leur découverte, une émotion immense, universelle, et, comme on les a utilisés dans l'art de guérir, nous devons leur consacrer ici une courte étude.

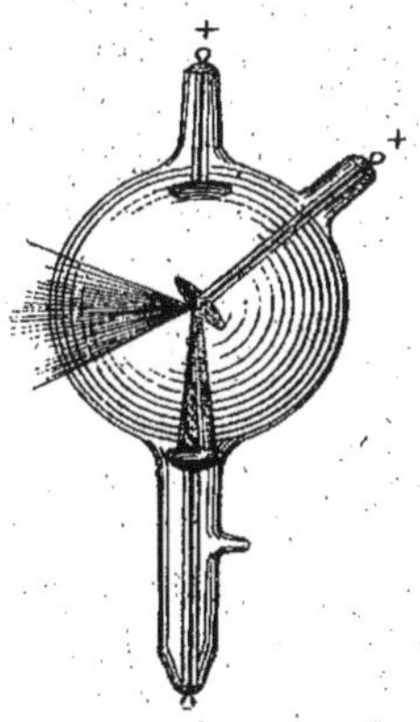

Fig. 191. — Ampoule à cathode pour la production des rayons X.

C'est au commencement de l'année 1896 que le docteur allemand Röntgen fit connaître les premiers résultats de ses recherches, et desquels il ressortait que l'on pouvait différencier nettement, des radiations émises par un simple tube à vide de Geisler, une autre catégorie de rayons présentant des propriétés particulières, notamment celle de se propager en ligne droite sans pouvoir être déviés, réfléchis ou réfractés par aucun artifice et traverser sans aucune difficulté les corps opaques à la lumière ordinaire.

Longtemps avant le savant allemand, on avait soupçonné l'existence de ces rayons prenant naissance dans les tubes où un vide partiel a été opéré, et différents chercheurs avaient déjà remarqué la luminescence particulière produite par la décharge électrique à l'intérieur de ces tubes. Dès que Röntgen eut communiqué les résultats de ses travaux aux académies, une foule de savants s'empara de ce sujet et le fouilla dans ses moindres détails, de manière à déterminer exactement les conditions dans lesquelles ces radiations prennent naissance, et la façon dont elles se comportent suivant les circonstances.

Le matériel pour la production de ces rayons, que l'on suppose

Fig. 192. — Appareillage Radiguet pour la radioscopie et la radiographie.

de grande longueur d'onde, consiste en un générateur primaire quelconque, le plus souvent une batterie de piles ou d'accumulateurs de quelques éléments dont le courant continu est transformé en un courant alternatif de haute tension par une bobine d'induction à condensateur et à interrupteur mécanique ou électrique. Ce courant est envoyé dans un tube ou ampoule, dans lequel un vide partiel a été pratiqué, et dont la forme a été extrêmement variée par les expérimentateurs.

La première application qui ait été faite, dans l'art médical, de ces radiations a été la *radioscopie*, qui permet d'étudier visuellement l'intérieur du corps humain. On fait usage d'un écran en carton enduit d'une substance *radio-active*, c'est-à-dire présentant la propriété de devenir phosphorescente quand elle est frappée par les rayons émis par l'ampoule. Cet écran est appliqué sur

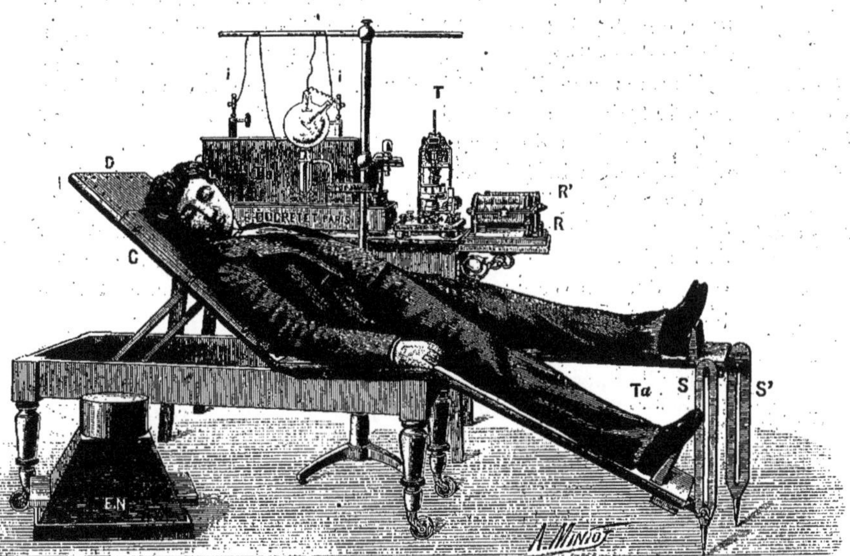

Fig. 193. — Disposition des appareils Ducretet pour la radiographie.

la surface du corps, l'ampoule étant disposée derrière celui-ci, et la silhouette des parties opaques pour les rayons X vient s'y dessinée. On peut ainsi distinguer les moindres os du squelette humain à travers les chairs qui semblent devenues transparentes, distinguer un corps étranger égaré dans les tissus, et établir ainsi, dans bien des circonstances, un diagnostic certain.

La *radiographie* donne le moyen de fixer par la photographie les silhouettes que l'écran permet d'apercevoir. L'objet dont on veut avoir l'image interne, est appliqué sur une plaque sensibilisée au gélatino-bromure et le tube est disposé à une faible distance au-dessus. Après quelques minutes de pose, la plaque est impressionnée par les radiations ; on la développe d'après les méthodes ordinaires et le cliché une fois révélé, on en tire des épreuves sur papier. Ce nouveau procédé d'investigation a donné les plus heureux résultats, et l'art chirurgical en a tiré le plus grand profit pour vérifier, entre autres choses, la position d'un projectile ou d'un corps quelconque profondément engagé dans les tissus, l'état d'une articulation, la disposition d'une fracture, etc. Aussi, tous les hôpitaux possèdent-ils aujourd'hui un service de radiographie, reconnu comme indispensable.

Ajoutons que l'art médical utilise également ces radiations pour le traitement de certaines maladies, notamment des tumeurs et des affections de la peau, et que l'on a enregistré des cas d'amélioration indéniables par l'usage raisonné de ces rayons.

Une autre application de l'électricité à l'art médical qui présente la plus incontestable utilité est celle qui réside dans l'utilisation judicieuse des propriétés thermiques et lumineuses des courants, pour ce que l'on appelle la galvano-caustique et l'exploration des cavités du corps humain.

La galvano-caustique thermique consiste dans les cautérisations que l'on peut obtenir à l'aide d'un fil ou d'une lame de platine porté à l'incandescence par le passage d'un courant électrique. Les avantages de ce procédé sur les cautères chauffés par une flamme sont incontestables ; l'appareil peut être introduit à froid dans les organes ; la boucle ou anse de platine est ensuite portée instantanément à la température voulue par le jeu d'un interrupteur et d'un rhéostat, et la cautérisation effectuée, la chaleur se trouve immédiatement supprimée par l'arrêt du courant. Il n'y a donc aucun risque de brûlure pour les organes avoisinants, et la chaleur est localisée au point où elle est utile sans aucun rayonnement gênant.

La forme des galvanocautères est naturellement variée à l'infini, suivant le genre d'opérations auxquels ils sont destinés. En principe ils se composent d'un fil de platine monté sur un manche isolant relié par un cordon souple à la source d'électricité, qui peut être une pile à grand débit ou une petite batterie d'accumulateurs. Ce manche porte un bouton interrupteur et quelquefois une glissière permettant, en même temps que l'on raccourcit la longueur de la boucle formée par le fil, de proportionner l'intensité du courant à la dépense de chaleur exigée. Citons, parmi les nombreux modèles appréciés par les chirurgiens ceux construits par MM. Chardin, Gaiffe, Radiguet, Trouvé, etc.

Pour l'éclairage des cavités du corps humain, on emploie de très petites lampes à incandescence fonctionnant sous un faible voltage, enfermées dans un appareil optique formé d'un réflecteur concave et d'une lentille biconvexe. On dispose ainsi, sous un très petit volume, d'une source de lumière intense qui peut être condensée sous la forme d'un faisceau rectiligne et dirigée dans toutes les cavités. La forme du support de l'instrument varie suivant le cas. Dans le *photophore frontal* d'Hélot-Trouvé (fig. 195), c'est une genouillère montée sur un bandeau dont l'opérateur s'entoure le front; dans les modèles de Gaiffe et de Chardin, c'est un manche articulé que l'on peut couder dans diverses positions ; les dispositions sont assez variables, suivant l'organe que ces appareils doivent examiner.

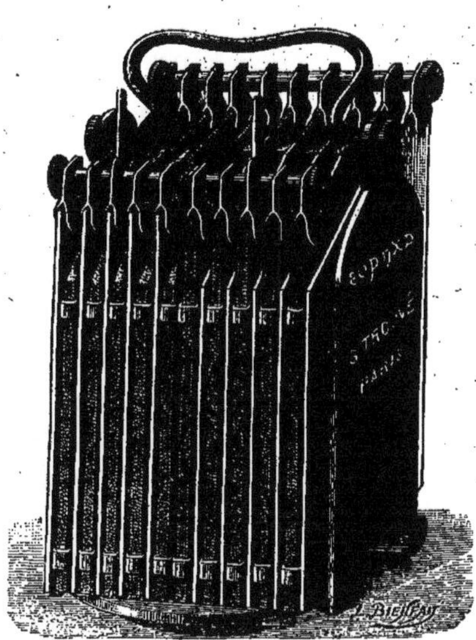

Fig. 194. — Fils au bichromate à grand débit pour galvanocaustique thermique.

Les plus usités sont le *polyscope*, pour l'examen de la bouche ou de l'utérus, le *stomatoscope* (fig. 196), le *laryngoscope*, l'*otoscope*, les *abaisse-langue lumineux*, le *cystoscope* et le *spéculum* électrique. Le chirurgien peut donc, à l'aide de ces instruments, examiner facilement l'organe lésé et se rendre un compte exact de son état.

La lumière électrique n'a pas été seulement mise à profit pour faciliter le diagnostic et le travail du chirurgien, la thérapeutique a reconnu les avantages qu'elle présente pour le traitement de certaines maladies. Tout d'abord on a constaté l'effet curatif du rayonnement lumineux d'une source intense, et on a imaginé le *bain de lumière*, dans lequel le patient est soumis à la réverbé-

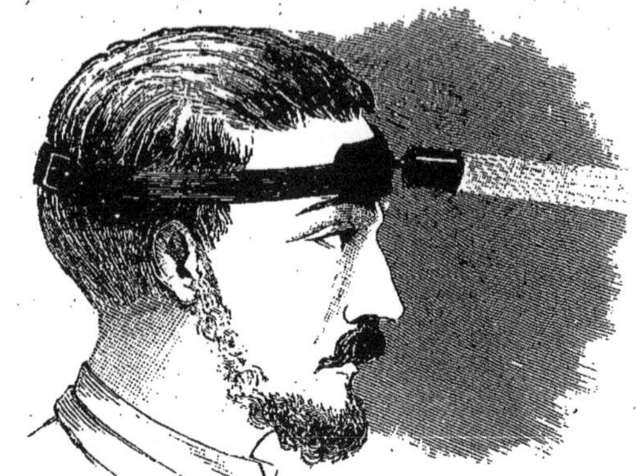

Fig. 195. — Photophore frontal.

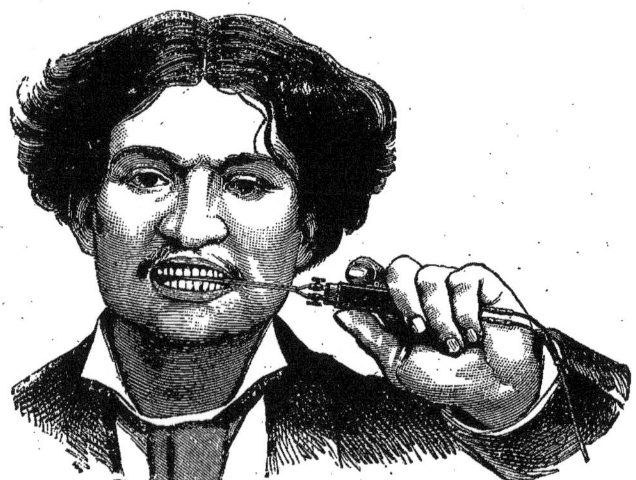

Fig. 196. — Stomatoscope électrique.

ration d'un grand nombre de lampes à incandescence allumées autour de lui, dans une caisse opaque servant de baignoire.

Ensuite est venue la *photothérapie*, inventée par le docteur danois Finsen, mort récemment. Dans ce procédé qui donne des résultats curatifs inespérés pour le traitement des dermatoses, lupus, etc., on utilise surtout les rayons bleus, violets et ultra-violets du spectre lumineux. Or la lumière voltaïque est précisément riche en rayons de ce genre. L'appareil se compose donc d'une lampe à arc d'une grande puissance et dont les rayons sont concentrés à l'aide de lentilles de quartz qui laissent passer les radiations ultra-violettes beaucoup plus facilement que ne le ferait le verre. Tout autour du tube contenant les lentilles est établie

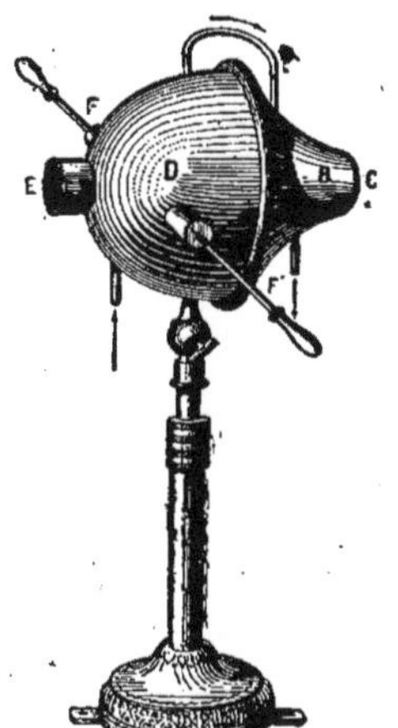

Fig. 197. — Appareil photothérapique Foveau-Trouvé.

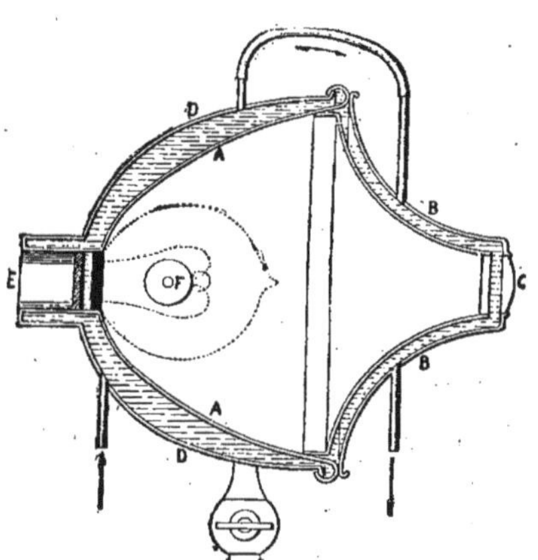

Fig. 198. — Coupe verticale de l'appareil.

une circulation d'eau froide, sans quoi la température pourrait atteindre 150°, ce qui rendrait les rayons inutilisables, car ils brûleraient infailliblement la peau.

Pour traiter plusieurs malades à la fois, on a installé à l'institut Finsen des appareils multiples qui comportent une lampe à arc de 50 à 60 ampères et quatre tubes télescopiques contenant les lentilles de quartz. Les rayons pénètrent dans les tissus et, par leur action bactéricide détruisent les microbes nocifs qui s'y rencontrent.

Ce procédé a été introduit en France par le Dr Foveau de Courmelles qui l'a perfectionné, avec l'aide de l'électricien G. Trouvé, principalement au point de vue de l'économie d'énergie. Les maladies de la peau, notamment le lupus, soumises à l'influence de ces rayons, ont pu être radicalement guéries, et ces résultats semblent montrer que l'on dispose maintenant d'une arme nouvelle contre ces affections redoutables auxquelles on ne connaissait jusqu'alors aucun remède (fig. 197 et 198).

Ces radiations, comme les rayons X, ont donc une influence indiscutable sur les tissus vivants ; il en est de même des émanations des corps radio-actifs, dont une infime parcelle est susceptible de produire sur l'économie humaine les mêmes effets que l'on n'obtient, à l'aide de l'électricité qu'à grand renfort d'appareils

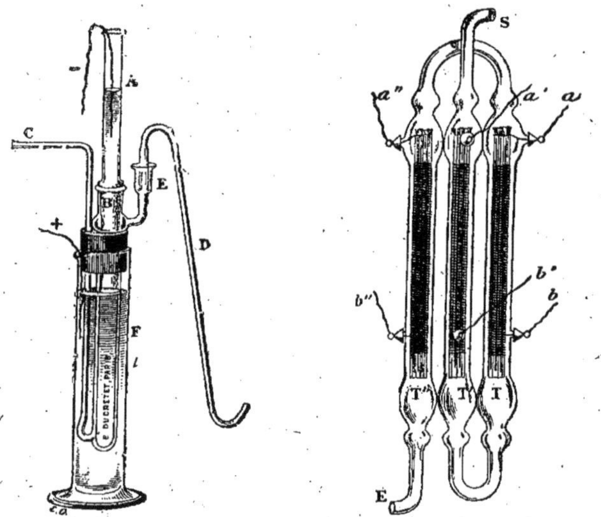

Fig. 199 et 200. — Ozoneurs de Ducretet.

compliqués consommant une énorme quantité d'énergie. Bien que la question soit encore trop neuve pour que la médecine et la physiologie aient pu définitivement se prononcer sur ces phénomènes, il n'en est pas moins constaté que les sels de radium et les substances radio-actives ont un pouvoir physiologique destructeur. Un chimiste allemand, M. Hugo Lieber prétend que les émanations de ces corps empêchent totalement la décomposition des matières organiques; un savant russe, le prince Tarkhanof et un médecin anglais, le Dr Rollin H. Stevens annoncent qu'il est possible de guérir le cancer par l'usage raisonné de ces radiations qui semblent agir de la même façon, mais avec plus d'intensité que les rayons de Röntgen, enfin de toutes parts, on cherche, on étudie et on espère tenir le précieux spécifique qui avait échappé jusqu'à présent aux investigations des physiologistes.

Pour en revenir à l'électricité médicale, disons encore que le courant est employé d'une façon indirecte à la fabrication de l'ozone, oxygène condensé doué de propriétés oxydantes énergiques et qui peut rendre les meilleurs services pour le traitement

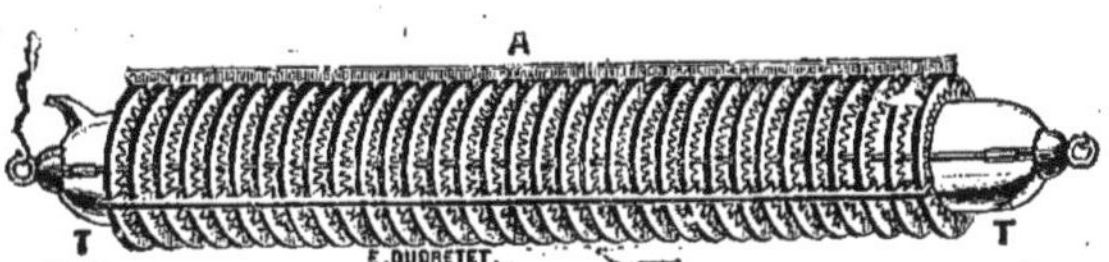

Fig. 201. — Ozoneur d'Andréoli.

de certaines maladies, telles que la chlorose, l'anémie, le diabète, l'albuminurie, la tuberculose, ainsi que pour la stérilisation des eaux, des boissons et la désinfection des salles d'hôpital, dont l'air est constamment vicié. L'ozone peut encore servir d'agent prophylactique contre les maladies contagieuses comme la rougeole, la scarlatine, la diphtérie, la coqueluche, etc. Ses usages sont donc aussi nombreux en médecine que dans l'industrie.

Pour fabriquer de l'ozone, il faut faire agir l'effluve électrique obscure sur l'air ou l'oxygène, il existe différents appareils basés sur ce principe et connus sous le noms d'ozoneurs. Ils se composent ordinairement de deux parties distinctes ; un générateur d'électricité à haute tension formée d'une pile et d'une bobine d'induction ; le courant est conduit à un tube de verre contenant une série de fils métalliques enroulés en hélice et constituant l'ozoneur proprement dit. L'effluve jaillit entre ces fils et l'air traversant le tube se trouve électrisé et transformé en ozone qui s'échappe par l'embouchure évasée. Telle est la disposition générale des ozoneurs de Seguy, de Chardin, de Radiguet, d'Andréoli (fig. 201), et de Ducretet (fig. 199 et 200).

Au lieu d'une pile et d'une bobine, on peut employer encore comme source d'électricité à haute tension, une machine électrostatique genre Wimshurst ou autre, capable de donner le haut potentiel, de 20 à 30.000 volts nécessaire. On obtient ainsi un meilleur rendement et une plus grande quantité d'ozone.

L'électricité a encore été utilisée d'une manière indirecte pour les travaux des dentistes, ainsi que pour vérifier la sensibilité de l'oreille aux sons de différentes tonalités, pour le massage vibratoire, d'après les méthodes préconisées par l'illustre Charcot et Gilles de la Tourette son élève, l'exploration du pouls, etc., etc., mais nous devons nous limiter, afin de ne pas allonger outre mesure ce chapitre. D'autres applications industrielles réclament d'ailleurs notre attention, et force nous est de passer sans plus tarder à l'examen d'une autre partie de notre sujet.

CHAPITRE XV

Applications à l'Agriculture.

Action de l'électricité sur la végétation. — L'électroculture. — Emplois de l'électricité aux champs et à la ferme. — Le labourage électrique. — Résultats d'exploitation. — L'électrotechnique en Allemagne. — Eclairage électrique de la ferme. — Transport des récoltes. — Le battage, l'élévation des eaux. — Applications diverses.

L'électricité qui a transformé si profondément de nombreuses industries, qui en a créé de nouvelles, et qui, par plusieurs de ses applications, exerce une influence si considérable sur les conditions actuelles de la vie moderne, n'a pas cependant eu, jusqu'à ces derniers temps, de retentissement notable sur l'agriculture. Mais devant les résultats obtenus dans toutes les autres industries, les agriculteurs commencent peu à peu, timidement, à substituer aux méthodes surannées, n'ayant pour elles que leur ancienneté, des procédés scientifiques plus rationnels, dont le premier avantage gît dans une incontestable économie de temps, de main-d'œuvre, et par suite de travail et d'argent.

En agriculture comme dans toutes les autres opérations industrielles, on a des outils à mouvoir, des bâtiments à éclairer, des charrois à exécuter, et dans toutes ces circonstances, les machines électriques, sont tout naturellement indiquées ; aussi cette branche de l'électrotechnique se développe-t-elle tout doucement. Mais à côté de cette application, il en est une autre, d'importance bien plus considérable, qui a attiré l'attention de nombreux savants et qui est encore à l'étude maintenant nous voulons parler de l'*électroculture*, qui permet le forçage des plantes et la culture intensive des végétaux, que l'on s'efforce de réaliser par toutes sortes d'autres moyens. Tous les efforts de l'agriculture moderne sont, en effet, dirigés dans ce sens : les engrais, les irrigations, le travail du sol, ces divers facteurs tendent à porter au maximum le rendement de l'unité de surface ; aussi conçoit-on que l'idée soit venue à plusieurs personnes de mettre à contribution dans ce même but, la forme de l'énergie que l'on appelle l'électricité.

La plante n'a pas seulement besoin, pour croître, d'aliments, de principes fertilisants qu'elle puise dans le sol, d'éléments respiratoires qu'elle trouve dans l'air. Pour qu'elle utilise ces matériaux, elle doit consommer de la force, de l'énergie, qui, dans la nature, lui est fournie par la radiation solaire, à la fois calorifique, lumineuse, chimique, etc. Seulement cette radiation est limitée, et l'on s'est demandé, si, en mettant à la disposition de la plante une plus grande quantité de cette énergie indispensable, on ne parviendrait pas à augmenter la production végétale, ainsi que la preuve en a été faite par les couches et les serres chauffées, et, comme la lumière électrique contient les mêmes rayons que la lumière solaire on a essayé, en suppléant le soleil par cette source d'éclairage, de voir si l'action sur la végétation serait efficace. On pouvait espérer qu'en prolongeant la période d'éclairement, qui est le moment où les plantes ont le plus d'activité, on obtiendrait, sinon une augmentation de récolte en quantité, du moins une accélération des phénomènes de végétation, et une précocité qui, dans certains cas aurait sa valeur.

Les études expérimentales furent donc entreprises en **1880** par M. Siemens pour vérifier ces suppositions, émises avant lui par Hervé-Mangon le savant agronome et par M. Prillieux, mais les résultats furent plutôt décourageants, et le savant allemand abandonna ses recherches, que M. Gaston Bonnier reprit avec plus de succès une douzaine d'années plus tard, et dont il donna le résumé suivant :

Lorsque la lumière électrique continue, sous verre, provoque chez une plante herbacée un plus grand développement avec verdissement intense, la structure des organes est d'abord très différenciée ; mais si la lumière électrique est puissante et prolongée pendant des mois sans arrêt ni atténuation, les nouveaux organes formés par les plantes qui peuvent s'adapter à cet éclairement, présentent de remarquables modifications de structure dans leurs différents tissus, et sont moins différenciés, tout en étant plus riches en chlorophylle. Enfin la lumière électrique directe est nuisible par les rayons ultra-violets qu'elle contient, au développement normal des tissus, mais à une distance de plus de 8 mètres.

Ces expériences, intéressantes incontestablement, n'ont donc reçu aucune consécration pratique et ne sont pas sorties du laboratoire. On a donc cherché une solution dans une autre direction, et se rappelant des essais de Sheppard en 1846, Hubeck et Fitchner en Allemagne, on a cherché, avec le matériel perfectionné dont on dispose aujourd'hui à répéter et poursuivre ces essais qui avaient paru susceptibles de perfectionnement.

Il y a plus d'un siècle déjà, peu après la première annonce de la découverte des phénomènes électriques produits avec les machines statiques, qu'on s'occupa de rechercher l'influence de l'électricité sur les phénomènes de la végétation.

C'est l'abbé Nollet qui cherche l'influence de l'électrisation des graines sur leur germination. C'est Duhamel de Monceau qui observe, dans sa *Physique des arbres*, que les circonstances sont plus favorables à la végétation quand, après une pluie abondante, le temps demeure disposé à l'orage. C'est enfin l'abbé Bertholon qui, partant du principe de l'existence constante d'une certaine quantité d'électricité atmosphérique, construit un appareil, qu'il appelle *électro-végétomètre*, destiné, selon lui, à capter l'énergie électrique et à la mettre à la disposition de la végétation. L'électro-végétomètre, disait le savant abbé, est aussi simple dans sa construction qu'efficace dans son action. Il faut croire cependant que l'expérience n'a pas répondu à ces prévisions optimistes, puisqu'il faut chercher dans les livres du siècle passé la description de cet appareil, aujourd'hui totalement oublié.

C'est cependant ce même principe de la captation de l'électricité atmosphérique et de sa mise à la disposition des végétaux cultivés, dans le but d'activer les phénomènes végétatifs, que quelques expérimentateurs ont récemment repris, avec des dispositifs nouveaux, à la fois assez simples pour être d'un prix abordable, et assez efficaces, disent-ils, pour mériter leur introduction dans la pratique.

Il faut dire tout de suite que ces conclusions sont extrêmement discutées, et que s'il y a des partisans convaincus de l'*électroculture*, celle-ci n'a pas moins d'adversaires également convaincus. Quoiqu'il soit impossible, pour le moment, de se prononcer sur cette question, encore ouverte, de l'application de l'électricité à la culture, il est intéressant de connaître les dernières expériences faites, soit en ce qui concerne leur disposition, soit au point de vue des résultats obtenus.

L'idée d'appliquer au développement des végétaux cultivés l'électricité atmosphérique ou d'autres sources d'électricité, n'est donc pas nouvelle, et que l'on voit *l'électro-culture*, nom sous lequel on réunit actuellement toutes les données, tous les essais relatifs à cette application, date déjà du siècle passé. Cependant, en ces dernières années, elle a pris une base plus solide que du temps de l'abbé Bertholon, et de nombreux savants, physiciens ou agronomes s'en occupent ou s'en sont occupés.

En particulier, c'est un ancien professeur de physique à l'Académie de Lausanne, M. E. Wartmann, qui, l'un des premiers, avec M. Becquerel en France, reconnut, au moyen du galvanomètre, l'existence de courants électriques dans toutes les parties des végétaux, sauf celles imprégnées de substances isolantes, résine, etc., ou dépourvues d'humidité. L'énergie de ces courants est en rapport avec celle de la végétation et avec l'abondance des sucs de la plante. Elle est plus forte au printemps qu'en toute autre saison.

Mais cela revient-il à dire qu'il y ait une influence de l'état électrique sur l'acte végétatif ? ou bien cet état électrique ne serait-il pas plutôt une conséquence de l'acte végétatif ? C'est là la grande question qui se débat encore et qui ne paraît résolue définitivement ni dans un sens ni dans l'autre.

M. Berthelot, qui penchait pour la première alternative, voulait que l'état électrique de l'air, en rapport avec celui des végétaux, exerçât une influence sur la fixation de l'azote par ces derniers. L'état électrique aurait ainsi contribué à la nutrition azotée. On sait que les recherches de l'illustre chimiste l'ont conduit à des conclusions toutes différentes sur le procédé dont l'azote est fixé par les microbes peuplant le sol même le plus stérile. Un autre agronome, M. Grandeau a étudié, lui aussi, très attentivement les relations existant entre l'état électrique de l'air et l'état de la végétation, et il a conclu de la façon suivante sur ce sujet :

L'électricité atmosphérique est un facteur prépondérant de la production des matières végétales. Toutes les autres conditions (qualité du sol, température, climat, etc.) étant égales, la végétation prendra un plus grand développement dans les lieux où l'action électrique de l'air peut se faire sentir. L'atmosphère chargée d'électricité, comme c'est le cas par les temps d'orage, concourt activement au développement des plantes ; elle favorise la floraison et la fructification des récoltes. La végétation des tropiques, si remarquable par son exubérance, compte au nombre de ses facteurs importants l'état électrique de ces régions.

Inversement, la suppression de l'état électrique de l'air, par suite de la présence d'un grand arbre, place la végétation ainsi dominée dans des conditions défavorables : c'est là une des raisons de l'influence des couverts sur les taillis sous futaie et sur le sol des futaies. Dans les futaies, la tension électrique est nulle au-dessous des arbres qui la constituent, et cette cause s'ajoute à celle de la diminution de lumière pour rendre le sol incapable de porter une végétation bien développée.

L'action nuisible, pour les récoltes avoisinantes des arbres à haute tige, s'explique de la même manière. Tout en admettant que les arbres peuvent gêner les récoltes par le développement de leurs racines, par leurs exigences en principes minéraux, par le couvert qu'ils procurent, la modification dans l'état électrique doit être, pour M. Grandeau, prépondérante et entrer pour une large part dans l'explication de la difficulté du développement des végétaux dominés par les grands arbres.

Telles sont les idées d'un savant spécialiste ; elles tiendraient, on le voit, à réhabiliter les orages ou tout au moins à montrer qu'en ceci, comme en toutes choses, la nature ne fait rien d'inutile.

Mais il n'y a pas que l'électricité de l'air. Le sol lui-même est aussi le siège de phénomènes électriques ; il présente un état électrique qui lui est propre. Les expériences les plus récentes, et celles qui paraissent le mieux mériter le titre d'essais d'électroculture, tiennent compte de ces deux faits et cherchent à faire coopérer ces deux électricités, du sol et de l'air, à la croissance des végétaux.

Les plus connues sont celles de M. Spechnew, dont le dispositif revient en somme à influencer la végétation d'un certain espace de terrain par le courant d'une pile zinc-sol-cuivre. Celle-ci est obtenue simplement en enfonçant dans le sol, aux extrémités d'une plate-bande (les expériences ont eu lieu dans le jardin botanique de Kiew), de grandes plaques de zinc et de cuivre, terminées à la partie supérieure par des tiges, réunies au-dessous du sol par un fil métallique.

Au dire de l'auteur, l'influence de ce courant continu se manifesta par une augmentation considérable du développement de la végétation et particulièrement par la production de légumes énormes : radis de 4 centimètres de longueur, carottes de près de 3 kilogrammes, etc. Malheureusement il faut dire que si d'autres expérimentateurs, répétant ces essais, ont obtenu des résultats analogues, il en est aussi de nombreux qui n'ont rien obtenu du tout, de telle sorte qu'on ne saurait accorder un caractère définitif à ces expériences.

Au nombre de ces expérimentateurs, citons l'électricien français de Méritens, qui inventa en 1885 une pile agricole atmosphérique combinant les avantages de l'électro-végétomètre et de la pile Spechnew, M. Asa Kinney, professeur au collège d'agriculture de Hatch (Massachusetts), M. Lagrange et le frère Paulin, directeur de l'Institut agricole de Beauvais, qui avait imaginé une sorte de paratonnerre à pointes multiples, relié à des armatures métalliques noyées dans le sol, et appelé *géomagnétifère*. Des travaux de ces divers chercheurs, il semble résulter que l'électricité atmosphérique facilite la fixation de l'azote sur les végétaux et que les courants, si l'on prend certaines précautions relatives à la direction des conducteurs, hâter le développement des espèces et contribuer à un grossissement anormal des plantes à racines souterraines entre autres.

On peut donc conclure que l'électroculture n'a pas dit son dernier mot il y a encore des phénomènes complexes à éclaircir et à savoir appliquer. Sans aller aussi loin que M. Guarini qui affirme qu'un jour viendra où l'on se passera de lumière solaire, d'engrais et d'humus, grâce à l'électricité qui interviendra pour éclairer les champs, activer la germination des graines et procurer plusieurs abondantes récoltes chaque année, on peut dire que cette question, encore insuffisamment résolue, nous réserve des surprises de plus d'un genre.

Puisque nous parlons d'électricité végétale, nous ne devons pas oublier les intéressantes observations d'un physiologiste anglais M. Wales sur ce sujet. D'après ce savant, quand un végétal se trouve lésé, il s'établit aussitôt, de la partie blessée aux parties intactes un courant positif dont la force électromotrice peut atteindre 1/10e de volt. D'ailleurs une excitation mécanique suffit sans lésion à engendrer un courant semblable mais qui ne dépasse pas, alors 1/200e de volt. Chez certaines plantes, iris, tabac, bégonia, capucine, la lumière agit comme une excitation mécanique, et un courant se produit de sa partie éclairée à la partie obscure ; cette réaction est localisée dans les feuilles. Quelle que soit la cause qui donne naissance au courant, ce courant est d'autant plus intense que la plante est plus vigoureuse, et c'est aussi le cas pour les plantes provenant de graines jeunes ; la réaction est inversement proportionnelle à l'âge de la graine, et elle ne produit pas, quand la température est inférieure à — 4° C. ou supérieure à 40 ou 50°. Ce phénomène est assez curieux.

Si nous en arrivons maintenant aux applications mécaniques de l'électricité à l'agriculture, nous dirons d'abord que l'on peut considérer l'agriculture comme une véritable industrie mettant en valeur un produit brut, un fonds qui ne vaut que par son exploitation. Elle a donc tout à gagner à l'adoption des procédés rapides de travail maintenant en vigueur dans toutes les industries, et les cultivateurs l'ont compris en utilisant des machines de plus en plus perfectionnées pour la préparation des terres, l'ensemencement, le nettoyage du sol, la moisson, les récoltes, le transport et l'enmagasinement des produits. Mais toutes ces machines ; charrues, semoirs, herses, râteaux, moissonneuses, batteuses, etc, exigent une force motrice souvent considérable, et c'est alors que l'électricité peut entrer en scène et donner une aide véritablement précieuse.

C'est surtout pour le labourage et le défonçage des terres à une grande profondeur, que l'électricité a été employée, et l'on peut affirmer qu'elle remplace avec de très sérieux avantages économiques les locomobiles et treuils à vapeur préconisés pour ce genre de travail.

Il existe deux méthodes pour le labour mécanique : la première exige deux machines motrices se déplaçant parallèlement de chaque côté du champ ; l'autre se contente d'un seul moteur, et le câble tracteur passe dans une simple poulie de renvoi solidement rattachée au sol et disposée en face du treuil moteur de l'autre côté de la pièce de terre à retourner. Ce système est plus simple et moins coûteux, aussi a-t-il la préférence des agriculteurs. La machine qui creuse le sillon est une charrue simple à un où deux socs, ne travaillant qu'à l'aller et revenant à vide au retour, ou une *charrue-balance*, labourant au retour comme à l'aller, par un mouvement de bascule de l'age qui porte les coutres et les versoirs.

La première exploitation agricole utilisant l'énergie électrique pour le labourage des terres fut celle de Sermaize (Marne), en 1879 et 1880, et fut organisée par M. Félix. Les moteurs, des dynamos Gramme, étaient montés sur des chariots pesant 3 à 4 tonnes avec le treuil ; ils développaient environ 4 chevaux pour 8, dépensés par la génératrice. La vitesse d'avancement de la charrue variait entre 50 et 80 mètres par minute ; la profondeur du labour était de 20 centimètres ; on labourait une surface de 1.200 mètres carrés à l'heure. Ce résultat était encourageant et, dans une brochure où l'initiateur de cette application résumait ses recherches il ajoutait : « Il sera donc facile de construire des appareils du même genre, très légers, de faible puissance et qui pourront s'appliquer facilement à une foule d'opérations de culture, pour lesquelles, même ceux qui labourent à la vapeur, ne se servent que tout à fait exceptionnellement de leurs machines. Nous voulons parler des ensemencements, de la moisson, de la fenaison, du transport des moissons jusqu'à la ferme.

Paroles prophétiques, mais qui devaient mettre bien du temps avant de se réaliser car, à l'époque où parlait M. Félix, il était ruineux d'essayer ainsi d'utiliser l'électricité en la transportant à quelque distance de son lieu de production. Le matériel, dynamos, câbles, treuils, etc., ne coûtait pas moins de 50.000 francs pour une ligne de 2 kilomètres de long, et l'on recueillait aux réceptrices à peine la moitié du travail produit par la génératrice. L'appareillage de Sermaize figura donc à l'Exposition d'Electricité de 1881, puis on n'en entendit plus parler.

En 1891, dix ans plus tard, M. le comte de Asarta organisa une ferme électrique à Fraforéano, dans la province de Frioul. La force motrice fut fournie par une roue hydraulique, genre Poncelet, donnant environ 20 chevaux et qui commandait une génératrice débitant 18 ampères sous une tension de 720 volts. La réceptrice actionnant le treuil développait environ 12 chevaux ; le rendement fut donc de 66 p. 100. La charrue du type Howard à trois socs, pouvait labourer 3 hectares à la profondeur de 22 centimètres en dix heures ; la vitesse d'avancement atteignait 70 mètres par minute. Grâce à la disposition donnée à la canalisation et qui se composait d'une ligne mobile pouvant se déplacer perpendiculairement tout le long d'une ligne fixe traversant la propriété en son milieu, la surface qui pouvait être labourée de cette manière était de 565 hectares.

En 1895, M. Zimmermann, mécanicien à Halle-sur-Saale (Allemagne), commençait des expériences à l'aide d'une charrue à

Fig. 202. — Charrue électrique Zimmermann.

touage électrique qui montrèrent que l'on pouvait labourer de 2 à 4 hectares de glaise compacte en dix heures. La dépense, qui eut été de 62 fr. 50 avec la traction par des bœufs, ne s'éleva qu'à 25 fr. 65 par hectare, prix très voisin de celui indiqué par Brutschke qui avait évalué le prix de revient du labourage électrique à 23 fr. tandis que le labourage à vapeur coûte 50 fr. par hectare.

Les essais de M. Zimmermann démontrèrent que l'on pouvait labourer 4 à 5 hectares de superficie, à 35 centimètres de profondeur en dix heures, et que les frais ne dépassaient pas 7 fr. par jour, alors qu'avec des attelages de bœufs il seraient au moins du double. A cette économie, il faut ajouter la surproduction due au défonçage du sol, et qui atteint 20 p. 100 pour le blé, 35 p. 100 pour l'orge et 26 p. 100 pour les betteraves.

Les procédés de labourage à l'aide de moteurs électriques actionnant des treuils remorquant la charrue le long d'un câble ont pris une certaine extension en Allemagne. M. Zimmermann a beaucoup amélioré, d'après les indications de l'expérience, le matériel primitivement employé. Citons encore les charrues à quatre socs, de Schuckert, parcourant 50 mètres à la minute, celles de Borsig, de Brutschke, d'Eckert, de Forster et enfin de la Société Hélios, qui a fait connaître deux types d'appareils : l'un à moteur unique avec char à ancre, portant la poulie de renvoi du câble, l'autre dans lequel ce char est remplacé par un moteur électrique servant au retour de la charrue, le moteur principal servant au voyage d'aller seulement.

En France, la question du labourage se développe péniblement et est loin d'avoir pris l'extension qu'on lui constate chez nos voisins. Tout d'abord, une application du matériel Zimmermann fut tentée par MM. Magnin et Bureau, dans l'exploitation de M. Landrin, à Bertaucourt-Epourdon (Aisne), mais c'est l'installation réalisée par M. Prat, dans son domaine d'Enguibaud (Aisne), qui a été la première où des résultats vraiment complets et pratiques ont été obtenus, montrant les incontestables avantages présentés dans cet ordre d'idées par un emploi judicieux de l'énergie électrique.

Le moteur est une turbine donnant environ 26 chevaux, avec vannage commandé automatiquement par un régulateur à force centrifuge. Il commande par courroies deux dynamos, l'une servant à l'éclairage de la ferme et de ses dépendances et du château ; l'autre est la génératrice, dont le courant est envoyé dans la ligne de transport, en fils de cuivre nus, mesurant 1,800 mètres de long sous une tension de 375 volts. Le treuil, sur lequel s'enroule le câble qui tire la charrue d'un bord du champ à l'autre, est actionné par une réceptrice disposée auprès de lui sur le même chariot, lequel se déplace peu à peu, après chaque sillon, sur une voie formée de poutrelles en fer. La poulie de renvoi est solidement retenue au sol par des amarres reliées à des piquets fortement enfoncés ou à des arbres. La charrue n'a qu'un seul soc, elle est supportée par deux roues : une de grand diamètre roulant dans le sillon, l'autre, plus petite, sur la partie non travaillée du champ. Elle permet de labourer 4/10 d'hectare par journée de travail de dix heures, avec une profondeur de raie de 60 à 70 centimètres,

La quantité d'énergie électrique absorbée par la réceptrice est de 35 ampères sous une tension de 325 volts, soit un travail de 15 chevaux 1/2, le rendement industriel atteint 71 p. 100, ce qui constitue un résultat fort satisfaisant. Et bien que, dans cette installation, la charrue ne travaille que dans un sens et revienne à vide au retour, le prix de revient de l'hectare, défoncé à 70 centimètres de profondeur, n'a pas dépassé, paraît-il, 110 fr., chiffre inférieur de moitié au moins au prix de revient de n'importe quel autre procédé de labourage mécanique ou à traction animale.

Ces résultats économiques ont encouragé le propriétaire du domaine d'Enguibaud à tirer parti de la présence de sa ligne de transport de force pour installer des moteurs à poste fixe commandant divers outils, tels que meules, hache-paille, égreneuse de maïs et une scie à ruban, à roue de 1 mètre de diamètre, avec chariot à griffes à mouvement d'avance automatique et pouvant scier des bois en grume de 7 à 8 mètres de long. Nous avons vu que les bâtiments d'habitation et d'exploitation sont déjà éclairés par une centaine de lampes à incandescence et quelques arcs, alimentés par une ligne spéciale. La ferme, de même que le treuil, pendant le labourage, est reliée à l'usine hydroélectrique par une ligne téléphonique permettant de transmettre les ordres au mécanicien conducteur de la station.

Fig. 203.
Turbine hydraulique.

Nous devons encore mentionner, dans ce même ordre d'idées, l'installation de M. Vergnes, à Montlaur, près de Camarès, dans l'Aveyron, avec turbine hydraulique de 70 chevaux et machine à vapeur de secours. Les générateurs d'énergie sont à courants triphasés ; le courant envoyé à haute tension sur la ligne est ramené au voltage voulu aux points d'utilisation, par son passage dans des transformateurs. Les moteurs asynchrones montés sur les chariots à treuil pour le labourage, peuvent démarrer sous charge, la tension normale étant de 200 volts ; les prises de courant s'effectuent le long de la ligne primaire qui longe les champs à labourer, et le rendement de l'ensemble du transport peut atteindre 70 p. 100.

Le promoteur de cette entreprise laboure, pour le compte des

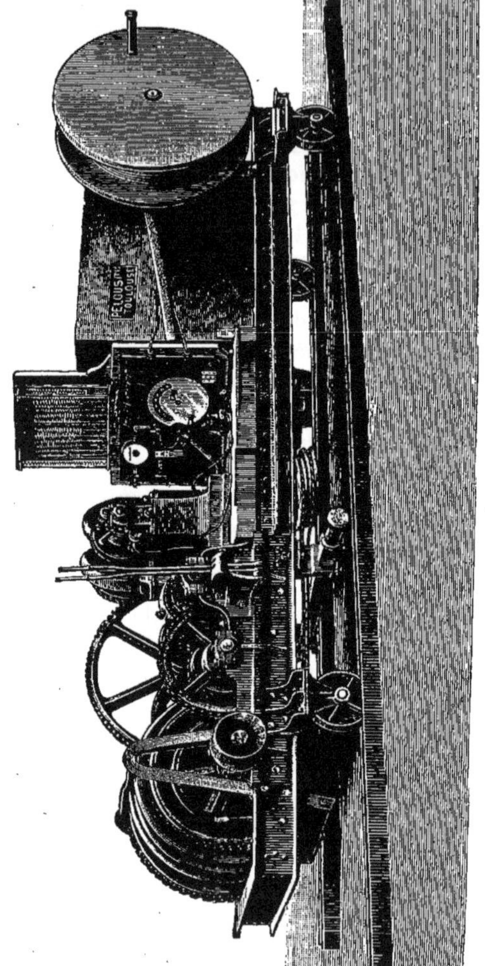

Fig. 204. — Treuil électrique pour labourage, construit par Pelous frères.

particuliers, à raison de 25 fr. l'hectare.

En Algérie, à Ben-Salah, près de Boufarick, un viticulteur, M. Abel Pilon, a utilisé l'électricité pour effectuer le labourage de ses vignes avec le système à deux treuils fonctionnant à l'aller et au retour. La charrue présente des dispositions très ingénieuses et qui réalise des idées absolument nouvelles ; le câble tracteur n'est pas attaché à un point fixe sur la charrue, mais à une tige mobile autour d'un axe vertical ; la direction est obtenue par la manœuvre d'un volant commandant l'avant-train et qui règle en même temps la profondeur du labour.

Une autre installation est celle qui a été réalisée, non loin de là, dans les propriétés de M. Cureyras à Lamoricière, et a été étudiée par M. le colonel Bussière. Elle utilise une chute d'eau de 42^{m},50 de hauteur ; le liquide capté est amené par une conduite en acier jusqu'à la station où il travaille sur les aubes d'une turbines à axe horizontal accouplée directement à une dynamo à courant continu, hexapolaire, donnant, à 400 tours, 45 ampères et 950 volts. Bien entendu, la station est complétée par un tableau de distribution comportant les appareils de mesure, de sécurité et de manœuvre indispensables, quels que soient les usages auxquels le courant est destiné.

La ligne de transport est supportée par des poteaux élevés et traverse la propriété dans sa plus grande largeur ; pour desservir tous les points de celle-ci, on peut lui raccorder, en un point quelconque, une ligne mobile montée sur des perches que l'on enfonce dans la terre, et qui se rend jusqu'à l'appareil de labourage appelé *aratromoteur*, par son créateur. C'est un chariot mobile sur rails, portant deux gros tambours supportés par des chaises en fer forgé et dont l'axe est disposé suivant la longueur du chariot. Sur chacun de ces tambours s'enroule un câble d'acier et la réceptrice est placée entre eux avec ses rhéostats et ses accessoires. Elle actionne à volonté l'un ou l'autre des tambours, qu'on embraye à cet effet pour tirer tantôt l'un des câbles auxquels la charrue est reliée et tantôt l'autre. La charrue double, à bascule, du poids de 3 tonnes, se meut d'une extrémité du champ à l'autre, entre l'aratromoteur et la poulie de renvoi montée sur un chariot à quatre roues basses et larges. Cette poulie est amarrée très solidement, par des câbles métalliques, à des madriers enterrés dans le sol à plus d'un mètre de profondeur. La charrue tirée, tantôt par le tambour de gauche, tantôt par celui de droite, trace ses sillons parallèles à l'aller comme au retour ; le cheminement de l'aratromoteur et de la poulie sont donc parallèles et perpendiculaires aux sillons tracés. On fait avancer l'un et l'autre de ces instruments, tous les quatre ou cinq sillons ; l'aratromoteur au moyen de l'énergie électrique qu'il reçoit, la poulie au moyen d'un volant à manivelle, manœuvré par un ouvrier. Le déplacement s'opère sur une voie composée de rails solidement fixés sur des traverses, et posée sur le sol.

Ces rails quittent l'arrière de l'aratromoteur pour être transportés en avant au fur et à mesure que s'opère le labourage. Il n'en faut donc qu'une très faible longueur. La poulie est déplacée de la même manière et immobilisée ensuite par sa liaison avec les madriers enterrés dans le sol.

L'aratromoteur ainsi agencé effectue un défoncement qu'il serait impossible à des animaux, quel qu'en fût le nombre, d'exécuter, et son travail constitue la plus améliorante des façons culturales. Il a fallu, toutefois, avant de parvenir à en tirer tout le parti qu'on en espérait, surmonter de nombreux obstacles et faire un véritable apprentissage de tous les détails de ce mécanisme. Enfin on y est parvenu, et quand le sol a été préalablement débarrassé des pierres qu'il contient, l'énorme charrue, haute presque comme une des habitations du pays, monte et descend les pentes rapides des champs en ouvrant son sillon large et profond comme un fossé, avec une facilité dont le spectateur demeure émerveillé.

L'aratromoteur peut actionner, au lieu de la charrue, tout autre instrument de culture : herse, rouleau, cultivateurs, etc. A la ferme, un moteur fixe commande tous les outils agricoles : hache-paille, coupe-racines, moulin, etc., par des transmissions à courroie. L'électricité est particulièrement utile pour alimenter de petits ventilateurs aérant les chambres et abaissant la température aussi bien dans les différentes pièces de l'habitation que dans les écuries et étables, pour le plus grand avantage, dans ces climats torrides des habitants et des bestiaux. Enfin le courant peut, la nuit venue, être transformé en lumière et éclairer les locaux fermés de l'exploitation, ainsi que les cours et l'extérieur des constructions.

Les avantages de l'électricité en cet ordre de choses, sont tellement évidents que les installations de ce genre deviennent plus nombreuses de jour en jour, et que l'on recourt à cette forme d'énergie chaque fois qu'il est possible de l'obtenir à bon compte grâce à la présence d'une source ou d'une chute d'eau que l'on peut canaliser sans trop de difficultés. Plusieurs installations de

Fig. 205. — Groupe électrogène pour les usages agricoles.

ce genre ont été réalisées, notamment en Allemagne et en Amérique, et, en France, le département de l'Aisne possède à Agnicourt une usine génératrice pour distribuer le courant aux cultivateurs dans un large périmètre.

Aux champs, comme à la ferme, l'emploi rationnel de l'électricité présente une infinie variété d'applications. On l'a utilisée pour actionner des batteuses mécaniques, des tarares, des presses à fourrages ainsi que pour le transport des récoltes au moyen de tracteurs roulant sur des voies de faible largeur et dont la connexion avec la ligne de transport s'opère à l'aide de trolleys. On lui fait commander des pompes pour l'élévation de l'eau et pour les irrigations. Dans les sucreries, dont l'annexion à une ferme est une source de bénéfices, elle fournit le moyen d'épurer les jus sucrés et d'accroître leur rendement avec des frais inférieurs à ceux des autres méthodes ; l'électrolyseur a un agencement extrêmement simple ; l'acide carbonique se dégage à l'électrode positive, le sucre se précipite sur la négative. Il en est de même si, au lieu d'une sucrerie, on annexe une brasserie-distillerie à la ferme, comme cela a été fait à Ugarte-Lovatelli, en Moravie. Enfin, on peut monter la réceptrice sur un chariot pour la transporter dans tous les endroits où il est besoin de force motrice et lui faire commander une scie à tronçonner les bois, un moulin agricole, une écrémeuse centrifuge, etc.

On peut encore rappeler, parmi les instruments agricoles dans lesquels l'électricité est mise à profit, sous une forme ou sous une autre, le *blutoir électrique* de MM. Burnes et Smith, et qui est fondé sur le principe de l'attraction des corps légers par les substances isolantes frottées. Dans ce système, des rouleaux d'ébonite tournent entre des coussins de laine sur lesquels ils appuient et au-dessus d'un tamis contenant de la farine mélangée de son : l'ébonite électrisée attire les parcelles de son, qui, par suite des secousses imprimées au tamis par un taquet se trouve à la surface. Le son est recueilli par des frottoirs, et la farine, plus lourde, s'écoule pure de tout mélange, à la partie inférieure de l'appareil.

Telles sont les principales applications réalisées jusqu'à présent, dans des domaines bien différents, de l'électricité à l'agronomie et aux méthodes de culture. Elles sont, comme on en a pu juger, d'un réel intérêt, mais elles ont contre elles la dépense élevée de matériel qu'elles exigent, et qui est sans doute la principale raison pour laquelle cette forme de l'énergie n'est pas universellement employée. En Angleterre, pour le labourage, au lieu d'un treuil puissant, on préfère se servir de tracteurs automobiles, remorquant la charrue ou l'instrument de travail ; on a obtenu des résultats assez probants au point de vue économique, et ce procédé n'a certainement pas dit son dernier mot. Il en est de même pour l'électroculture, qui présente encore plus d'un point obscur, et on peut penser, en définitive, que la voie des études reste encore ouverte et laisse place à plus d'une surprise dans l'avenir.

CHAPITRE XVI

Le Chauffage électrique.

L'effet Joule. — Chauffage par les résistances métalliques. — Premiers essais de chauffage électrique. — Chauffage des appartements, des wagons, des voitures. — La cuisine électrique. — Le restaurant électrique. — Appareils divers à chauffage électrique. — Ce que coûte la calorie.

Nous avons eu l'occasion de remarquer plusieurs fois, dans le cours de cet ouvrage, que si l'on vient à faire passer un courant d'une certaine intensité dans un conducteur opposant une résistance considérable à la propagation de ce courant, il en résulte un échauffement tel que le conducteur peut être porté à l'incandescence. C'est même sur ce principe qu'est basé le fonctionnement des lampes à incandescence à filament de charbon, et c'est cet échauffement que l'on désigne sous le nom d'*effet Joule*, du nom du physicien qui l'a le premier et en a fait le point de départ de la loi qui a été énoncée.

Rien ne semble donc plus aisé que d'obtenir de la chaleur à l'aide de l'électricité, rien de plus commode que de transformer un courant circulant dans un fil en rayons calorifiques, et il peut paraître singulier que cette application de l'énergie n'ait pas eu la fortune qui a accueilli ses autres usages, entre autres l'éclairage et les effets chimiques et mécaniques des courants. La cause unique de ce peu d'enthousiasme pour cette solution d'un besoin cependant indispensable consiste simplement, comme nous le verrons plus loin, dans le prix de revient souvent exagéré, de l'unité de chaleur quand on la demande au courant électrique. C'est pourquoi, pendant longtemps, on a dû se borner à n'utiliser l'électricité que pour des usages où la chaleur nécessaire ne dépassait pas une très faible intensité, comme, par exemple, pour l'allumage des foyers, des becs de gaz et du mélange gazeux dans le cylindre des moteurs à explosion.

En principe, le chauffage par le courant est obtenu en faisant circuler ce courant dans des fils métalliques de diamètre très réduit ; ces fils s'échauffent fortement par l'effet Joule et leur radiation se dégage dans le milieu ambiant sous forme de rayonnement calorifique. On conçoit qu'avec un tel procédé il est presque impossible de constituer un véritable fourneau car, même en fermant hermétiquement les caisses contenant les fils, les pertes de chaleur seraient trop grandes. Pour la même raison, le chauffage des appartements, à l'aide de plaques radiantes, serait difficile à réaliser économiquement. De plus, les fils formant les résistances, dans un cas comme dans l'autre, se brisent après quelque temps de fonctionnement et l'appareil se trouve hors de service. Devant ces inconvénients, on a alors songé, pour protéger ces fils et leur assurer une durée presque indéfinie, à les noyer dans une pâte isolante les protégeant contre les influences atmosphériques, l'oxydation et les chocs, et la composition de cette pâte isolante a fait l'objet de nombreux brevets.

Mais cette solution est encore loin d'être sans défauts : la perte de chaleur à travers la pâte est assez sensible, et il arrive souvent que le fil conducteur résistant et la masse dans laquelle il se trouve noyé, ne possède pas le même coefficient de dilatation, et il en résulte qu'il peut tout aussi bien se briser que s'il était à l'air libre. De toute manière, l'appareil est complètement détérioré.

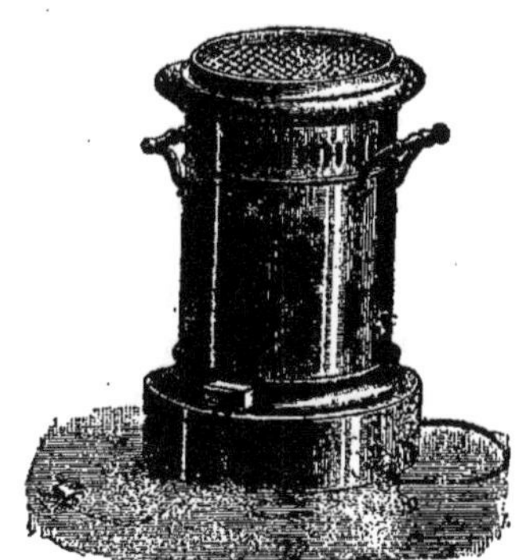

Fig. 206. — Poêle électrique.

Les premiers appareils de chauffage électrique ont été présentés au public par MM. Crompton et Cie, électriciens anglais, en 1886, lors d'une Exposition au Palais de Cristal. Les fils résistants étaient noyés dans un émail infusible formant le fond des appareils. A peu près à la même époque, M. Ahearn, d'Otawa (Canada), construisait un « poêle électrique » qui attira beaucoup l'attention. On vit même fonctionner, à une exposition, un four de boulanger chauffé par le même procédé, et l'on s'arracha, paraît-il, les « petits pains électriques ! »

En 1895, le professeur Ayrton fit une conférence à l'Institution royale de Londres, sur l'application de la chaleur du courant à la cuisine, et il donna les renseignements suivants : il suffit de 7 watts-heure pour porter une poêle électrique à la température où le beurre frit, et la même dépense d'énergie suffit à la cuisson parfaite d'une omelette en 90 secondes. Cette dépense paraît faible, mais il faut considérer que, dans ces opérations, il est possible d'utiliser beaucoup mieux le calorique qu'avec n'importe quelle autre source de chaleur, car il est produit dans un très petit espace et absorbé à mesure de sa production.

Après les résistances métalliques échauffées par le passage du courant, on a employé des corps présentant une résistivité plus grande, tels que le charbon et le silicium, sous forme de briquettes. Enfin, dans les appareils Alioth, on a tiré parti des courants parasitaires (courants de Foucault) prenant naissance dans le fer par le passage de l'électricité.

Il existe de très nombreux modèles de petits appareils domestiques destinés à donner une petite quantité de chaleur pendant un temps assez court et susceptibles de rendre les meilleurs services chaque fois qu'on dispose d'électricité à un prix peu élevé. Les appareils à chauffer l'eau sont surtout utiles ; ils permettent d'obtenir, sans autre dérangement que la manœuvre d'un interrupteur, un demi-litre à un litre d'eau bouillante pour la toilette, la barbe, pour faire cuire des œufs à la coque, etc. Nous pouvons encore mentionner ceux qui suivent :

Bouilloire. — La bouilloire d'un litre consomme 5 1/2 hectowatts à l'heure. Il faut 10 à 12 minutes pour arriver à l'ébullition, soit donc environ 1 hectowatt-heure ou une dépense de 0,04 pour 1 litre d'eau bouillante.

Chauffe-fer à friser. — Le modèle ordinaire pour un fer consomme 1 hectowatt à l'heure. Si on l'emploie pendant une demi-heure, ce qui est un maximum, la dépense n'est que de 0,02.

Chauffe-plats. — Consomme environ 250 watts. Dans un repas ordinaire, il fonctionnera au plus une demi-heure. Ce sera donc une dépense de 0,05.

Gril. — Le gril électrique est peut-être l'application la plus intéressante, en ce qu'elle produit un résultat supérieur comme goût avec une dépense moindre qu'avec le charbon et sans la

Fig. 207 à 216. — Appareils de chauffage électrique : bouilloires, chauffe-plats, chauffe-fers et fers à repasser.

mauvaise odeur donnée par le gaz. Il faut 4 à 5 minutes pour porter à 270° la température de la surface. Il suffit alors de

3 à 4 minutes pour cuire un bifteck ou quatre côtelettes, soit donc un emploi de 7 à 9 minutes. La dépense étant de 500 watts à l'heure, l'opération coûte 0,04.

Il y a une seconde série d'appareils ayant un caractère plutôt commercial ou industriel.

Chauffe-pieds. — Dans les cafés, dans les magasins de Paris, il n'y a généralement pas d'appareils de chauffage ; on comptait sur le gaz pour élever la température. Les consommateurs ou les acheteurs n'y restent pas longtemps, mais la dame de comptoir a les pieds froids. Elle emploie une brique ou une bouillotte à eau chaude qu'il faut changer souvent ; elle a aussi quelquefois une chaufferette au gaz.

Les inconvénients de ces divers systèmes sont supprimés avec le chauffe-pied électrique, pouvant être arrêté ou mis en service

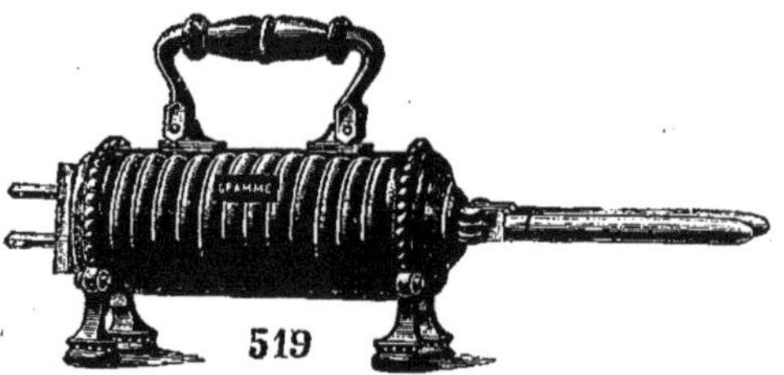

Fig. 217. — Chauffe-fers à friser de la Société Gramme.

par la personne même qui aura à payer la dépense. Un relevé fait sur plusieurs appareils fonctionnant à Paris depuis trois ou quatre ans indique une dépense annuelle de 70 par chaufferette.

Fers à repasser. — Certains corps d'état ont besoin d'avoir très vite des fers à repasser chauds, les chapeliers, par exemple. Il en résulte l'obligation d'entretenir un feu ardent, pénible en été, et pouvant causer des incendies.

On fait des fers à repasser électriques de deux systèmes. Dans le premier, un fer ordinaire est chauffé sur un réchaud électrique qui l'encadre. Dans le deuxième, le fer contient la plaque chauffeuse et est fixé au bout d'un fil. Suivant les cas, on préférera le second système qui est plus économique, ou le premier qui est moins embarrassant.

Chauffe-assiettes. — Dans les grands restaurants, le chauffage des assiettes est une opération coûteuse et encombrante. Qu'on trempe dans l'eau chaude ou qu'on réchauffe sur un foyer ou dans un four, il y a une manutention coûteuse pour déplacer et essuyer les assiettes qui se chiffrent quelquefois par milliers.

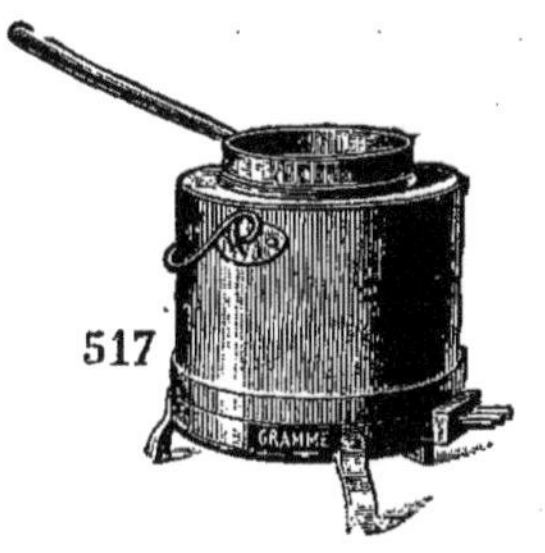

Fig. 218. — Pot à colle à bain-marie.

On a donc construit des armoires dans lesquelles sont placées les piles d'assiettes au sortir de la laverie et où elles restent enfermées à l'abri de la poussière. Aux heures où on a besoin d'assiettes chaudes, il suffit de tourner un bouton pour chauffer un ou plusieurs compartiments, et si l'armoire est revêtue de substances isolantes, la chaleur est maintenue avec une très faible dépense.

Grille-pain. — Plusieurs grands hôtels et restaurants emploient un appareil électrique pour griller le pain. On arrive à une régularité de grillage parfaite et la dépense n'est que de 0,60 centimes à l'heure.

Fig. 219. — Carreau à chauffage électrique

Instruments divers. — Citons encore, parmi les petits appareils de chauffage électrique ne consommant que peu de courant, les pots à colle-forte avec récipient chauffé au bain-marie, et les fers à souder qui présentent l'avantage de ne jamais refroidir et de permettre un travail continu, ce qui peut être utile dans bien des circonstances.

Chauffage des appartements. — Si l'on écarte un instant la question du prix, l'électricité permet de résoudre le problème du chauffage des habitations d'une façon absolument hygiénique.

La chaleur développée ne diminue en rien la proportion d'oxygène de l'air ; un appareil de chauffage électrique peut donc fonctionner indéfiniment dans un local fermé sans modifier la composition de l'air que l'on respire, ce qui n'est pas sans importance.

Ajoutez la grande facilité d'arrêter ou de reprendre le chauffage à volonté, d'interrompre la dépense au moment même où l'emploi s'arrête, et vous devrez convenir que c'est là un chauffage bien tentant.

Fig. 220. — Samovar.

On a construit d'abord des appareils mobiles. C'est avec des radiateurs mobiles qu'on chauffe, depuis 1895, le théâtre du Vaudeville à Londres. Ces appareils, construits en France avec plus de goût et de soin, sont employés également à Paris dans nombre de maisons. Ils peuvent se brancher sur une simple prise de courant et s'enlever en été. Ces appareils mobiles peuvent être remplacés par des plaques murales noyées dans le lambris et faisant partie de l'ornementation. Dans un grand salon, par exemple, on peut avoir une cheminée servant à la ventilation et donnant de la gaieté, et des plaques murales chacune armée d'un commutateur. Lorsqu'on veut avoir la pièce rapidement chauffée, on met toutes les plaques en action, la température s'élève très vite et on obtient des murs chauds, l'idéal poursuivi par M. Trélat et les spécialistes qui ont étudié ces questions. Quand la pièce est chaude, un petit nombre de plaques,

Fig. 221. — Pot à colle.

Fig. 222. — Fer à souder électrique.

une seule quelquefois, suffit pour maintenir une bonne température.

Il n'y a pas encore de nombreuses expériences faites pratiquement pour déterminer la dépense de ce mode de chauffage quand il est seul employé. Cependant nous pouvons indiquer 65 watts comme dépense maximum par mètre cube, en admettant 22° entre la température extérieure et celle qu'on désire obtenir.

Fig. 223. — Plaque chauffeuse.

Chauffage et ventilation. — Lorsqu'on veut à la fois chauffer et ventiler, la difficulté est grande avec les moyens dont on disposait jusqu'ici. L'air qu'on introduit est généralement trop chaud ou trop froid. Ce n'est que dans des constructions neuves qu'il est possible de disposer des gaines convenablement réparties dans les murs, d'y faire circuler de l'air qu'on y chauffe à la température voulue, et de placer de l'autre côté de la salle des sorties où un appel est produit pour évacuer l'air vicié.

Certains hôpitaux neufs présentent cette solution d'une façon parfaite et offrent à leurs malades une température constante l'été comme l'hiver, un air constamment renouvelé et absolument pur ; les guérisons y sont plus fréquentes. Dans les vieux hôpitaux de Paris, il ne paraît pas possible d'installer ces systèmes ; il faudrait tout démolir.

Comment sont ventilées les salles de malades de la plupart de nos hôpitaux ? Tous les matins, quelle que soit la température au dehors, on recommande aux malades de se couvrir la tête, et on ouvre les fenêtres toutes grandes pendant quelques minutes. La température de la salle baisse quelquefois de 10°. On referme les fenêtres et voilà la salle ventilée pour 24 heures.

L'électricité apporte à ce problème une solution nouvelle complète, mais évidemment plus coûteuse que le chauffage actuel.

Il est possible à peu de frais de disposer, soit à l'extérieur, soit à l'intérieur des salles des gaines amenant l'air pur. Dans ces gaines, il est facile de placer des plaques chauffeuses divisées en autant de groupes qu'on voudra. Chacun de ces groupes est commandé par un commutateur. Connaissant la température que l'on désire maintenir dans la salle, il est facile de déterminer le nombre de groupes correspondant à la température extérieure.

De l'autre côté de la salle, de petits ventilateurs électriques évacuent l'air vicié. On peut facilement, avec un rhéostat, faire varier leur puissance.

Cette installation est simple et efficace. Il est possible, il est facile, quelle que soit la température extérieure de maintenir à l'intérieur une chaleur constante. Il est facile de renouveler l'air aussi souvent qu'on voudra ; si on a soin, à l'entrée des gaines, de disposer des filtres retenant les poussières, on donnera aux pauvres malades un air pur et vivifiant, et on les maintiendra dans une température constante, ce qui aidera grandement à leur guérison. Dans un grand hôpital on aurait sans doute économie à produire dans une dépendance l'électricité qui fonctionnerait sans arrêt pendant l'hiver et dont la production ne présente pas les difficultés de celle destinée à l'éclairage.

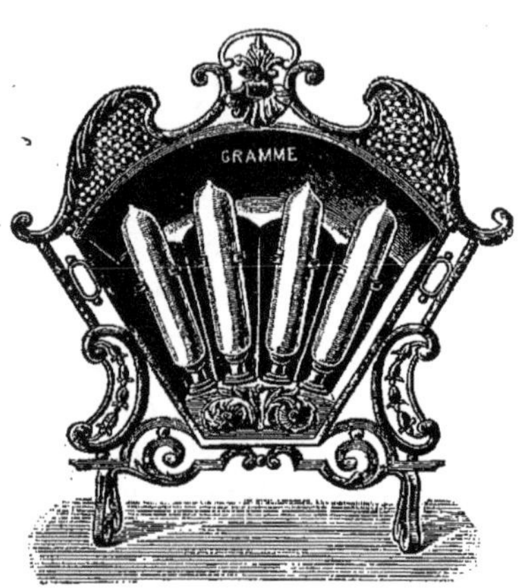

Fig. 224. — Modèle de chauffoir par résistances électriques en silicium.

Une semblable disposition peut rendre de grands services aux particuliers pour ventiler les salles de réunion. On peut encore disposer deux placards aux extrémités du salon : l'un reçoit l'air extérieur et contient les plaques chauffeuses, l'autre renferme le ventilateur d'évacuation. Avec un peu d'habitude, on arrive vite à régler le nombre de plaques à mettre en activité suivant la quantité de personnes réunies, et maintenir une température sensiblement constante dans les salles pendant toute la durée d'une réunion ou d'une fête.

Il existe plusieurs hôtels particuliers à Paris entièrement chauffés par des calorifères électriques. Non pas de ces poêles thermo-électriques chauffés au coke, genre Ahearn, Gülcher, Clamond ou Giraud qui développent à grand'peine 1 kilowatt en brûlant 30 kilogrammes de coke ou 35 mètres cubes de gaz, mais de véritables calorifères contenant des batteries de plaques chauffeuses. On a ainsi tous les avantages du calorifère à air chaud sans aucun de ses inconvénients. La dépense est sans doute élevée avec ce procédé, mais c'est au grand bénéfice de l'hygiène et de la santé des habitants, l'air ainsi chauffé ne risquant pas d'être altéré par les résidus de la combustion.

On emploie encore le courant électrique pour le chauffage des wagons de chemins de fer et les voitures de tramways ; on fait usage de résistances en fils métalliques ou de plaques radiantes dissimulées sous les banquettes. Tel est le procédé en vigueur sur certaines lignes de tramways de Paris, et sur quelques réseaux de chemins de fer à traction électrique, tel que celui des Invalides à Versailles et du mont Salève.

En Amérique, on a imaginé des chauffoirs électriques quelquefois fort originaux, tels que le *matelas électrique*, pour malades, remplaçant les classiques bouillottes à eau chaude. Ce matelas contenant une trame métallique dégage une chaleur douce que l'on peut régler à volonté au moyen d'un rhéostat.

Jusqu'à l'aube du vingtième siècle, les novateurs s'étaient bornés à combiner des appareils de petite dimension ne donnant que de petits effets, et tels que ceux que nous avons décrits dans ce chapitre. Mais la question n'était pas vidée, et la preuve a été fournie à l'Exposition de 1900 qu'il était parfaitement possible, à condition de disposer de radiateurs de haut rendement, de réaliser le chauffage électrique et la cuisson des aliments par l'électricité sans une consommation exagérée d'énergie entraînant une dépense hors de proportion avec le résultat obtenu. Voici d'ailleurs, à l'appui de cette affirmation, la description de deux installations exécutées en 1900, l'une à l'hospice du Carmel, situé sur la rive canadienne de la rivière Niagara, l'autre à l'Exposition même, au restaurant espagnol de la *Feria*.

Dans la première installation, celle du Carmel, le courant triphasé à 2.200 volts est amené par un conducteur en fils de cuivre d'une station génératrice située à 3 kilomètres de distance. Il est ramené à la tension de 110 volts par deux transformateurs de 30 kilowatts et un de 25 placés à l'hospice même.

Ce courant représente une puissance de 100 chevaux assurée par le contrat ; sur ce chiffre, 25 sont employés à l'éclairage, qui comprend 200 lampes à incandescence de 16 bougies, pour la cuisine et le chauffage de l'eau, tandis que le reste, soit 75 chevaux, sert au chauffage du rez-de-chaussée du bâtiment, lequel contient 11 chambres à coucher, une salle à manger, une salle de réception et des corridors.

Chaque chambre à coucher mesure $4^{m},50 \times 3^{m},60 \times 3^{m},05$ de hauteur sous plafond ; elle est chauffée par un appareil de 4 chevaux donnant deux taux de chauffage. Le corridor qui dessert toutes les pièces a 36 mètres de longueur sur $4^{m},50$ de largeur et $3^{m},05$ de hauteur ; il est chauffé par un appareil de 4 chevaux.

La cuisine contient un fourneau complet et trois fours. Le premier a 6 pieds carrés (0,55 mq) de surface de chauffe, chaque pied carré consommant 15 ampères et est muni d'un commutateur permettant deux degrés de chaleur.

Les fours consomment chacun 23 ampères pour les deux petits et 50 pour le grand. On peut cuire à la fois quatre rôtis de 12 kilogrammes. L'office contient des récipients de 20 litres chauffés par l'électricité pour faire le café, le thé et pour faire bouillir de l'eau.

Il y a encore deux chaudières également chauffées à l'électricité, l'une de 1.500 litres, l'autre de 600 litres. La première dessert la buanderie et les bains et peut recevoir trois degrés différents de chaleur, elle consomme 120 ampères. La seconde dessert la cuisine ; elle consomme 125 ampères parce qu'on l'emploie pour faire chauffer de l'eau rapidement. Le jour de l'inauguration de l'hospice, la cuisine électrique a préparé un dîner pour 250 personnes. La grande chaudière porte à l'ébullition de l'eau à 15° C. en six heures. Les petits fours cuisent du pain en 18 minutes.

Le courant servant au chauffage de l'eau, à la cuisine et à l'éclairage, et qui est fourni par une des phases, coûte 125 francs par cheval, ce qui, pour 25 chevaux, représente une somme annuelle de 3.126 francs et les 75 chevaux employés au chauffage de l'édifice coûtent, par cheval, le cinquième seulement du taux précédent. L'installation demande très peu de surveillance, les réparations sont peu fréquentes, enfin l'ensemble donne une entière satisfaction depuis l'époque de la mise en service.

Si nous arrivons maintenant à l'installation de l'Exposition de 1900 dont nous parlions en commençant, nous dirons que l'organisation du restaurant *La Feria*, au rez-de-chaussée du pavillon de l'Espagne, au quai d'Orsay, n'avait été autorisée qu'à la condition expresse qu'il n'y serait fait aucun usage de charbon, de gaz ou de pétrole, afin d'éviter tout danger d'incendie pour les magnifiques collections situées au-dessus. Comme moyen de chauffage, il ne restait donc que l'électricité. Mais si l'on parle souvent de l'emploi de l'électricité pour la cuisine, les applications de ce genre étaient encore bien rares et de bien faible importance. Comme il s'agissait ici d'assurer le service régulier de trois à quatre cents repas complets par jour, l'application dépassait de beaucoup celles effectuées jusqu'ici.

Malgré les difficultés que présentait une installation aussi importante, elle a été réalisée par les Établissements Parvillée à l'aide de leurs ingénieux dispositifs de chauffage. La tentative a été d'ailleurs couronnée d'un succès inespéré, car la moyenne actuelle est d'environ six cents repas par jour, non compris les repas du nombreux personnel de l'établissement. On peut en outre ajouter, sans crainte d'être démenti, que sous le rapport de la saveur les mets cuits à l'électricité ne le cèdent en rien et sont même supérieurs à ceux cuits par les moyens habituels.

Voici quelques renseignements sur cette intéressante installation.

Dans la cuisine se trouvent :

1° Un grand fourneau de $2^m,10 \times 1^m,10$ muni de huit foyers constitués par des groupes de résistance métallo-céramiques Parvillée qui, comme on le sait, peuvent être portés à l'air libre au rouge vif et supportent aisément une température de 1.200°. Quatre de ces foyers consomment chacun 25 ampères, soit 2.750 watts-heure et dégagent par suite 2.370 calories par décimètre carré de surface utilisable de chauffe. Les quatre autres foyers du même fourneau consomment chacun 20 ampères.

La chaleur non utilisée par rayonnement direct sert à chauffer les plaques intermédiaires sur lesquelles s'achève la cuisson commencée sur les grands foyers. Chaque foyer est commandé directement par un interrupteur, ce qui permet de supprimer instantanément tout foyer non utilisé. La consommation totale du fourneau est de 180 ampères et peut fournir 17.000 calories ;

2° Deux grands grilloirs à feu vif, avec chauffage par la partie supérieure, consommant l'un 36 ampères, l'autre 25 ;

3° Deux fours, l'un à chauffage inférieur de 20 ampères l'autre à chauffage supérieur de 50 ampères au maximum, divisés en plusieurs circuits. Dans ce four, on cuit journellement, entre autres, 35 kilogrammes de train de côte à la fois en trois heures et demie avec une allure moyenne de 40 ampères ; la consommation totale du courant est de 14.000 watts-heure, ce qui correspond à 400 watts-heure par kilogramme de viande, soit une dépense de 0 fr. 20 à 0 fr. 50 le kilowatt, et seulement de 0 fr. 12, en comptant le courant à 0 fr. 30 le kilowatt. (Le nombre de calories fournies par kilogramme de viande est de 345) ;

4° Un réservoir à eau chaude de 30 litres consommant 20 ampères et un légumier de même capacité et de même consommation.

Le service du café, chocolat, thé, etc., est assuré par un petit fourneau à deux bouches de 15 ampères chacune et par un bain-marie à copettes de 20 ampères. Tous les appareils sont construits en tôle avec armature en fer poli. Ils sont à double parement garni d'amiante et disposés pour donner le meilleur rendement possible.

La consommation maxima utilisée est de 850 ampères et l'énergie totale dépensée en moyenne est de 350 kilowatts-heure par jour. Si l'on déduit de ce chiffre environ 70 kilowatts-heure pour le service du café, chocolat, lait, thé, grog, etc., c'est-à-dire consommés en dehors des repas, il reste 280 kilowatts-heure pour le service du restaurant proprement dit, ce qui représente 350 watts-heure par repas payant. L'énergie électrique étant payée 0 fr. 50 le kilowatt-heure, le prix du repas ressort à 0 fr. 23.

Il est à remarquer que le tarif de 0 fr. 50 le kilowatt-heure est beaucoup plus élevé que celui que font les secteurs parisiens pour certaines applications et en particulier pour le chauffage électrique. Ce dernier tarif est, en effet, de 0 fr. 30 seulement le kilowatt-heure et à ce taux le prix du repas ne reviendrait par conséquent qu'à 0 fr. 14 environ. On voit donc que le prix de revient de la cuisine électrique n'a absolument rien d'exagéré, surtout si l'on tient compte que, chez un particulier, on pourrait réaliser, en réglant convenablement le courant, une économie dont s'inquiètent peu, en général, les chefs cuisiniers.

Ainsi donc, si nous voulons résumer ce qui précède, nous reconnaîtrons qu'un progrès incontestable a été accompli en ce qui concerne l'utilisation de l'énergie électrique comme source de chaleur, d'une part, grâce à l'obtention du courant à un prix de plus en plus réduit par la captation des puissances naturelles gratuites, d'autre part en raison des perfectionnements apportés dans la disposition des appareils transformant l'électricité en rayonnement calorifique.

On peut croire que ces applications, de même que toutes celles que nous avons successivement passé en revue au cours de ce livre ne feront que s'étendre et se vulgariser. Le jour est proche sans doute où toutes les maisons seront machinées électriquement et où, au lieu de la mention « eau et gaz à tous les étages », on verra ajouté, dans les immeubles bien tenus, l'avertissement : « chauffage, téléphone et éclairage électrique dans tous les appartements », pour la plus grande commodité et le confort des citadins de ces villes de demain.

CHAPITRE XVII

Applications diverses de l'Électricité.

Horlogerie électrique. — Unification de l'heure. — Contrôleur électrique. — Le phonographe. — Les phares électriques. — Les bouées lumineuses et à cloche. — L'électricité dans l'art militaire et dans la marine. — L'électricité dans les chemins de fer. — L'électricité au théâtre. — Bijoux et jouets électriques. — Chasse et pêches électriques. — L'électrocution. — Réclames électriques.

Il n'est presque pas de circonstance de la vie moderne, pourrait-on dire, dans laquelle l'énergie électrique, sous une forme ou sous une autre, ne soit susceptible d'intervenir avec une incontestable supériorité sur les procédés antérieurement connus. L'importance du présent ouvrage, où nous n'avons cependant pu qu'énumérer sommairement les applications de l'électricité sans pouvoir descendre dans le détail de chacune, donne une preuve du développement vraiment extraordinaire pris en peu de temps par cette force d'usage si commode, aussi bien en petit, que dans les plus vastes proportions.

A côté de ce que l'on pourrait appeler les applications industrielles de l'électricité, il reste une foule d'usages où l'on retrouve, sous un aspect différent, cette énergie, et nous en donnerons un aperçu dans ce chapitre.

On a eu mille fois l'occasion de constater la divergence des indications fournies par les horloges d'une ville, qui mettent quelquefois une demi-heure à sonner midi. L'électricité procure le moyen de supprimer ces écarts et de conserver la même heure aux multiples cadrans disséminés dans les divers quartiers.

Tout d'abord, on eut l'idée de faire des pendules électriques *indépendantes*, en utilisant les phénomènes de l'électro-magnétisme pour entretenir le mouvement du balancier oscillant. Ce fut l'électricien Bain qui imagina, vers 1840, le premier appareil de ce genre. Le courant électrique d'une pile de Daniell passait dans les bobines d'un électro-aimant au moment voulu, et c'était le pendule qui fermait lui-même le circuit par des contacts disposés à sa partie supérieure. Le pendule ainsi devenu le siège de la force motrice, transmettait, par un moyen mécanique, sa puissance au rouage de minuterie commandant les aiguilles, et il en réglait la vitesse.

Avec un semblable dispositif, l'isochronisme des oscillations ne peut être conservé qu'autant que l'intensité du courant demeure invariable, ce qui est à peu près impossible à obtenir. Les mécaniciens et horlogers, comme Froment, de Vérité, Robert-Houdin, qui modifièrent l'agencement des pièces sans rien changer au principe, ne réussirent pas mieux. Seuls, MM. Hipp et Cauderay, sont parvenus, il y a quelques années, à établir des horloges à échappement électrique dont le fonctionnement est indépendant de l'amplitude des oscillations du pendule. Ces appareils fonctionnent donc sans aucun poids ni ressort, puisque l'électricité est leur seul moteur et l'opération du remontage se trouve, par suite, supprimée.

Les horloges électriques indépendantes n'ayant eu, au début, que peu de succès, certains horlogers, Breguet le premier, songea à limiter le travail demandé à cette énergie au remontage périodique du ressort moteur. C'était une idée heureuse, malheureusement les moyens dont on disposait pour la réaliser étaient insuffisants, et empêchèrent ce procédé de se répandre. En principe, ce remontage s'effectue par le jeu d'un électro dont l'armature commande un cliquet qui s'engage entre les dents d'un rochet, lequel est monté sur le même axe que le treuil portant le poids à remonter ou que le barillet contenant le ressort. L'ouverture et la fermeture du circuit, la mise en action de l'électro s'opèrent automatiquement par le contact entre le poids ou le barillet, au commencement et à la fin de leur course, et un plot métallique. Tel est le principe des remontoirs électriques de Callaud, construits par la maison Japy, de Richard frères, de M. de Liman, etc.

Mais la meilleure méthode d'utilisation de l'électricité pour les indicateurs horaires est certainement la transmission télégraphique de l'heure, de manière à unifier les indications données par tous les cadrans reliés à une horloge centrale ou directrice. Ce procédé est celui qui a reçu le plus grand nombre d'applications, et plusieurs villes possèdent des réseaux étendus de distribution de l'heure par l'électricité. Il existe toutefois plusieurs manières d'agir. Ainsi, on peut employer le courant comme force motrice pour actionner des compteurs électro-chronométriques composés d'une minuterie et d'un électro recevant le courant à intervalles égaux, ou bien n'utiliser le courant que pour remettre à l'heure des horloges secondaires ou pour synchroniser les mouvements de leurs balanciers en les faisant battre à l'unisson de celui de l'horloge directrice.

Chaque système ayant ses avantages et ses inconvénients, on choisit celui qui s'adapte le mieux aux circonstances locales.

L'horloge directrice peut être une pendule électrique indépendante, mais on préfère ordinairement une horloge à poids ou à ressort moteur, de haute précision, dont le balancier compensateur, à chacune de ses oscillations, ferme le circuit de la pile et envoie le courant aux compteurs électro-chronométriques du réseau. Dans le système de remise à l'heure, c'est un mécanisme commandé par un électro-aimant qui ramène l'aiguille des minutes au point voulu, une fois toutes les vingt-quatre heures, par l'impulsion d'un courant envoyé par le centre horaire. Enfin dans la méthode par synchronisme, toutes les horloges sont à ressorts ou à poids, et l'électricité n'intervient que pour assurer le battement isochrone des balanciers qui suivent exactement les mouvements du balancier de l'horloge directrice.

L'électricité peut encore intervenir pour commander le battant à l'intérieur des cloches et lui faire frapper le métal sonore. Avec un grand nombre de cloches de différentes dimensions, une pile et un clavier, on peut combiner un carillon, tel que celui de *Grace Chapel*, à Londres, et du *Palais de la Métallurgie* de l'Exposition Universelle de 1900. Au lieu d'un clavier, on peut disposer un cylindre denté, analogue à celui d'une boîte à musique ou d'un orgue de Barbarie ; le courant est envoyé aux électros ou aux solénoïdes provoquant le mouvement des marteaux, suivant la disposition des chevilles métalliques hérissant le cylindre, et les airs notés sur ce cylindre sont reproduits en quelque sorte automatiquement par le carillon, qui peut être, d'autre part manœuvré par le clavier, l'électricité agissant toujours comme puissance motrice et moyen de transmission.

On trouve encore l'usage de l'électricité en horlogerie pour certains appareils automatiques : contrôler une ronde, certifier la présence d'un surveillant, d'un ouvrier, etc. La multiplicité des combinaisons que l'on peut réaliser avec un mouvement d'horlogerie déclanché à intervalles par un contact électrique est considérable, et nous devons nous borner à les rappeler en passant.

Le phonographe Edison est un appareil qui rentre dans la même catégorie. Il se compose d'un petit moteur électrique alimenté par le courant d'une pile, et dont la vitesse est maintenue rigoureusement constante par un régulateur, véritable mouvement d'horlogerie. Ce moteur fait tourner l'axe portant les rouleaux de cire enregistrés devant le style du reproducteur. Dans les modèles à bon marché, le moteur et la pile ont disparu et on ne trouve plus qu'un mécanisme à barillet plus ou moins bien construit et qui sert à faire tourner les cylindres avec plus ou moins de régularité.

Si, abandonnant un instant les usages de l'électricité dans la vie usuelle, nous voulons nous rendre compte des services qu'elle a pu rendre à l'art militaire, sur la terre et sur les eaux, partout où l'on se bat, enfin, nous verrons qu'on l'emploie surtout pour la transmission des signaux et des ordres. On a combiné des appareils spéciaux de télégraphie électrique, avec et sans fil (par des ondes hertziennes), pour faire communiquer entre eux les divers éléments d'une armée ; on a fait des postes de téléphonie de campagne, dont les lignes se posent et s'enlèvent avec une extraordinaire rapidité, et utilisé la lumière électrique pour la télégraphie optique, les signaux et l'éclairage par projections lumineuses, des mouvements de l'ennemi. L'appareillage employé dans ce dernier cas est ordinairement composé d'une chaudière à vapeur verticale montée sur un chariot à quatre roues et alimentant un moteur à grande vitesse (machine Brotherhood), accouplé directement à une dynamo à courant continu. Le courant ainsi produit est envoyé dans une lampe à arc enfermée entre le réflecteur parabolique et le système de lentilles optiques constituant le *projecteur*. Le faisceau de la lumière peut être dardé à volonté sur tous les points de l'horizon, l'appareil étant monté sur genouillère ou sur articulations à la Cardan.

L'art militaire utilise encore l'électricité pour la mise de feu des mines souterraines au moyen d'*amorces de tension* à étincelle, ou de *quantité*, à fil de platine incandescent. L'inflammation est opérée, dans le premier cas, à l'aide d'un appareil électro-magnétique fournissant une étincelle d'extra-courant de haute tension et très chaude, dans le second cas au moyen d'une batterie de piles primaires. Le manipulateur ou interrupteur, chargé de rétablir le courant et l'envoyer dans les amorces détonantes chargées d'amener la déflagration des fourneaux de mines, est appelé *exploseur* (fig. 225).

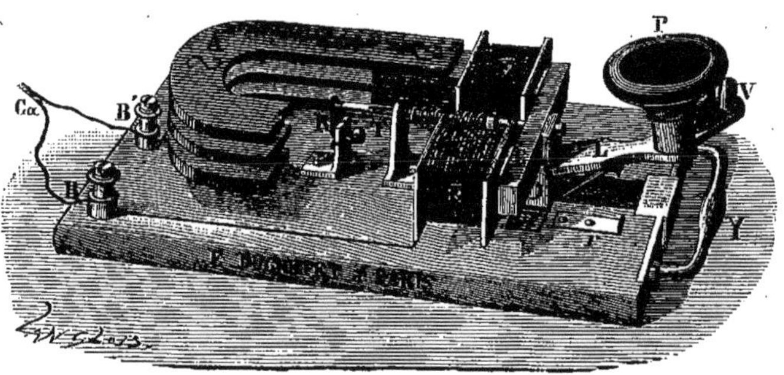

Fig. 225. — Exploseur Breguet-Ducretet.

Dans la marine, outre l'usage qui est fait de la lumière à arc pour les projecteurs, et des lampes à incandescence pour les signaux et l'éclairage des moindres recoins du navire, l'électricité est précieuse pour la commande d'une foule d'appareils qui étaient autrefois manœuvrés par des servo-moteurs hydrauliques. Tel est le cas, notamment des tourelles renfermant les canons de longue portée, que les servants peuvent faire tourner autour de leur axe par la simple manœuvre d'un commutateur à volant réglant la vitesse de rotation de la tourelle blindée en même temps que les mouvements nécessités pour le pointage en hauteur et en direction de la monstrueuse pièce. Tous les cuirassés modernes sont ainsi outillés et pourvus de la commande électrique de tous leurs mécanismes.

Aux mines souterraines foncées par le génie correspond, dans la marine, les torpilles, qui ne sont autre chose que des mines sous-marines, composées d'un récipient étanche contenant un poids plus ou moins grand d'explosif : fulmicoton, nitroglycérine, etc. Suivant que ces mines reposent au fond de la mer, flottent entre deux eaux retenues par une amarre ou *crapaud* ou peuvent être envoyées du rivage, elles sont appelées *torpilles fixes*, *dormantes* ou *automobiles*. Ces torpilles sont munies d'amorces électriques et rattachées au rivage par des fils conducteurs chargés d'amener le courant d'inflammation. La mise de feu est produite à l'instant déterminé au moyen d'un exploseur, comme dans les mines terrestres. Dans une catégorie de torpilles dites *vigilantes*, la déflagration se produit automatiquement quand elles sont heurtées par un bâtiment venant à les toucher ; ce système a causé les plus effroyables ravages dans la flotte russe au début de la guerre russo-japonaise.

Les torpilles que l'on peut lancer du rivage sont dites *dirigeables*. Dans le type dû à Edison et Simms, la torpille porte un moteur électrique actionnant ses hélices ; son degré d'immersion et sa direction peuvent être modifiés pendant la course en agissant sur le mécanisme qui reste en rapport avec le poste qui a lancé l'engin par le câble conducteur se déroulant à mesure que la torpille s'éloigne. Ce système, cependant bien imaginé, a été supplanté par la torpille automobile Whitehead ou Howell qui est entièrement autonome.

Mais l'électricité n'est pas seulement une collaboratrice redoutable dans les luttes modernes ; elle rachète cette complicité en devenant la déesse préservatrice des navigateurs, et c'est son éclatante lumière projetée au loin sur les flots qui indique par sa scintillation l'approche de la terre, la présence des écueils ou des bancs dangereux, l'entrée des ports. Cette lumière, un régulateur à arc voltaïque de grande puissance, est enfermée au centre d'un système optique, de lentilles à échelons disposées suivant les principes indiqués par Fresnel, et qui concentre le faisceau lumineux émis pour lui donner une plus grande portée. L'appareil optique est placé dans une lanterne surmontant une haute tour en pierre, le phare, élevé en mer sur un des rochers ou sur une falaise, et il tourne sur lui-même par l'impulsion d'un mouvement d'horlogerie à poids, avec une vitesse constante. Le nombre des éclats de lumière, leur couleur et leur périodicité indiquent aux marins le nom du phare dont ils distinguent le feu.

Suivant leur emplacement, les phares sont dits de *grand atter-*

rage, de *petit atterrage* ou *côtiers*; les premiers ont une grande intensité lumineuse ; ce sont ordinairement des feux-éclairs dont la portée est considérable.

On peut dire que toutes les côtes bordant le littoral des nations civilisées sont pourvues de ces utiles indicateurs de la navigation. Tous les Etats commerçants se sont imposés de lourds sacrifices pour jalonner leurs rivages de ces signaux de sécurité. La France seule compte 425 phares échelonnés de Dunkerque à Biarritz, et certains, tels celui d'Eckmühl élevé à la pointe de Penmarc'h, ont une puissance qui atteint 10 millions de becs Carcel, 40 millions de bougies ! Le courant, d'une intensité de 25 à 50 ampères sous une tension de 45 volts, est produit par des dynamos ou des magnétos actionnées par une machine à vapeur.

Quand il n'a pas été possible d'édifier en mer une tour, on dispose les feux indiquant la proximité des côtes sur des bâtiments appelés *bateaux-phares*, solidement amarrés au fond de la mer. Les feux de second ordre, de moindre portée que les premiers, et plus rapprochés des estuaires et des ports, sont supportés par des bouées ancrées sur des masses de fonte reposant sur le sol sous-marin. Mais comme ces bouées ne pourraient recevoir un générateur mécanique d'électricité, elles contiennent dans leur intérieur une batterie d'accumulateurs que l'on change après l'épuisement de sa charge, ou bien la lampe fixée au sommet de la bouée est reliée par un conducteur à une source d'électricité à terre. C'est ainsi que sont alimentées les bouées électriques qui jalonnent le chenal de Gedney, large de 300 mètres à peine et par où passent les transatlantiques pour pénétrer dans le port de New-York. Ces bouées, qui affectent la forme de mâts de 18 mètres de hauteur, sont rangées de chaque côté du canal, comme les reverbères dans les rues et elles portent à leur sommet des lampes rouges à bâbord, blanches à tribord ; elles sont maintenues verticales par leur amarrage à un disque de fonte pesant 2.000 kilogrammes reposant sur le fond. Le courant qui leur parvient par des câbles sous-marins soigneusement armés, est produit dans une usine à 600 mètres du rivage. Les dynamos débitent 60 ampères sous 156 volts et alimentent les deux lignes de bouées.

L'organisation électrique des côtes est complétée par les postes sémaphoriques qui se dressent ordinairement sur les falaises élevées et servent de bureau télégraphique entre la terre et les navires passant au large. En temps de paix, ces postes concourent à l'œuvre humanitaire des phares, mais en temps de guerre, ils peuvent devenir très dangereux pour un assaillant tentant en pleine nuit de débarquer ses troupes sur une côte, car ils peuvent prévenir les gardiens des phares d'avoir à changer, modifier ou éteindre les feux pour tromper l'ennemi et l'empêcher d'attérir.

Si nous revenons maintenant sur terre et que nous cherchions d'autres circonstances où l'électricité apporte son aide précieuse, nous n'avons qu'à nommer les lignes de chemins de fer, où elle sert à assurer la sécurité de la circulation des trains circulant sur les voies, en commandant à distance les bras de l'électro-sémaphore qui indiquent aux mécaniciens si la section où ils vont pénétrer est libre ou si elle est encore occupée par un train précédent. Les dispositions données à ces sémaphores pour bloquer ou ouvrir les voies suivant les principes du *block system* sont assez variées comme on peut le constater en voyageant sur les différents réseaux et sur le métropolitain ; mais leur but est toujours d'indiquer qu'une portion de ligne est occupée par un train, pour empêcher le convoi suivant de s'y engager. La section reste bloquée pendant le temps que le train met à la traverser ; aussitôt qu'il en est sorti, un employé manœuvrant la manivelle rend la voie libre.

Parmi les appareils électriques employés dans le service des chemins de fer, il faut encore citer les signaux sonores, tels que les cloches Siemens ou Léopolder, indiquant par un nombre de coups conventionnel, la direction suivie par chaque train ; le télégraphe à cadran Jousselin portant au lieu de lettres des phrases conventionnelles relatives aux mouvements des convois ; les sonnettes d'alarmes pour attirer l'attention du chef de train pendant la marche, et dont sont maintenant pourvus toutes les voitures ; les indicateurs électro-lumineux de passage à niveau, actionnés à distance par la locomotive dont les roues appuient, en passant, sur une pédale près du rail, enfin les freins électriques et l'éclairage électrique des wagons, au moyen de lampes à incandescence et de batteries d'accumulateurs chargées en marche par une dynamo placée dans le fourgon de tête, ou changées après décharge faite, pendant les arrêts ; telles sont les principales applications de l'électricité dans cette industrie.

Le théâtre a largement recours pour sa part à l'électricité sous forme d'éclairage de la scène et de la salle. Un commutateur multiple complété par des rhéostats ; le *jeu d'orgue* permet de réaliser toutes les combinaisons possible de lumière, pour la rampe, les herses, les portants, les lustres. L'instantanéité de l'allumage et de l'extinction de toutes les séries de brûleurs fournit aux metteurs en scène des ressources nouvelles et variées pour obte-

Fig. 226. — Fontaine lumineuse de salon.

nir toutes sortes d'effet. Les projections par l'arc mettent en valeur tel ou tel personnage ; on a pu imiter l'ascension du soleil levant dans le ciel, les éclairs, l'arc-en-ciel, la lumière de la lune, des apparitions de fantômes, grâce à la lumière électrique. Enfin, sous forme de force motrice, c'est le courant qui manœuvre le rideau de fer, produit l'ascension des décors et des *fermes*, et actionne les treuils commandant la corderie compliquée des toiles peintes. Rappelons encore les effets lumineux obtenus par projections, dans le *photorama*, le *cyclorama* et autres cinématographes à vues de paysages ou de scènes animées ; les fontaines et cascades lumineuses, dont l'Exposition Universelle de 1899 a montré le plus grandiose spécimen, enfin les bijoux électro-lumineux, torches, flambeaux, étoiles, diadèmes, lances, etc., à piles primaires ou accumulateurs, inventés par l'électricien

Fig. 227. — Bijoux électro-lumineux Trouvé.

G. Trouvé et qui font le plus grand effet au théâtre comme dans les défilés et cavalcades, dans les mains des figurants et des reines de féerie (fig. 227).

Les sports peuvent trouver dans l'électricité une complaisante collaboratrice. Par exemple, dans les courses pour marquer le moment exact de l'arrivée au moyen d'un chronographe électrique de haute précision, déclanché au cinquième de seconde voulu par le passage du concurrent lui-même. La pêche et la chasse y trouveront également des avantages particuliers, dans le premier cas par l'utilisation d'une lampe enfermée à l'intérieur d'une enveloppe de cristal, et qui, descendue au sein de l'eau, attire par son rayonnement, tous les poissons que l'on n'a plus qu'à ramener par un coup de filet ; dans le second cas, par l'adjonction au fusil de chasse d'un guidon électrique, faiblement éclairé pendant les nuits les plus obscures par le rayonnement d'une lampe microscopique actionnée par le courant d'une petite pile à renversement fixée sous les canons, et donnant la possibilité de viser à coup sûr le gibier dont la silhouette confuse se distingue à peine dans la nuit.

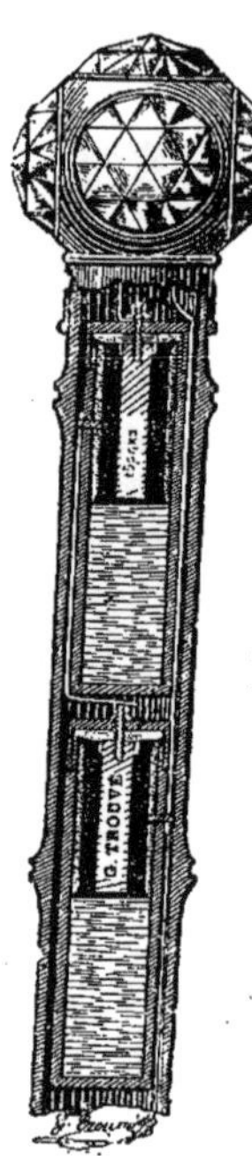

Fig. 228. — Canne lumineuse Trouvé.

L'ingéniosité des inventeurs s'est, peut-on dire, donnée libre carrière dans l'agencement et la combinaison des petits appareils d'électricité tels que jouets et bijoux dans lesquels l'électricité intervient soit pour alimenter une minuscule lampe à incandescence, soit pour faire mouvoir, à l'aide d'un petit électro-aimant une partie quelconque d'un automate. Enfin on a reproduit sur une échelle réduite, pour être donnés comme étrennes aux écoliers studieux tous les appareils industriels d'électricité, et l'on peut trouver dans les grands magasins, aux approches du nouvel an, des boîtes luxueuses contenant un assortiment complet d'appareils pour l'électricité médicale, l'obtention des rayons X, la télégraphie, la téléphonie, et même des chemins de fer, des tramways à trolley et des moteurs électriques commandant toutes sortes d'outils.

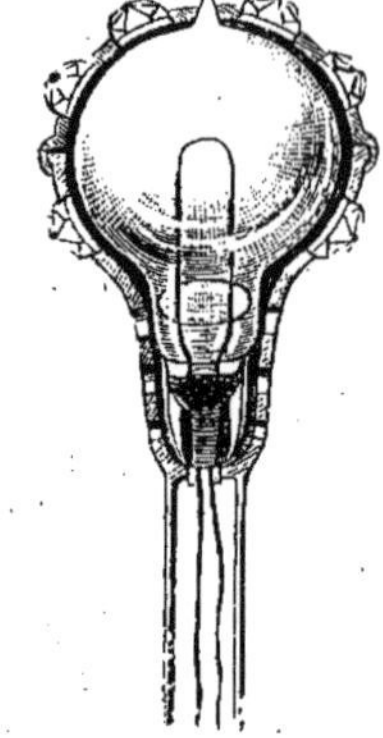

Fig. 229. — Coupe d'un bijou électro-lumineux.

Ces usages de l'énergie sont certainement plus attrayants que celui qui est fait du courant alternatif à 2.000 volts dans la prison d'Auburn à New-York (U. S. A.). Nous n'avons pas besoin de rappeler, qu'en gens de progrès qu'ils s'affirment être, les Américains ont substitué à la corde ou à la guillotine, l'électricité, pour supprimer les criminels de ce monde. L'électrocution est donc le procédé en vigueur pour la destruction des assassins de l'autre côté de l'Atlantique. On asseoit le condamné, préalablement ligotté, sur la chaise fatale, et on l'intercale dans le circuit d'une dynamo à courant alternatif de 1.500 à 2.000 volts de tension. Après une demi-minute de passage du courant, du cerveau aux pieds du patient on pense que l'opération est terminée et que le foudroiement est ra-

Fig. 230. — Lampe sous-marine Trouvé.

dical, le corps est alors détaché et soumis à l'autopsie. Ce procédé est élégant, mais quand on voit des ouvriers que l'on a pu rappeler à la vie après qu'ils ont été traversés à la suite d'un accident, rupture de fil, etc., par un courant de 4 à 5.000 volts et de plusieurs ampères d'intensité, on demeure quelque peu rêveur en ce qui concerne l'efficacité du système américain.

Mais quittons ce sujet plutôt macabre, et pour terminer ce chapitre sur une note plus gaie, rappelons les emplois qui ont été faits, — toujours en Amérique — de l'électricité comme agent de publicité, emplois qui ont traversé d'ailleurs la mare aux harengs pour s'implanter sur nos boulevards. Nous voulons parler des lettres ou signes lumineux, composés de lampes à incandescence groupées de manière à dessiner en traits de feu un mot, un nom, ou l'annonce d'un produit. Ces signes s'éteignent et se rallument continuellement pendant toute une soirée par le jeu d'un interrupteur rotatif actionné par un mouvement d'horlogerie interrompant ou rétablissant le courant. On a ensuite essayé de projeter, à l'aide de lanternes optiques à lampe voltaïque puissante, des réclames sur les nuages servant d'écran, mais ce procédé dernier cri, ne s'est heureusement pas encore développé autant que les précédents, car on peut penser que la publicité a déjà suffisamment de débouchés pour horripiler les infortunés habitants des villes, sans cesse assaillis par ce moustique moderne multiforme et qui a nom la réclame.

CHAPITRE XVIII

L'Électricité dans la Maison

Les ascenseurs électriques. — Les monte-charges, monte-plats. — Les avertisseurs. — Les sonnettes et tableaux-annonciateurs. — Appareillage. — Les allumoirs domestiques. — Allumage des becs de gaz par l'électricité. — Usages domestiques du moteur électrique.

A côté de la lumière distribuée par les secteurs, et que les lampes à incandescence rayonnent dans toutes les pièces des appartements modernes, à côté du poste téléphonique permettant de converser directement avec des correspondants éloignés, les habitations possèdent encore d'autres appareils non moins utiles et dont l'électricité est l'âme. Au premier rang, il faut placer les ascenseurs élevant les personnes sans fatigue jusqu'au plus haut étage des immeubles, les monte-charges effectuant la même opération pour les marchandises et colis de toute espèce, et les monte-plats, apportant les plats tous préparés depuis la cuisine, ordinairement placée dans les sous-sols jusqu'à la salle à manger.

Pendant longtemps, la seule force motrice employée pour actionner les ascenseurs a été l'eau sous pression. La cabine recevant les passagers était supportée par un piston plongeur ayant la hauteur de l'édifice et que soulevait l'eau pressant sous sa face inférieure. Le poids mort de la cabine et du piston était, bien entendu, compensé par des contrepoids l'équilibrant pendant la marche verticale du système. Ce système exigeait le forage d'un puits profond pour loger le cylindre et son piston, et il consommait une grande quantité d'eau ; il était donc tout indiqué d'améliorer ces conditions, et on y est parvenu en combinant les ascenseurs électriques et hydro-électriques.

Les premiers sont de simples treuils, commandés par un moteur électrique, et sur le tambour desquels vient s'enrouler le câble à l'extrémité duquel la cabine est suspendue. Celle-ci se meut à l'intérieur d'une cage, entre deux glissières verticales lui servant de guides. Les divers mouvements d'ascension de la cabine, d'arrêt aux étages, de descente sont commandés de l'intérieur même de cette cabine par des contacts électriques agissant sur le circuit du moteur.

On emploie le plus souvent le courant continu, mais sur les sec-

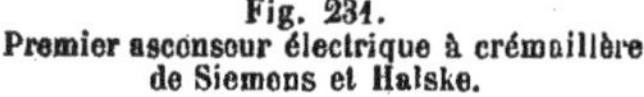

Fig. 231.
Premier ascenseur électrique à crémaillère de Siemens et Halske.

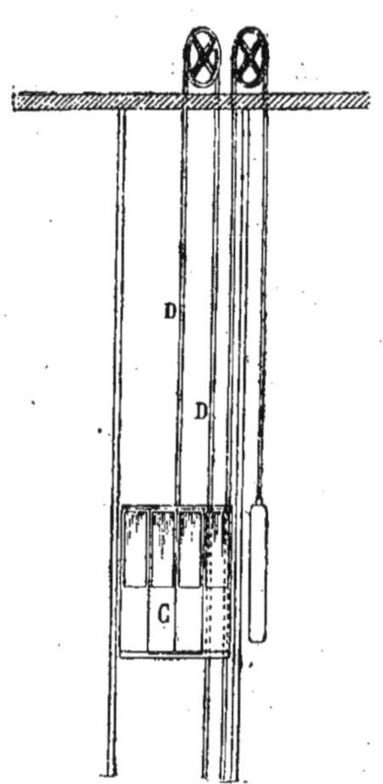

Fig. 232.
Ascenseur à treuil avec son contrepoids d'équilibrage.

teurs ne distribuant que des courants alternatifs, on est parvenu à obtenir des résultats tout aussi satisfaisants par l'intercalation de résistances appropriées dans le circuit. De même que dans les ascenseurs hydrauliques, le poids mort des parties mobiles est contre-balancé par des contrepoids, et le moteur n'a à dépenser que la force réellement indispensable pour élever les voyageurs.

Au prix où est vendu le kilowatt-heure par les secteurs, le système électrique est donc plus économique que celui par pression d'eau. C'est pourquoi on a cherché à transformer ces derniers en se servant toujours de la même quantité d'eau qui, au lieu d'être chassée à l'égout pendant la descente du piston, est renvoyée dans une bâche ou réservoir où des pompes foulantes, commandées par un moteur électrique, viennent la reprendre pour l'envoyer sous le piston pendant la montée de la cabine.

Le mouvement de montée, d'arrêt et de descente de la cabine, dans les ascenseurs hydro-électriques, est provoqué par le jeu d'un distributeur, qui consiste ordinairement en un robinet à 3 voies établissant les communications convenables avec la conduite amenant l'eau sous pression, le cylindre de l'ascenseur et la conduite d'évacuation et de retour à la bâche. Ce robinet est pourvu d'une valve régulatrice qui a pour effet de limiter la vitesse de la cabine vide ou chargée, à la montée ou à la descente, et qui pourrait s'exagérer en cas d'accident, de rupture des conduites, etc. Il est manœuvré de l'intérieur de la cabine à l'aide d'une corde, d'une tringle ou d'un mécanisme électrique, servo-moteur commandant le boisseau mobile du distributeur et combiné de manière à introduire ou évacuer progressivement l'eau, ce qui permet de faire varier la vitesse de déplacement dans les deux sens de la cabine par une seule ou par plusieurs émissions successives de courant.

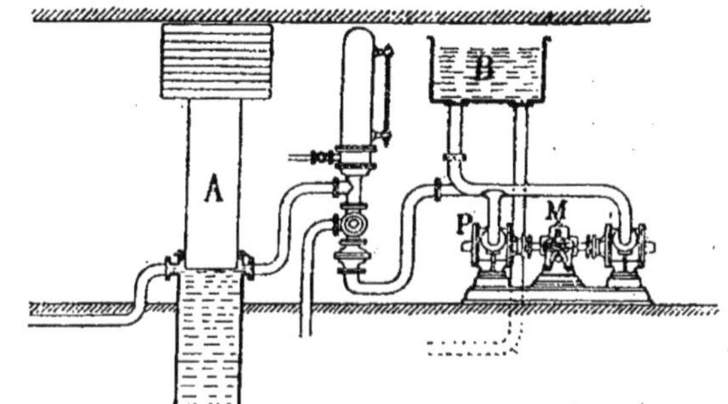

Fig. 233. — Dispositif hydro-électrique à pompes, système Samain.

On est parvenu à équilibrer d'une manière très complète les ascenseurs hydrauliques et hydro-électriques par l'usage d'un compensateur hydro-électrique imaginé par M. l'ingénieur Abel Pifre. Dans ce système, le cylindre de l'ascenseur est relié par un tuyau à un autre cylindre de même capacité, mais de hauteur bien moindre, et qui contient un piston plongeur lesté par un contrepoids et solidaire d'un écrou dans lequel passe une vis. L'ensemble des deux cylindres et de la conduite qui les réunit, constitue une balance hydraulique. Pour faire monter ou descendre le piston porte-cabine, il suffit de faire monter ou descendre le piston compensateur, puisqu'en agissant ainsi on refoule l'eau du premier dans le deuxième cylindre. Ce mouvement est obtenu

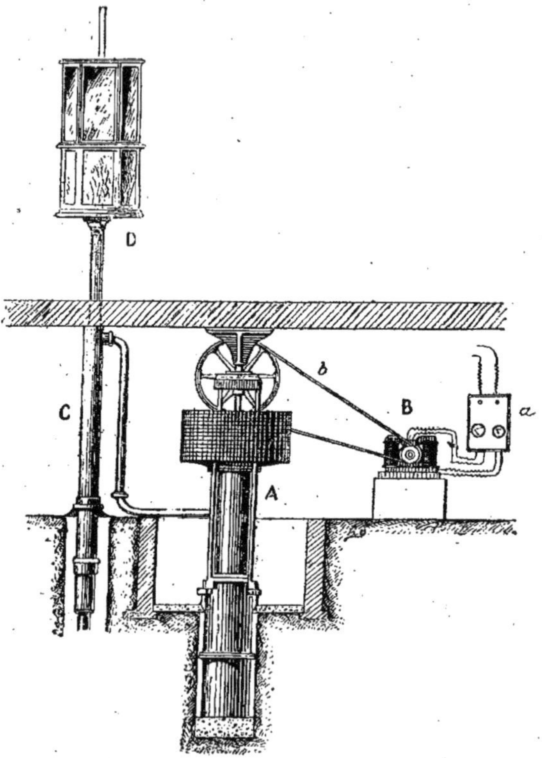

Fig. 234. — Ascenseur hydro-électrique avec compensateur de Abel Pifre.

en communiquant à la vis une impulsion dans le sens convenable et en la faisant tourner par une transmission. Dans la disposition adoptée par M. Pifre, le moteur électrique commande la vis par poulies, courroie et engrenages d'angle. Comme le poids de la cabine et la moitié de la charge maximum à élever sont constamment compensés par le poids dont on charge le piston compensateur, il en résulte que le moteur n'a à vaincre qu'une résistance assez faible, aussi la dépense d'énergie se trouve-t-elle très réduite.

Citons encore parmi les systèmes les plus remarquables d'ascenseurs basés sur ces principes, ceux construits par l'ingénieur Stiegler, par la maison Samain, par Edoux et par la maison Siemens et Halske de Berlin. Les plus économiques, comme dé-

Fig. 235. — Ascenseur électrique Otis.

pense de force motrice, sont ceux qui fonctionnent à l'aide de pompes commandées électriquement par des moteurs branchés sur les conduites de distribution des secteurs. La plupart sont à manœuvre par boutons-poussoirs agissant, comme nous l'avons indiqué, sur un servo-moteur et tous comportent des dispositifs de sécurité particuliers, pour empêcher la chute de la cabine en bas de la cage, en cas de rupture du câble. Ce sont ordinairement des freins à mâchoires venant serrer fortement les colonnes guides et immobilisant la cabine dans sa chute.

Mentionnons encore, en passant, un système d'ascenseur électrique qui a obtenu une certaine faveur en Amérique où il a été inventé par M. Russel Smith. Il est basé sur l'effort d'attraction exercé par un circuit magnétique sur un noyau mobile ou inversement. Dans le modèle définitif mis en exploitation, le noyau est constitué par les colonnes de l'ascenseur sur lesquels glissent à frottement doux une série de bobines superposées formant un long solénoïde. Suivant que l'on fait passer le courant dans telle ou telle série de bobines, il en résulte une attraction qui amène le déplacement vertical de l'ensemble le long des colonnes. La cabine est solidement reliée à ces deux solénoïdes et s'élève avec eux.

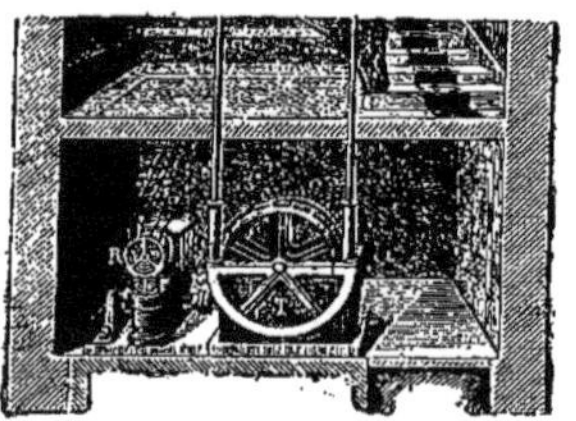

Fig. 236. — Ascenseur électrique avec câble sans frein et roues à empreintes.

Tels sont les systèmes les plus usités d'ascenseurs. Les monte-charges sont des ascenseurs électriques à treuil, dont la cabine est remplacée par un plateau ou une cage dans laquelle on empile les marchandises et les paquets à porter aux différents étages. Dans un système construit par Siemens et Halske, l'électromoteur commande par un engrenage à vis sans fin un arbre qui porte une poulie à gorge sur laquelle s'enroule la corde qui porte la caisse du monte-charges, équilibrée d'autre part à l'aide d'un contrepoids. La friction de la corde sur la poulie est assez grande pour éviter tout glissement. Entre la vis sans fin et le moteur se trouve calée, sur l'arbre commun, une poulie sur laquelle peut agir un frein à sabot ou à collier pouvant être commandé depuis chaque étage au moyen d'une corde à tirage. Le même mouvement actionne l'appareil de mise en route et de changement de marche du moteur et le frein ne fonctionne que quand le moteur est mis hors circuit. Cet appareil peut être également employé pour les petites charges à élever, et notamment comme monte-plats.

Ces derniers sont des monte-charges en réduction, ordinairement formés de plateaux fixés entre deux cordes sans fin passant sur des poulies passant en haut et en bas de la cage à l'intérieur de laquelle ces plateaux se meuvent. Le mouvement est obtenu à l'aide d'un petit électromoteur agissant sur l'arbre des poulies et provoquant le déplacement vertical des plateaux. Partout où il existe une canalisation d'électricité on trouve avantage à utiliser cette force si commode et qui se prête à toutes les combinaisons possibles de commande.

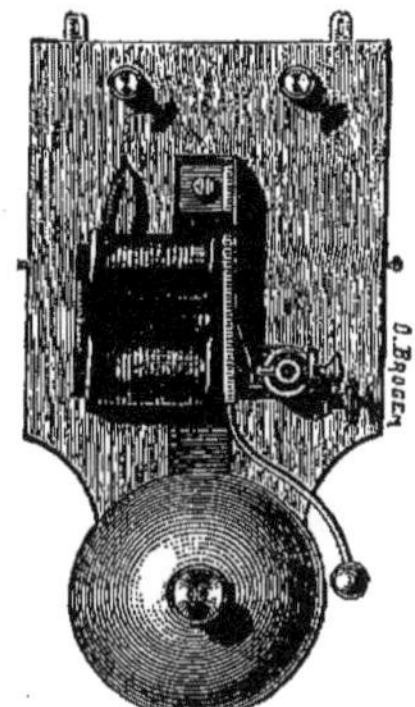

Fig. 237. — Mécanisme d'une sonnerie électrique à trembleur.

Un appareil qui s'est répandu on peut dire universellement, même dans les maisons où l'on ne rencontre ni monte-plats, ni ascenseurs, ni lumière électrique, c'est la sonnette électrique, dont la pose est si facile et qui s'installe sans frais dans tous les appartements. Le matériel est simple : quelques éléments de pile au sel ammoniac, une sonnerie à trembleur et une série de boutons-interrupteurs disséminés dans les pièces et reliés par des fils à cette sonnette, tel est le schéma simplifié de ce genre d'installations.

Fig. 238.— Trompette Zigang.

Il existe dans le commerce une quantité d'interrupteurs pour réseaux de sonnette présentant les dispositions les plus variées. Citons le *bouton à paillettes*, le plus commun, en forme de disque, qui se fait en bois commun ou précieux, en métal, en ivorine, en porcelaine plus ou moins ornementée ; le *tirage d'extérieur*, monté sur plaque de marbre, et composé d'un anneau métallique et d'un coulisseau ; les *poires*, avec *disque-rosace* qui se fixe au plafond ; les *plaques de touche*, planchettes en bois verni, marbre, cuivre doré ou nickelé, sur lesquelles se trouvent réunis un certain nombre de boutons d'appel, avec l'indication de la pièce où chacun d'eux correspond ; les *pédales*, contacts à bouton d'appui ou à charnière, que l'on dissimule dans le parquet, notamment dans les salles à manger pour appeler à la cuisine ; les *contacts de sûreté*, disposés dans la feuillure des portes, sous une marche d'escalier ou une lame de parquet, et qui, en fermant le circuit de la pile sur la sonnette, décèlent le passage d'une personne, l'ouverture d'une porte ou d'une fenêtre. L'imagination des électriciens s'est donnée libre carrière pour l'agencement de tous ces interrupteurs qui peuvent recevoir toute l'ornementation voulue pour s'harmoniser avec les tentures et les mobiliers.

L'organe essentiel d'une sonnette électrique est un électro-aimant en fer à cheval produisant, lorsque le courant passe dans ses spires, l'attraction d'une armature en fer doux portant la tige d'un petit marteau qui vient frapper sur le bord d'un timbre, d'une clochette ou d'un grelot. Les dispositions et les sons de ces appareils ont été diversifiés à l'infini pour varier les appels sur les réseaux. C'est ainsi qu'à côté de la sonnerie à trembleur de Neef, on a fait les cloches ne frappant qu'un coup et les *trompettes*, où le timbre est remplacé par une membrane métallique pourvue d'une lamelle de trembleur et de sa vis de contact par où passe le courant, et qui produit un son particulier, amplifié par un pavillon évasé.

Lorsque les boutons interrupteurs sont disséminés dans les différentes pièces d'un immeuble, comme c'est le cas dans les grands hôtels, les ministères, bureaux, maisons de commerce et administrations, et qu'ils ont pour but d'appeler le personnel de service, il est nécessaire que l'employé appelé sache exactement d'où part l'appel, et c'est ce que lui indique le *tableau-annonciateur*, ordinairement accroché dans la pièce d'attente.

Ces annonciateurs, exactement semblables en principe à ceux que nous avons décrits dans notre chapitre sur les téléphones, comportent autant de *guichets* que le réseau compte de postes d'appel, et chacun de ceux-ci est relié par un fil conducteur à ce guichet, l'autre fil se rendant à la pile et à la sonnette. Lorsqu'on fait passer le courant en appuyant sur le bouton, la sonnette vibre, et en même temps, l'armature de l'électro du tableau se trouve attirée et libère une tige portant un carton sur lequel se trouve inscrit un numéro qui vient s'encadrer dans l'ouverture du guichet. L'employé, dont l'attention se trouve appelée par le bruit du timbre électrique, prend note de ce numéro, et, avant de se rendre dans la pièce où il est appelé, il appuie du doigt sur un bouton-poussoir disposé au bas du tableau ; il détermine une dérivation du courant qui replace les choses dans leur état primitif

Fig. 239 et 240. — Tableaux à guichet.

et fait disparaître le numéro du guichet pour qu'il n'y ait pas de confusion si un autre appel est envoyé d'une partie différente du réseau.

Fig. 241. Mécanisme intérieur d'un tableau.

Au lieu d'un déclanchement à crochet, certains tableaux-annonciateurs sont munis d'indicateurs dit à *lapin*, constitués par une aiguille aimantée légère, mobile sur un axe horizontal et maintenue en équilibre entre les pôles d'un électro-aimant qui détermine son mouvement, et, suivant le sens du courant qui le traverse, faite apparaître ou disparaître les numéros des guichets.

On peut faire fonctionner simultanément plusieurs tableaux-annonciateurs, c'est-à-dire faire surgir et partir ensuite les indications l'une par l'autre. Ainsi dans les châteaux et hôtels particuliers, il est très fréquent de voir deux tableaux placés, l'un dans l'antichambre et l'autre dans le couloir des chambres de domestiques, de manière à ce que ceux-ci entendent l'appel, qu'ils se trouvent au rez-de-chaussée ou dans les combles. Dans ce cas, de même que la pression du bouton d'appel fait sonner et marquer au tableau du haut et du bas, de même l'action du bouton-poussoir se fait sentir sur les deux tableaux, quel que soit celui qu'on actionne.

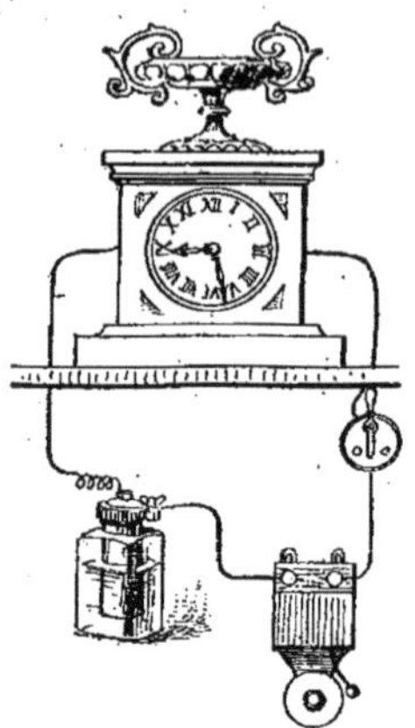

Fig. 242. — Répétition de l'heure par une sonnette.

Quand une habitation est pourvue d'un réseau de boutons et de sonnettes rien n'est plus simple que de faire répéter les heures sonnées par la pendule de la maison par toutes les sonnettes disséminées dans les pièces. Pour cela il suffit de brancher un fil de dérivation sur le fil venant du pôle positif de la pile et de relier cette dérivation à la masse métallique de la pendule. On dispose, d'autre part, à l'intérieur de celle-ci, une lamelle flexible, une petite tige métallique montée sur une rondelle de matière isolante, que le marteau frappant les heures, puisse venir toucher pendant son mouvement d'ascension. Cette tige est réunie par un fil au fil général du réseau des sonnettes. Il est donc facile de concevoir, d'après cette description, que chaque fois que le marteau de la pendule se lèvera pour sonner les heures, le contact sera établi avec la tige montée sur son isolant ; le circuit sera fermé, et toutes les sonnettes élec-

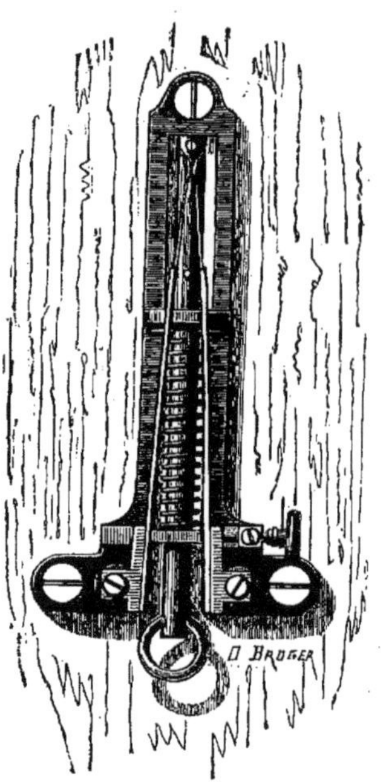

Fig. 243.— Avertisseur d'incendie.

triques de la maison répèteront bruyamment l'heure frappée. Bien entendu, rien de plus simple que d'intercaler un commutateur ou interrupteur à manette sur le trajet du fil pour couper le circuit, et supprimer le bruit pendant la nuit (fig. 242).

Un genre d'appareils que l'on devrait rencontrer dans tous les appartements possédant des sonneries électriques, ce sont les *avertisseurs automatiques d'incendie* (fig. 243), fonctionnant quand la température dépasse un certain degré fixé à l'avance. Il existe de nombreux dispositifs ayant pour but de fermer automatiquement un circuit électrique sur une cloche d'alarme par l'effet d'une élévation anormale de température, l'un des plus simples est le suivant : sur un petit cylindre de bois paraffiné de 6 centimètres de haut est enroulé un ressort à boudin dont une extrémité est en communication avec un fil de sonnerie. Ce ressort est maintenu comprimé par une petite barrette en métal fusible (alliage de Darcet), à 40 degrés environ de température. Si la chaleur de la pièce où est disposé cet appareil dépasse ce chiffre, la barrette fond, le ressort se détend et vient buter sur un contact placé à la partie supérieure du cylindre isolant ; le circuit se trouve ainsi fermé et la sonnette fonctionne aussitôt. Ces avertisseurs automatiques sont très simples, peu coûteux et leur utilité est incontestable ; leur sensibilité peut être réglée à volonté, suivant la température à laquelle on veut qu'ils agissent, ce qui s'obtient en variant la composition de l'alliage de la barrette. Enfin ils peuvent être dissimulés facilement, vu leurs dimensions réduites, le long des plinthes ou des corniches sur le trajet des fils de sonnerie existants.

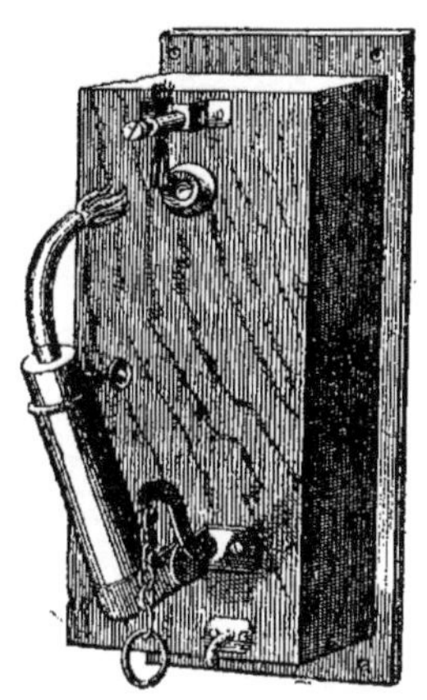

Fig. 244. — Allumoir électrique.

Des applications qui s'imposent encore, chaque fois que l'on a eu l'excellente idée de poser chez soi un réseau de sonnettes ce sont les *allumoirs automatiques* (fig. 244 à 248) dont il existe une très grande variété de dispositions, parmi lesquelles on doit surtout citer les allumoirs *à étincelle* et ceux *à incandescence*.

Les premiers utilisent de préférence l'étincelle dite d'*extra-courant* prenant naissance par la fermeture brusque d'un circuit magnétique ; ils nécessitent donc la présence d'une bobine d'induction que traverse le courant de la pile servant au réseau des sonnettes. L'étincelle est obtenue par *arrachement*, ou fric-

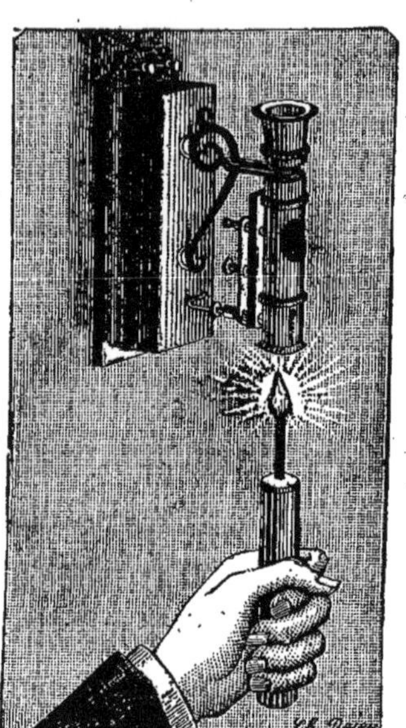

Fig. 245, 246 et 247. — Différents modèles d'allumoirs électriques à étincelle de Radiguet et Massiot.

tion de deux parties métalliques l'une contre l'autre. Dans un modèle de Radiguet et Massiot, le mouvement de dégagement de la lampe à essence dans son support détermine la fermeture du circuit et la production d'étincelles d'extra-courant produisant l'inflammation des gaz de l'essence. Le temps de dégager et de sortir la lampe de son tube et la mèche est allumée.

On a basé, sur ce principe, de nombreux appareils, tels que les *allume-cigares* et les *robinets* électriques pour l'allumage automatique des becs de gaz. Dans ce dernier système, une lame de ressort flexible en rapport avec la bobine d'induction est fixée par l'intermédiaire d'une rondelle en matière isolante sur le côté d'un robinet de gaz, sur lequel est pratiqué à l'endroit voulu une petite dérivation laissant passer un jet de gaz. La masse métallique du robinet est reliée à l'autre pôle de la bobine. Il est aisé de comprendre le fonctionnement de ce dispositif ; en tournant la clef du robinet, une tige rigide dont cette clef est pourvue vient buter contre la lame du ressort qui s'incline, s'abaisse et s'échappe brusquement en produisant l'étincelle d'extra-courant qui allume le petit jet de gaz dont la flamme se propage jusqu'au bec à allumer, et dont on peut ensuite régler la lumière. Ce système peut s'appliquer individuellement à tous les appareils à gaz, aux brûleurs à incandescence genre Auer, etc.

Fig. 248. — Allumoir électrique à pile et par incandescence.

Lorsqu'on veut obtenir l'allumage simultané d'un grand nombre de becs, de gaz, il faut, bien entendu une batterie de piles et un transformateur d'induction assez puissant pour faire jaillir en même temps à l'ouverture de chaque bec, une étincelle chaude et nourrie produisant instantanément l'inflammation du courant gazeux.

Les allumoirs par incandescence fonctionnement par l'élévation considérable de température que subit une petite spirale de platine traversée par un courant. Ils n'exigent donc pas la présence d'une bobine d'induction, mais ils ont l'inconvénient de dépenser davantage d'électricité, et d'être d'une grande fragilité. Aussi, malgré les formes séduisantes données par les fabricants aux boîtes contenant les piles et portant extérieurement une petite lampe à essence dont la mèche bute sur la spirale de platine, ce genre d'allumoirs n'a-t-il obtenu qu'un instant de vogue.

Il est enfin une circonstance où le courant des secteurs peut être utilisé dans les salons et les intérieurs sous une forme toute différente de celle de l'éclairage, nous voulons parler de l'aération des pièces et l'abaissement de leur température au moyen de ventilateurs à palettes mis en rotation par un petit moteur monté sur le même axe et alimenté par une dérivation prise sur le courant de distribution. Ces ventilateurs (fig. 249), de faibles dimensions, consomment du courant continu à 110 volts ou des courants alternatifs simples ou triphasés; on en trouve de nombreux modèles dans le commerce. Ils sont enfermés dans une cuirasse en fonte contenant les enroulements, et les ailettes hélicoïdales qui tournent à l'allure de 2.000 à 2.500 tours à la minute, sont protégées par une cage légère en fils de fer les entourant de toutes parts et les préservant contre les chocs accidentels.

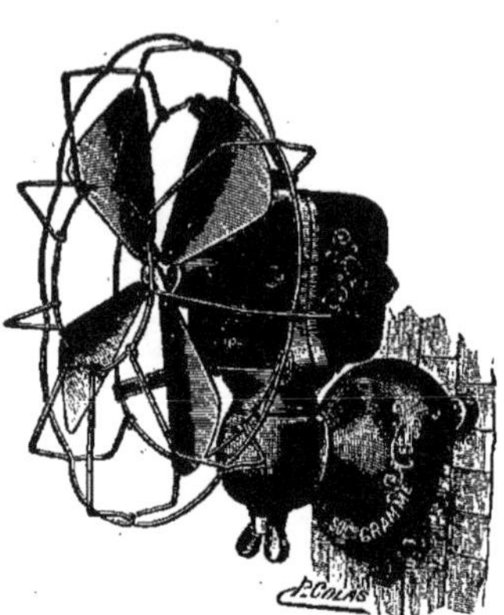

Fig. 249. — Ventilateur électrique pour appartements.

L'électricité pourrait encore rendre bien des services dans la maison, par exemple pour moudre le café, tourner la broche, avertir de la durée de cuisson d'un plat, etc., mais comme ces usages sont encore peu répandus, bien que parfaitement réalisables, nous arrêterons ici cette revue des applications de l'énergie aux besoins du confort moderne pour passer aux moyens pratiques d'employer cette énergie.

CHAPITRE XIX

Installations domestiques d'Électricité.

Les générateurs d'électricité. — Les groupes électrogènes. — Organisation d'une station privée. — Pose des canalisations, de l'appareillage, des lampes. — Les moteurs électriques, leurs usages domestiques. — Les réseaux de sonnettes. — Pose des boutons et des fils.

Tout ce que nous venons de dire s'applique surtout aux emplois de l'électricité dans les villes, où sous les trottoirs de toutes les rues court une canalisation distribuant l'énergie dans toutes les habitations bordant ces voies. Pour répandre la lumière dans les appartements, actionner les ascenseurs et toute l'armée des petits instruments d'utilité secondaire que nous avons décrits, il suffit d'établir une saignée sur les câbles principaux où circule le courant envoyé par l'usine génératrice, et, sur cette saignée, de brancher des fils de dérivation portant le courant à chacun des appareils de consommation. Mais il n'en est plus de même en pleine campagne, loin de tout centre de distribution, comme c'est le cas pour les châteaux, villas, habitations de plaisance, chalets d'été et pavillons de campagne, et alors il faut bien, quand on tient à avoir à sa disposition cette énergie qui se prête à tant d'usages organiser une station particulière de génération de courant.

Il est incontestable que le procédé le plus économique réside dans la captation des forces naturelles, toujours inépuisables et gratuites, chaque fois que la chose est possible. En pratique, on peut recourir au mouvement de l'eau d'une rivière, à une source donnant un débit utilisable, à une chute d'eau, ou encore à la force du vent. Le choix est dicté par les circonstances et surtout par l'emplacement de l'habitation par rapport à celui de la rivière ou de la chute que l'on voudrait canaliser.

Le meilleur moteur hydraulique est la turbine utilisant la force vive de l'eau et qui donne un rendement élevé soit pendant les basses eaux, soit quand elle est noyée. Les modèles excellents ne manquent pas, mais, au premier rang, nous devons placer les types « *America* » et « *Hercule* » à effet centrifuge, qui ont fait leurs preuves depuis longtemps, et sont très en faveur dans l'industrie. Au cas où la chute d'eau serait très élevée, il faudrait leur préférer les types à augets disposés suivant la circonférence de la roue mobile et connus sous le nom de *roues Pelton*.

Les turbines pour chutes de hauteur moyenne, de 50 centimètres à 20 mètres sont ordinairement à axe vertical ; on les dispose dans une chambre d'eau ou huche en tôle, étanche où débouche la conduite d'amenée d'eau. La transmission du mouvement à la dynamo s'opère par engrenages d'angle, poulies et courroie.

Si l'on ne peut disposer dans de bonnes conditions d'un débit d'eau et d'une hauteur de chute suffisants, on peut encore essayer de capter la puissance gratuite de l'air en mouvement ; la preuve a été donnée depuis longtemps déjà que la chose était rationnelle, et on pourrait citer plusieurs installations de ce genre fonctionnant en Amérique et en Allemagne. Mais il est nécessaire, pour avoir de bons résultats, que la roue-turbine atmosphérique ait une certaine surface, par conséquent d'assez grandes dimensions, pour développer une quantité de travail appréciable et avec régularité. On ne peut guère descendre au-dessous de 5 à 6 mètres de diamètre. Il existe de nombreux systèmes de turbines atmosphériques de ce genre à orientation et réglage automatiques, tels que l'*Eclipse* de Beaume, le moulin Halladay, de Schabaver, l'*Hercule*, de Bruneau d'Oran, etc.

Il est nécessaire, pour assurer la sécurité du fonctionnement, d'interposer un conjecteur-disjoncteur, commandé par un régulateur centrifuge, entre la dynamo-génératrice actionnée par une transmission à engrenages, et la batterie d'accumulateurs où s'emmagasine l'énergie avant son emploi. Bien que, dans certaines installations, on ait pu éviter l'usage de cette batterie, il nous semble que sa présence est indispensable avec une force motrice d'intensité constamment variable telle que le vent.

Si l'on n'a pas d'eau à proximité et en abondance, si le régime des vents est tel dans la région où l'on se trouve qu'on ne puisse raisonnablement songer à en tirer parti, il est nécessaire de recou-

Fig. 250. — Moteur à pétrole lampant de Capitaino.

rir aux moteurs thermiques, à vapeur, à gaz ou à pétrole, pour actionner la dynamo, à moins qu'on ne préfère, si la dépense d'électricité doit être peu importante, recourir aux piles primaires avec ou sans accumulateurs.

Fig. 251. — Moteur à gaz pauvres avec son gazogène.

La machine à vapeur, pour les stations particulières isolées, ne peut guère être prônée, car elle exige la présence continuelle d'un chauffeur-mécanicien chargé de l'alimenter et surveiller son fonctionnement ; il n'y a que dans le cas où elle existe déjà, et sert à commander divers outils travaillant continuellement, qu'il est tout indiqué, s'il reste un peu de force disponible, de placer une transmission et faire tourner l'induit d'une dynamo. On a ainsi, presque sans dépense du courant que l'on peut employer à son gré.

Le moteur à gaz, qui fonctionne sans surveillance spéciale, sans danger d'explosion, et peut être surveillé par la première personne venue, coûte moins cher d'achat et d'entretien, à puissance égale, que la machine à vapeur, mais ordinairement on n'a pas à sa disposition en pleine campagne, de canalisation reliée à une usine à gaz. Il faut donc alimenter ce moteur de *gaz pauvres*, fabriqués par des appareils spéciaux appelés *gazogènes*, qui décomposent la vapeur d'eau fournie par une petite chaudière et la transforment en un mélange combustible formé d'oxyde de carbone, d'hydrogène et d'azote.

Ce procédé permet d'obtenir la force motrice à un tarif extrêmement réduit, 3 à 4 centimes par cheval-heure suivant le prix du combustible consommé. Il existe des modèles très pratiques de générateurs de gaz pauvres pour moteurs de 5 à 25 chevaux, parmi lesquels ceux de L. Herlicq, que représente notre figure 251.

Si l'on ne veut pas faire la dépense d'un moteur gazogène, on peut adopter soit les moteurs à pétrole lampant à faible vitesse, soit les moteurs à essence, types d'automobiles, fonctionnant à grande vitesse. Les premiers sont plus lourds, plus industriels, pourrait-on dire, ils brûlent un combustible moins coûteux et nullement dangereux ; les autres ont pour eux leur facilité de conduite, leur encombrement restreint, leur simplicité d'organes et ils peuvent être accouplés directement, sans perte de force dans les transmissions, à la dynamo-génératrice.

Plusieurs constructeurs : de Dion-Bouton, la société l'*Aster*, Panhard-Levassor, etc., ont établi des *groupes électrogènes* (fig. 252) de ce dernier genre, comportant un moteur à essence avec son carburateur, de 1 à 15 chevaux, monté sur le même socle et lié par un accouplement élastique à une dynamo à courant continu, de Gramme, de Jacquet frères ou autres spécialistes. On dispose ainsi, sous un volume ramené au minimum, d'une source d'électricité de 1 à 10 kilowatts, ordinairement à 110 volts.

Enfin, quand on ne veut pas entendre parler de mécanique et de moteurs à grande vitesse consommant un liquide au plus haut point inflammable, quand, de plus la quantité d'énergie à dépenser journellement ne dépasse pas 1 kilowatt, on peut recourir aux piles pour engendrer cette énergie. S'il ne s'agit que d'usages

Fig. 252. — Groupe électrogène avec moteur à essence de pétrole.

intermittents, par fraction de temps ne dépassant pas cinq minutes chaque fois, on peut prendre des éléments au sel ammoniac à agglomérés, type Leclanché, ou des piles à l'oxyde de cuivre de Lalande et Chaperon, qui fournissent pendant quelques instants un courant intense, mais s'affaiblissant vite, bien que la durée de décharge totale de ces piles soit très longue. Si l'on a besoin d'un courant énergique et constant, pendant plusieurs heures consécutives, il faut recourir aux piles à grand débit, au bichromate de potasse et de soude, à un ou deux liquides, aux piles Bunsen à l'acide azotique, ou encore aux piles au sulfate de cuivre qui fournissent un courant très constant mais faible et exigeant de nombreux éléments groupés en tension.

L'interposition des accumulateurs, lorsqu'on ne dispose comme source primaire d'énergie, que de piles à action chimique, est inutile, car ces appareils absorbent inutilement de 30 à 40 p. 100 du courant qui leur est fourni. Les tentatives répétées de certains électriciens pour constituer des ensembles électrogènes avec piles au sulfate de cuivre chargeant sans arrêt des accumulateurs, ont toujours été suivies d'un échec complet, quelques perfectionne-

Fig. 253. — Pile domestique au bichromate et à deux liquides, de Radiguet.

Fig. 254. — Élément à l'oxyde de cuivre.

ments qui eussent été apportés aux piles. On en peut donc conclure avec certitude que les stations isolées ne peuvent être constituées par des générateurs chimiques d'électricité que lorsque les usages du courant sont limités aux sonnettes, allumoirs, lumière intermittente et applications analogues. Pour l'éclairage, il faut un moteur, et, pour le chauffage, des machines utilisant une puissance naturelle gratuite.

Toute station comprend, outre son moteur et sa dynamo, et, le cas échéant, sa batterie d'accumulateurs disposée dans un local spécial, les appareils accessoires indispensables, notamment le tableau de distribution, avec les voltmètres, ampèremètres, coupe-circuits, disjoncteurs, parafoudres, et les appareils de manœuvre :

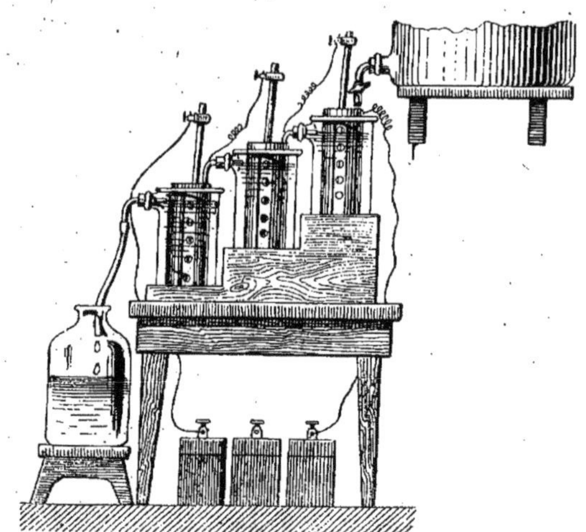

Fig. 255. — Pile au bichromate « en cascade » chargeant des accumulateurs.

interrupteurs (fig. 256, 257 et 258), commutateurs, réducteurs, rhéostats, etc.

La canalisation reliant la salle des machines aux bâtiments à desservir, est le plus souvent aérienne, les câbles à isolement fort, étant supportés par des isolateurs à

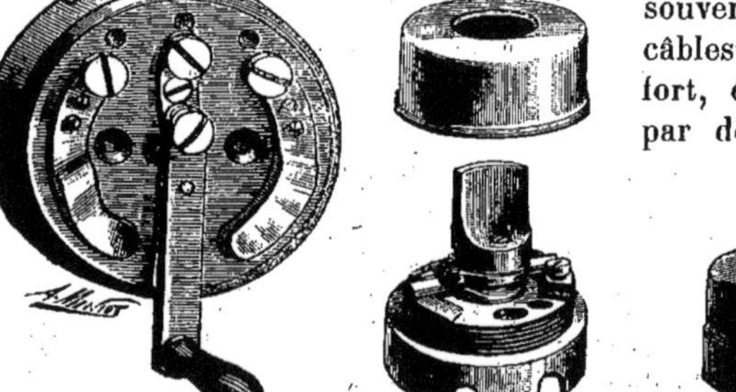

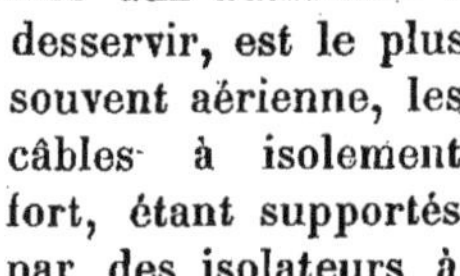

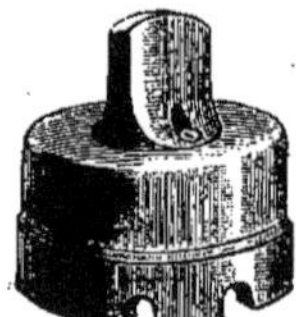

Fig. 256, 257, 258. — Interrupteurs pour l'éclairage.

cloche simple ou double, sur des poteaux solidement fichés dans le sol. Ces câbles pénètrent, à l'arrivée dans la maison, par deux ouvertures munies de tubes coudés, dits d'entrée de poste, dont l'orifice est dirigé vers la terre et qui ont pour but d'éviter la pénétration de l'humidité à l'intérieur. C'est sur ces câbles que viennent s'implanter les fils secondaires de branchements devant conduire le courant aux différentes pièces de l'habitation et qui sont dissimulés à l'intérieur de moulures en bois de profil variable. Les conducteurs, en fil de 9 ou 11/10 de millimètres fixés aux bornes des appareils sont reliés par des torsades et des soudures à l'étain, recouvertes ensuite de ruban Chatterton, aux fils de branchements suivant les corniches des chambres. Il est utile de munir chaque branchement desservant un groupe de lampes d'un court-circuit à plomb fusible calculé suivant l'intensité maximum du courant pouvant circuler dans cette partie de la canalisation.

Fig. 259. — Bougeoir électrique Mildé.

Les lampes à incandescence sont fixées au mur par des patères ou des appliques recevant un raccord creux à l'intérieur duquel passent les conducteurs. La douille à baïonnette se visse sur l'extrémité filetée de ce rapport et maintient en place la griffe à trois branches serrant le rebord de l'abat-jour ou de la tulipe de cristal entourant l'ampoule lumineuse. Chaque lampe ou chaque groupe de lampes devant toujours être allumées ou éteintes ensemble, est desservi par un interrupteur à manette ou à clef montée comme les boutons d'appel, au centre d'un disque en isolant quelconque : faïence décorée, ivorine, fibre, bois durci, etc. Les modèles sont nombreux et laissent place au choix.

Fig. 260. — Lanterne électrique pour photographe (appareillage Grivolas).

Les appareils de cuisine et de chauffage, les ventilateurs, les petits moteurs de toute force sont mis en place et reliés à la canalisation intérieure par des fils spéciaux ou des câbles souples contenant les deux conducteurs accolés et qui viennent se fixer sur les bornes des appareils après avoir traversé les interrupteurs et des coupe-circuits bipolaires, indispensables pour n'importe quel instrument.

Quand la station est quelque peu éloignée de la maison à éclairer, et qu'il s'y trouve un surveillant, il est utile de relier les deux bâtiments par une ligne téléphonique qui peut être supportée par les poteaux recevant les câbles de lumière. On peut ainsi, en cas d'arrêt subit, d'extinction accidentelle, ou d'un incident quelconque, prévenir de la salle des machines à l'habitation ou vice-versa ; c'est là une précaution qui ne manque pas d'utilité.

Fig. 261. — Petit moteur domestique.

Si l'on a de l'électricité en abondance et à bon compte, par exemple avec une turbine hydraulique ou aérienne, on peut l'employer pour le chauffage des chambres et pour la cuisine à l'aide des appareils perfectionnés que nous avons décrits ; enfin on peut lui faire actionner des moteurs pour élever de l'eau dans des réservoirs, arroser les pelouses, etc.

De même que l'on a combiné des groupes électrogènes portant sur un même socle un moteur à air carburé et une dynamo, on a construit des moto-pompes, composés d'un moteur électrique accouplé directement par un manchon avec une pompe rotative ou centrifuge à grand débit. Ce dispositif trouve son emploi dans nombre de propriétés pour pomper l'eau d'un puits et l'élever jusqu'au réservoir d'où elle est distribuée dans les différentes pièces de l'habitation, ou envoyée aux lances d'arrosage ou encore aux jets d'eau des bassins. Enfin les circonstances sont nombreuses à la campagne où la présence d'un petit moteur (fig. 261), se mettant instantanément en marche par la simple manœuvre d'un interrupteur peut être utile.

Lorsqu'au lieu d'une dynamo, la station génératrice n'est composée que d'une batterie de piles, on ne peut guère réaliser que des applications ne demandant qu'un courant de peu de durée.

Fig. 262. — Batterie de piles au bichromate de Radiguet-Massiot pour l'éclairage domestique.

Pour l'éclairage, il faut se borner à un fonctionnement de quelques minutes seulement à chaque allumage. Il est cependant possible de tirer un bon parti de cette lumière pour la traversée d'un couloir, l'ascension d'un escalier, la visite à la cave, les w.-c., etc. Avec le dispositif imaginé par M. Radiguet (fig. 262), et connu sous le nom d'*allumeur-extincteur* on peut allumer successivement les différentes lampes disséminées sur un projet donné, en éteignant celle que l'on vient de dépasser en même temps que s'allume la suivante. L'appareil est d'ailleurs très simple, aussi a-t-il obtenu un certain succès.

Les réseaux de sonnettes, avec leurs boutons d'appel et contacts sont d'une installation relativement facile. On établit d'abord sur le papier le plan de la distribution, qui peut comporter des dispositions variées, suivant qu'il existe ou non plusieurs sonnettes pouvant être actionnées de points différents, un tableau annonciateur, etc. Les principaux cas qui peuvent se présenter sont les suivants :

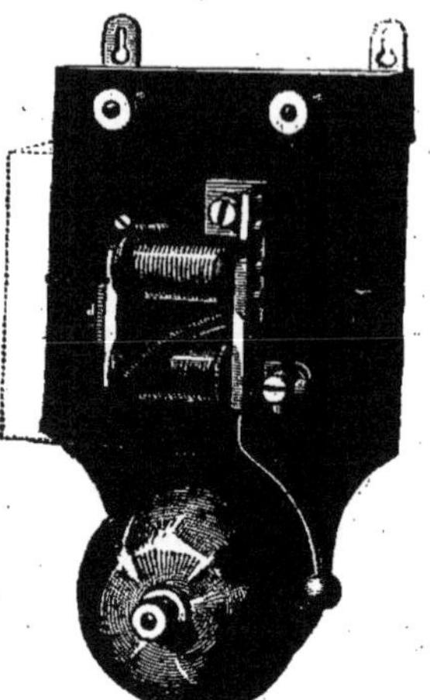

Fig. 263 et 264. — Timbre et cloche électriques.

Pose d'un bouton et d'une sonnette. — Le fil négatif partant de la pile se rend à une borne de la sonnette ; le fil positif va s'attacher à une paillette du bouton. Un fil de retour joint la deuxième paillette à la borne libre de la sonnette.

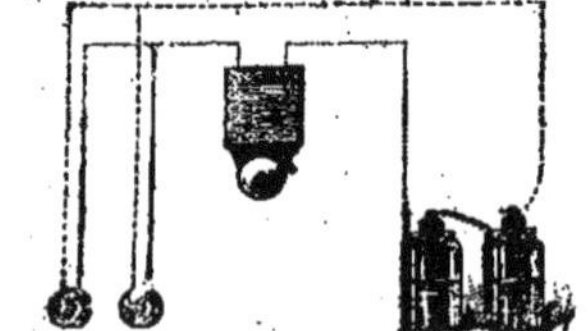

Fig. 265. — Pose de plusieurs boutons et d'une sonnette.

Pose de plusieurs boutons et d'une sonnette (fig. 265). — Le fil positif se rend à une paillette du bouton le plus éloigné, et des fils de dérivation sont soudés à ce conducteur principal pour joindre une des paillettes de chacun des boutons. Le fil négatif se rend à la sonnerie, et un fil de retour partant de l'autre borne de cette sonnerie, va s'attacher, par des fils de dérivation, aux paillettes libres des boutons.

Pose de plusieurs boutons actionnant plusieurs sonnettes.— Tous les boutons sont réunis par des fils secondaires montés sur une de leurs paillettes à un fil principal qui se rend à un pôle de

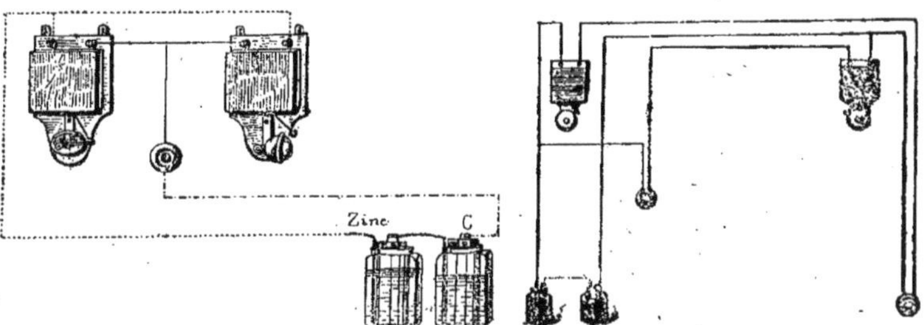

Fig. 266. — Un bouton actionnant deux sonnettes. **Fig. 267.— Appel et réponse.**

la pile. Il en est de même pour les sonnettes. Les dérivations de retour réunissent la paillette libre de chaque bouton à la borne libre de chaque sonnette.

Pose d'un seul bouton actionnant plusieurs sonnettes (fig. 266). — Ce bouton est relié par un fil au pôle positif de la pile, les sonnettes sont montées en dérivation sur le fil négatif ; un fil de retour associe les sonnettes et revient à la paillette libre du bouton.

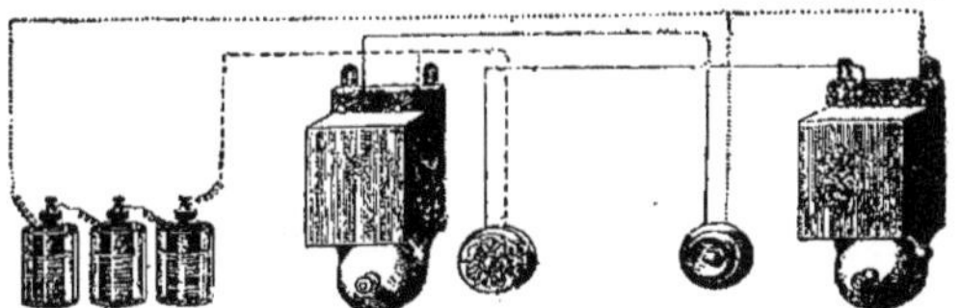

Fig. 268. — Deux boutons actionnant chacun une sonnerie.

Organisation de deux postes avec appel et réponse (fig. 267). — Les deux sonnettes sont reliées au fil négatif ; le fil positif réunit les plaques de jonction des deux postes, qui portent également des bornes où s'attachent les fils venant des sonnettes, enfin un fil de retour unit les plaques. On a donc, en réalité, trois fils de ligne.

Pose d'un tableau à quatre numéros. — On réunit au fil positif venant de la pile la borne n° 2 du tableau et une paillette de chaque bouton; le fil négatif va s'attacher à la borne 4 du tableau, après avoir passé par une borne de la sonnerie. Un fil de retour, partant de l'autre borne de la sonnerie, rejoint la borne 1 du tableau. Enfin, des fils de retour, partant des paillettes libres des boutons, vont rejoindre et s'attacher aux bornes libres du tableau.

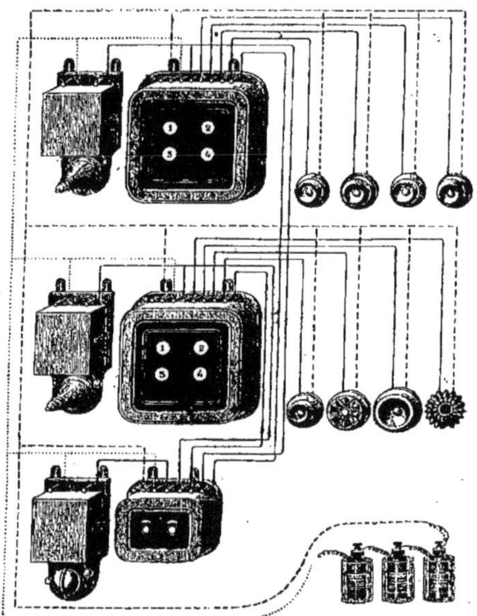

Fig. 268 *bis*. — Pose de deux tableaux avec un répétiteur.

Ces méthodes répondent à la plupart des cas qui se présentent dans la pratique et, lorsqu'un réseau est plus compliqué, ce n'est jamais qu'une extension de l'un ou l'autre de ces procédés. Les plans inclus donnent d'ailleurs l'idée dont les fils doivent être disposés, mieux que ne pourrait le faire une longue description. Nous n'avons à ajouter que quelques conseils généraux sur la pose des fils unissant les boutons, les sonnettes et le tableau.

Ces fils doivent être recouverts d'un isolant de bonne qualité et d'un guipage de coton de couleur appareillée à celle des tentures ou des murs. Ils doivent être correctement tendus et supportés par des isolateurs en os ou en ivorine, corozo, etc, quand ils ne sont que deux ou trois, ou maintenus par des crochets en fer émaillé quand il y en a encore un plus grand nombre. On peut encore, comme pour les fils de lumière les dissimuler dans des moulures à couvercle ou dans des tubes Bergmann en papier ou en laiton. Pour les lignes extérieures, on peut prendre des fils de cuivre nus ou des fils de fer galvanisés, supportés et fixés par des ligatures dans l'encoche d'isolateurs en porcelaine vissés au sommet des poteaux, comme dans les lignes télégraphiques ordinaires.

Le pôle négatif est mis à la terre dans les installations à grande distance, mais il faut un trajet d'au moins 10 kilomètres pour que ce procédé soit efficace, et il faut avoir soin de prendre un sol humide pour l'entrée en terre des fils, au départ comme à l'arrivée, et de souder une large plaque de cuivre ou de tôle à l'extrémité du fil ainsi enterré. De la bonne exécution des prises de terre dépend le fonctionnement de la ligne.

Il est très important de savoir bien opérer les raccordements qu'on appelle torsades et ligatures, car l'isolement de tout un réseau est souvent détruit par une seule connexion mal faite et donnant de faux contacts ou causant des courts-circuits ou des pertes à la terre. Voici donc comment on doit procéder : On commence par dérouler à l'extrémité de chacun des fils à réunir, le guipage qui les recouvre, en ayant soin de ne pas le rompre, et de manière à découvrir quelques centimètres de l'enduit isolant. On enlève toute la partie de cette matière qui est découverte, au moyen de ciseaux, et on rend le métal bien nu et bien brillant. Alors on pose l'un sur l'autre, en croix, à angle droit, les deux bouts de cuivre dénudés, en ayant soin que le point de rencontre soit une distance d'un centimètre environ de la limite à laquelle s'arrête la dénudation du métal ; puis on imagine une ligne droite, partant du point de rencontre et divisant en deux parties égales chacun des deux angles, formés par chaque extrémité du cuivre nu et l'arrivée de l'autre fil qui lui est voisine, autrement dit, on mène les bissectrices de ces deux angles, et c'est une seule et même ligne droite, ces angles étant opposés par le sommet. Cette ligne droite est l'axe autour duquel on va faire tourner chacun desdits côtés de l'angle droit considéré, en ayant soin de lui conserver son inclinaison de 45° sur cette bissectrice. Pour cela, maintenant les deux fils en croix, fortement serrés en leur point de rencontre, par l'extrémité d'une pince plate ou simplement par le pouce et l'index de la main gauche on saisit à la fois entre le pouce et l'index de la main droite (et non pas dans une pince plate; une pince spéciale dite *à torsade espagnole* a été imaginée pour cet usage, mais n'est nullement nécessaire pour ces petits fils de sonnerie) l'extrémité du cuivre dénudée et l'arrivée de l'autre fil, qui forment un V, et l'on tord, à partir du sommet de l'angle, en serrant (dans le sens dextrorsum), en ayant soin, nous le répétons, de ne pas augmenter ni diminuer cet angle. Puis on en fait autant pour l'angle opposé par le sommet, en faisant la torsade bien serrée, jusqu'à la limite de dénudation ; on coupe ensuite avec des ciseaux, les extrémités de fil dénudé qui sont en trop; on abat les bavures de la section au moyen de la pince plate. La torsade ou connexion n'a ainsi guère plus d'un centimètre de longueur : c'est suffisant; tout au plus doit-elle aller jnsqu'à quinze millimètres; la faire plus longue serait se donner un travail inutile pour la recouvrir de guipure, et faire subir à chaque fil une torsion sur lui-même toujours préjudiciable. On recouvre d'abord la ligature d'une petite feuille de gutta, qui fasse trois ou quatre couches, et que la chaleur de la main suffit à souder; l'ensemble ne doit pas dépasser de

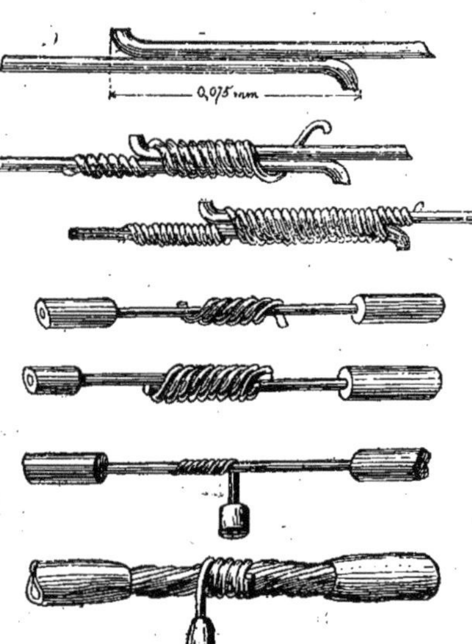

Fig. 269 à 275. — Jonction des fils conducteurs et des câbles.

beaucoup l'épaisseur de la gaine de gutta voisine ; enfin on enroule par-dessus et on arrête proprement la guipure, qu'on a eu soin de ne pas rompre. Si tout ce travail a été fait avec un peu de soin, le contact est parfait et l'isolement assuré.

Une ligne téléphonique établie en terre peut être considérée comme le fil conducteur d'un véritable paratonnerre. Un réseau de sonnettes à ligne aérienne avec ligne de terre, constitue un système préservatif de la foudre pour les habitants en permettant au fluide de s'écouler vers la terre.

Recherches des dérangements. — Lorsqu'une sonnette électrique s'arrête de fonctionner, l'arrêt est ordinairement dû à l'une des causes suivantes : Epuisement de la pile, déréglage de la sonnette, dérivation ou rupture des fils. On assure d'abord que la pile fonctionne en essayant d'obtenir une étincelle entre les deux pôles que l'on réunit par un fil, puis on remarque s'il est besoin de mettre de l'eau dans le vase de verre, au cas où la solution serait épuisée. Un petit galvanomètre peut rendre les plus grands services pour reconnaître si la pile produit ou non un courant. La pile fonctionnant, le défaut est alors dans la sonnerie ou dans les fils. On détache d'abord la sonnerie et on met un des boutons en court-circuit à l'aide d'un fragment de métal puis on cherche si le courant arrive. Deux cas se présentent alors : ou bien le circuit transmet le courant, ou bien rien n'arrive. Dans le premier cas, le dérangement est dans la sonnerie ; dans le second, il est dans le fil. S'il est dans la sonnerie, on ouvre celle-ci et on s'assure de l'intégrité des points de contact et des bornes ; on voit ensuite si l'écrou de la vis de réglage est fortement serré et si le rapport de l'armature avec l'électro est régulier. On continue l'examen en s'assurant que la tige du marteau est solidement ajustée dans l'armature ainsi que dans la tête frappant sur le timbre ; que le mouvement d'ébat de cette tige est bien libre dans l'encoche de la boîte ; enfin, que le rapport entre le marteau et le timbre est bien établi.

En ce qui concerne les tableaux, il est plus difficile de trouver leurs défauts et surtout d'y porter remède, si on n'a pas l'habitude et la connaissance du mécanisme des tableaux. Il arrive quelquefois que les aiguilles se désaimantent ou perdent leur équilibre par suite de l'humidité et de la sécheresse. Ensuite le jeu des aiguilles peut être mauvais ; trop serrées, elles ne peuvent manœuvrer, et trop libres, elles battent contre la glace ou les bobines, ce qui empêche leur disparition. De même, le ressort antagoniste doit repousser très énergiquement les poussoirs, afin qu'il n'y ait pas contact avec les paillettes. Mais ce qui se produit le plus souvent, c'est un mélange dans les appels, par suite de communications insolites entre les fils de *jonction*.

Il arrive aussi quelquefois que les sonneries *tintent sans cause ou sans appel* ; cela provient toujours des contacts, boutons, poires, etc., dont les paillettes restent en prise. Dans ce cas, il faut les démonter les uns après les autres jusqu'à ce que la sonnerie s'arrête.

CHAPITRE XX

Avenir de l'Électricité.

L'électricité aux champs et à la ville. — L'industrie électrique. — La maison de demain. — Tout par l'électricité. — Résumé et conclusion.

Nous voilà arrivés aux dernières pages de ce livre, et nous pouvons jeter un regard en arrière pour envisager le chemin parcouru et résumer l'œuvre réalisée par l'électricité dans toutes les branches de l'activité humaine, depuis que les découvertes immortelles de Franklin, Galvani et Volta ont révélé la véritable nature de ce qu'ils appelaient le « fluide » vitré ou résineux, positif ou négatif.

Ce n'est que peu à peu, par des efforts pénibles et répétés, par de longs tâtonnements, que la vérité s'est dégagée des erreurs anciennes et que l'on est arrivé à déterminer exactement les lois auxquelles obéissent les phénomènes électriques. Coulomb, Faraday, Œrsted, Ampère, Ohm, Joule, formulent ces lois, et désormais l'électricité devient une manifestation de l'énergie perpétuellement en action dans la nature et on connait les conditions dans lesquelles elle prend naissance, son mode de propagation et les effets qu'elle peut développer dans telle ou telle condition.

Tout d'abord on a utilisé l'électricité pour les signaux. La télégraphie est l'avant-courrière du progrès. Avant de chercher à se transporter lui-même à des vitesses considérables, l'homme a d'abord imaginé des ailes pour sa pensée. Il les possède aujourd'hui, et cependant il n'est pas encore satisfait et il s'efforce d'activer encore le rendement de ses transmissions à grande distance. Cependant, quelle différence entre les appareils Baudot, Siemens et Halske, et le premier télégraphe statique à boules de sureau de

Lesage, ou le mât à bras articulés de Chappe, dont les signaux étaient souvent interrompus par un brouillard intempestif ! Et cependant on n'est pas encore content ; on cherche toujours et on trouve souvent, exemple la télégraphie sans fil par des ondes hertziennes.

Par une application rationnelle et ingénieuse des principes de l'électro-magnétisme, Gramme invente la dynamo, qui fait pénétrer l'électricité dans l'industrie, commence l'évolution que l'on a pu constater depuis trente ans dans toutes les opérations industrielles, et vulgarise l'usage de l'énergie, resté un peu jusque là une curiosité de laboratoire en raison du prix excessif auquel les procédés chimiques seuls connus fournissaient le courant. C'est tout d'abord l'éclairage public qui profite de cet abaissement de prix, puis l'éclairage privé, quand Edison parvient à diviser la lumière électrique en petits foyers par l'invention de lampe à incandescence à filament de charbon, ensuite les méthodes chimiques de dépôt des métaux les uns sur les autres, et que le courant électrique oriente dans une nouvelle voie féconde en résultats économiques.

Puis c'est le problème du transport à distance de grandes quantités d'électricité au moyen de canalisations peu coûteuses, qui hante l'esprit des inventeurs. Il ne tarde pas à être résolu, et aussitôt les stations centrales et les usines de génération d'électricité se multiplient, surtout dans les régions où l'on dispose de forces naturelles gratuites, d'eau en quantité, provenant de sources dans les montagnes. Les applications se multiplient, l'électrochimie et l'électro-métallurgie se développent ; au haut fourneau chauffé à la houille ou au coke se substitue le four électrique; on fabrique en grand les carbures et les couleurs métalliques, le chlore, la soude et les métaux alcalino-terreux; l'aluminium se vulgarise et, de métal précieux, devient une substance commune.

Dans un autre ordre d'idées, l'électricité n'est pas accueillie avec moins d'empressement ; la dynamo devient le moteur électrique et comme, avec des artifices indiqués par l'expérience, il peut fonctionner dans des conditions satisfaisantes à toute distance, on l'emploie partout et il concurrence victorieusement les petits moteurs thermo-mécaniques toujours compliqués et sujets à se déranger. On trouve partout le moteur électrique : dans les profondeurs de la terre, où il commande les ventilateurs des mines et les perforatrices pour le fonçage des galeries, comme dans les espaces atmosphériques où il actionne l'hélice des ballons dirigeables; au sein des eaux où il anime le propulseur et les divers organes des bateaux sous-marins, comme sur l'eau où on lui demande le même travail. Sur la terre ferme, le moteur électrique remplace les transmissions mécaniques à courroie des machines-outils de toute espèce, il actionne les machines agricoles, les machines à coudre, les machines à imprimer; enfin, pourrait-on dire, toutes les innombrables machines existant dans l'industrie. On en a fait le cheval des véhicules modernes, l'électromobile est l'automobile urbaine de grand luxe, et la cavalerie des compagnies de transport en commun lâche pied devant les chevaux électriques des tramways à plots, à trolley et à caniveau. La locomotive elle-même n'a qu'à bien se tenir; elle a un adversaire redoutable dans le moteur électrique, le duel est d'ailleurs commencé et, bien que la vapeur se défende énergiquement, il semble que son concurrent gagne tous les jours du terrain.

Le confortable moderne s'est accru depuis la diffusion de l'électricité, sa distribution dans les villes et sa répartition jusque dans les appartements. On la rencontre à chaque pas, à la campagne et à la ville; où la lumière rayonne dans les ampoules des globes à incandescence ou à arc; où le téléphone apporte la voix de l'ami attendu, du fournisseur ou du client. Pénètre-t-on dans un de nos grands immeubles modernes, dès la porte d'entrée nous avons affaire à l'électricité. C'est une sonnette à tirage dont le timbre vibre par l'action d'un électro-aimant. A deux pas de là, l'ascenseur qui nous offre sa cabine et nous évite de gravir l'escalier, fonctionne électriquement. Arrivé à l'appartement, le domestique que l'on sonne est prévenu par un tableau électrique de l'endroit où on l'appelle. Dans la salle à manger, au salon, dans le bureau, des poires d'appel, plaques de touches, pédales, contacts apparents ou secrets, gâches de portes, serrures de coffres-forts, tout est relié au réseau des sonnettes électriques de la maison. Va-t-on au théâtre, on y assiste à des trucs et des spectacles dont l'électricité est le principal acteur quand elle n'est pas seule en cause.

L'électricité, en résumé, se rencontre donc maintenant partout, et il n'est presque pas de circonstance de la vie moderne où elle n'apporte son utile concours, où elle ne puisse rendre, étant convenablement appliquée, de signalés services. Et l'on peut penser que nous ne sommes encore qu'aux débuts d'une ère qui vient de s'ouvrir, et que les siècles prochains seront encore témoins de bien d'autres merveilles, dérivant des connaissances laborieusement acquises jusqu'à présent.

Constatons donc, en exposant ces vues sur l'avenir de l'électricité, que cette forme de l'énergie est certainement l'une de celles qui présente le plus d'importance et le plus d'avenir, si nous en jugeons par son histoire très courte mais si brillante et si féconde. Il est donc indispensable maintenant de bien connaître toutes ses manifestations, ses propriétés et ses emplois, et si ce livre a pu donner quelques notions précises au lecteur arrivé à cette page, notre but sera rempli, et nos efforts n'auront pas été inutiles.

TABLE DES MATIÈRES

COURBEVOIE
IMPRIMERIE E. BERNARD
14, RUE DE LA STATION, 14
BUREAUX A PARIS : 29, QUAI DES GRANDS-AUGUSTINS

www.ingramcontent.com/pod-product-compliance
Ingram Content Group UK Ltd.
Pitfield, Milton Keynes, MK11 3LW, UK
UKHW020430200726
13857UKWH00002B/371